建筑工程常用公式与数据速查手册系列丛书

工程造价常用公式与数据速查手册

GONGCHENG ZAOJIA CHANGYONG GONGSHI YU SHUJU SUCHA SHOUCE

张 军 主编

知识产权出版社
全国百佳图书出版单位

本书编写组

主　编　张　军

参　编　于　涛　王丽娟　成育芳　刘艳君
孙丽娜　何　影　李守巨　李春娜
张立国　赵　慧　陶红梅　夏　欣

前　言

现阶段我国工程造价管理体系不断改进，不断趋于完善，不断适应社会发展。对促进我国国民经济的发展发挥了巨大的作用。工程造价的构成具有一般商品的共性，它是由工程成本及费用、利润和税金组成，但是与一般商品价格形成有很大的区别。主要特点是动态性、长期性。任何一项工程从策划→前期研究→决策→设计→竣工交付使用需要经历一个较长的过程，影响工程造价的因素很多，在决策阶段确定工程投资（价格）规模后，工程价格随着工程的实施不断变化，直至竣工验收工程决算后才能最终确定工程造价。

工程造价专业人员为了更好地完成工作，应该掌握大量工程造价常用的计算公式及数据，但由于资料来源复杂，查询耗时，广大工程造价专业人员迫切需要一本系统、全面、有效地囊括工程造价常用计算公式与数据的工具书作为参考。基于以上原因，我们组织相关技术人员，依据国家最新颁布的《建筑工程建筑面积计算规范》（GB/T 50353—2013）、《建设工程工程量清单计价规范》（GB 50500—2013）等标准规范，编写了此书。

本书共分十一章，包括：工程造价基础知识、土石方工程、桩基工程、砌筑工程、钢筋工程、混凝土工程、钢结构工程、门窗及木结构工程、屋面及防水工程、楼地面工程、装饰装修工程等。本书对规范公式的重新编排，主要包括参数的含义，上下限表识，公式相关性等。相关内容一目了然，既方便设计人员查阅，亦可用于相关专业师生参考。

本书在编写过程中参考大量专著和资料，并得到了业内人士的大力支持，在此表示衷心的感谢。由于编者水平有限，书中错误、疏漏之处难免，恳请广大读者提出宝贵意见。

编　者

2014.04

目　录

1

工程造价基础知识

1.1 公式速查

1.1.1 三角形面积计算

三角形（如图 1-1 所示）面积计算公式如下：

$$A=\frac{bh}{2}=\frac{1}{2}ab\sin C$$

$$L=\frac{a+b+c}{2}$$

式中 A——面积；

h——高；

L——1/2 周长；

a、b、c——角 A、B、C 对应的边长。

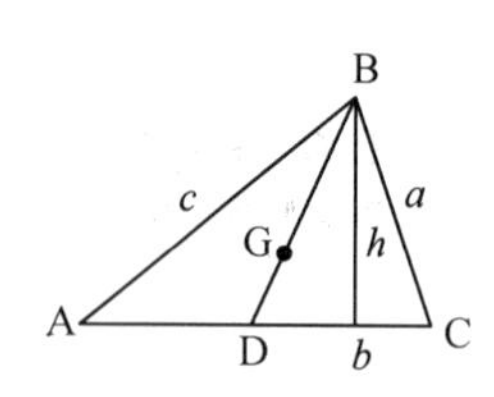

图 1-1 三角形

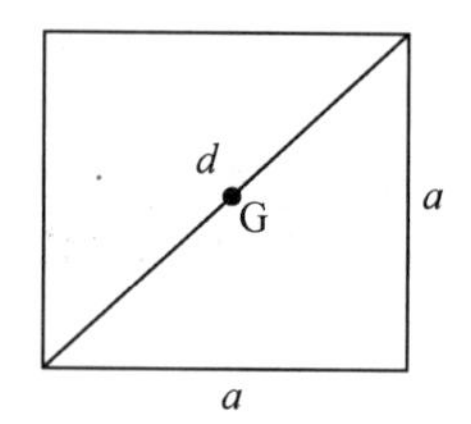

图 1-2 正方形

1.1.2 正方形面积计算

正方形（如图 1-2 所示）面积计算公式如下：

$$A=a^2$$

$$a=\sqrt{A}=0.707d$$

$$d=1.414a=1.414\sqrt{A}$$

式中 A——面积；

a——边长；

d——对角线长。

1.1.3 长方形面积计算

长方形（如图 1-3 所示）面积计算公式如下：

$$A=ab$$

$$d=\sqrt{a^2+b^2}$$

式中 A——面积；

a——短边长；

b——长边长；

d——对角线长。

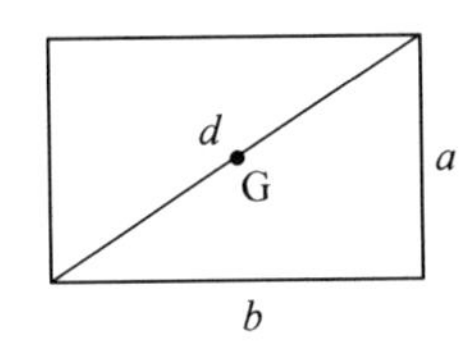

图 1-3　长方形

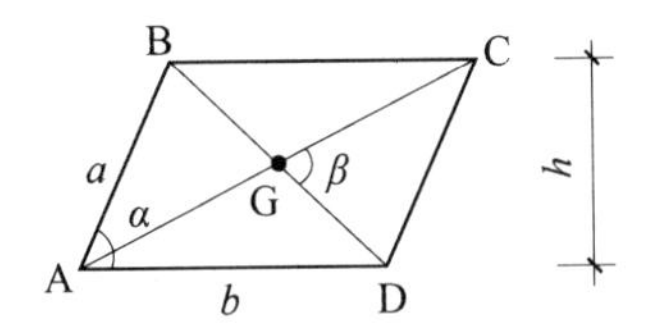

图 1-4　平行四边形

1.1.4　平行四边形面积计算

平行四边形（如图 1-4 所示）面积计算公式如下：

$$A=bh=ab\sin\alpha=\frac{\overline{AC}\cdot\overline{BD}}{2}\sin\beta$$

式中　A——面积；

α、β——边角及对顶角，如图 1-4 所示；

a，b——邻边长；

h——对边间的距离。

1.1.5　梯形面积计算

梯形（如图 1-5 所示）面积计算公式如下：

$$A=\frac{(a+b)h}{2}$$

式中　A——面积；

a——上底边长；

b——下底边长；

h——高。

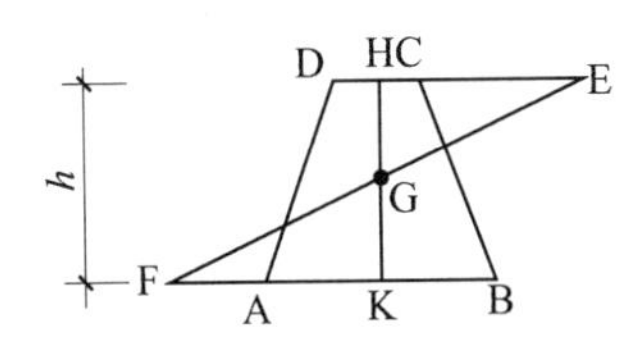

图 1-5　梯形

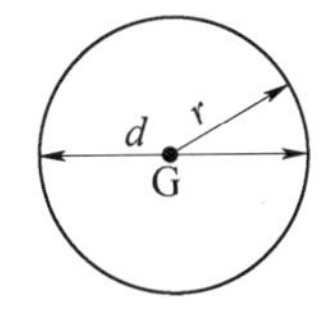

图 1-6　圆形

1.1.6　圆形面积计算

圆形（如图 1-6 所示）面积计算公式如下：

$$A=\pi r^2=\frac{1}{4}\pi d^2=0.785d^2=0.07958L^2$$

$$L=\pi d$$

式中　A——面积；

r——半径；

d——直径；

L——圆周长。

1.1.7　椭圆形面积计算

椭圆形（如图 1－7 所示）面积计算公式如下：

$$A=\frac{\pi}{4}ab$$

式中　A——面积；

a、b——主轴长。

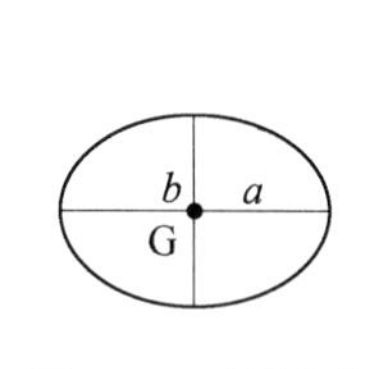

图 1－7　椭圆形

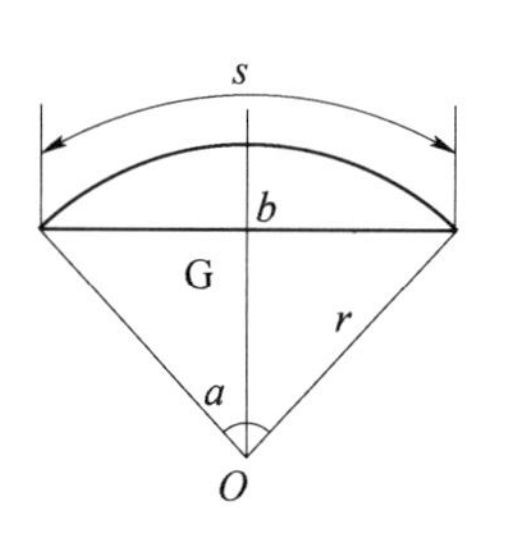

图 1－8　扇形

1.1.8　扇形面积计算

扇形（如图 1－8 所示）面积计算公式如下：

$$A=\frac{1}{2}rS=\frac{\alpha}{360}\pi r^2$$

$$S=\frac{\alpha\pi}{180}r$$

式中　A——面积；

r——半径；

S——弧长；

α——弧 S 的对应中心角。

1.1.9　弓形面积计算

弓形（如图 1－9 所示）面积计算公式如下：

$$A=\frac{1}{2}r^2\left(\frac{\alpha\pi}{180}-\sin\alpha\right)=\frac{1}{2}[r(S-b)+bh]$$

$$S=r\alpha\frac{\pi}{180}=0.0175r\alpha$$

$$h=r-\sqrt{r^2-\frac{1}{4}\alpha^2}$$

式中　A——面积；

r——半径；

S——弧长；

α——中心角；

b——弦长；

h——高。

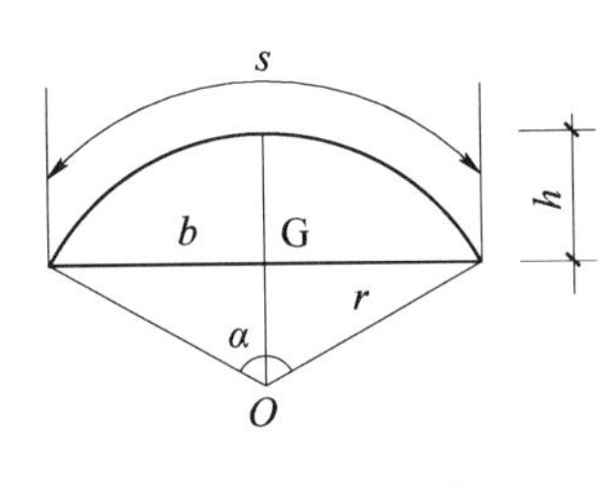

图 1－9　弓形

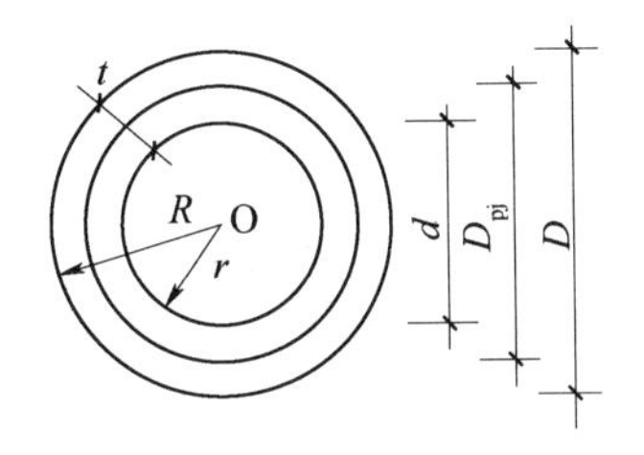

图 1－10　圆环

1.1.10　圆环面积计算

圆环（如图 1－10 所示）面积计算公式如下：

$$A=\pi(R^2-r^2)=\frac{\pi}{4}(D^2-d^2)=\pi D_{pj}t$$

式中　A——面积；

R——外半径；

r——内半径；

D——外直径；

d——内直径；

t——环宽；

D_{pj}——平均直径。

1.1.11　部分圆环面积计算

部分圆环（如图 1－11 所示）面积计算公式如下：

$$A=\frac{\alpha\pi}{360}(R^2-r^2)=\frac{\alpha\pi}{180}R_{pj}t$$

式中　A——面积；

R——外半径；

r——内半径；

R_{pj}——圆环平均直径；

t——环宽；

α——中心角。

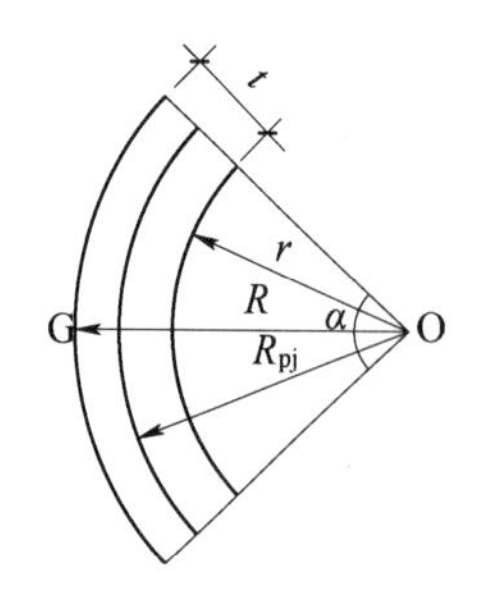

图 1-11 部分圆环

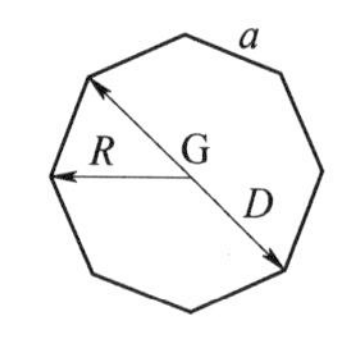

图 1-12 等边多边形

1.1.12 等边多边形面积计算

等边多边形（如图 1-12 所示）面积计算公式如下：

$$A_i = K_i a^2 = P_i R^2$$

式中 A——面积；

a——边长；

K_i——系数，i 指正多边形的边数；

R——外接圆半径；

P_i——系数，i 指正多边形的边数。

1.1.13 抛物线形面积计算

抛物线形（如图 1-13 所示）面积计算公式如下：

$$l = \sqrt{b^2 + 1.3333h^2}$$

$$A = \frac{2}{3}bh = \frac{4}{3}S$$

式中 A——面积；

b——底边长；

h——高；

l——曲线长；

S——ΔABC 的面积。

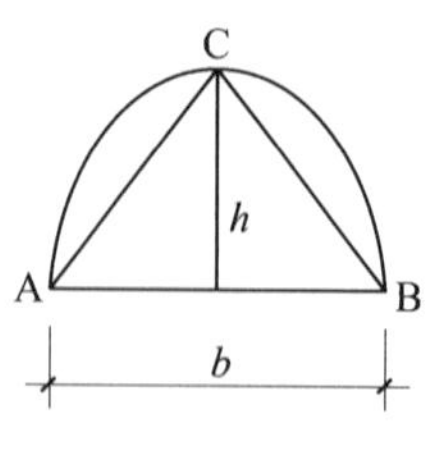

图 1-13 抛物线形

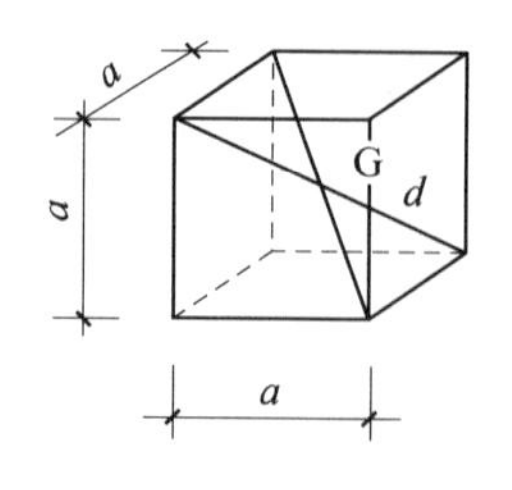

图 1-14 立方体

1.1.14 立方体体积和表面积计算

立方体（如图 1－14 所示）体积和表面积计算公式如下：

$$V=a^3$$

$$S=6a^2$$

$$S_1=4a^2$$

式中 V——体积长；

a——棱长；

S——立方体表面积；

S_1——立方体侧表面积。

1.1.15 长方体（棱柱）体积和表面积计算

长方体（棱柱）（如图 1－15 所示）体积和表面积计算公式如下：

$$V=abh$$

$$S=2(ab+ah+bh)$$

$$S_1=2h(a+b)$$

$$d=\sqrt{a^2+b^2+h^2}$$

式中 V——体积；

a、b、h——边长；

d——对角线长；

S——长方体（棱柱）表面积；

S_1——长方体（棱柱）侧表面积。

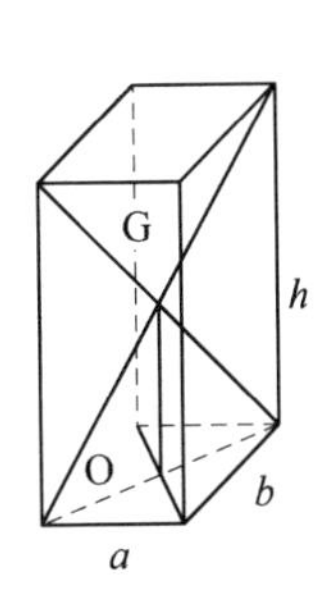

图 1－15 长方体（棱柱）

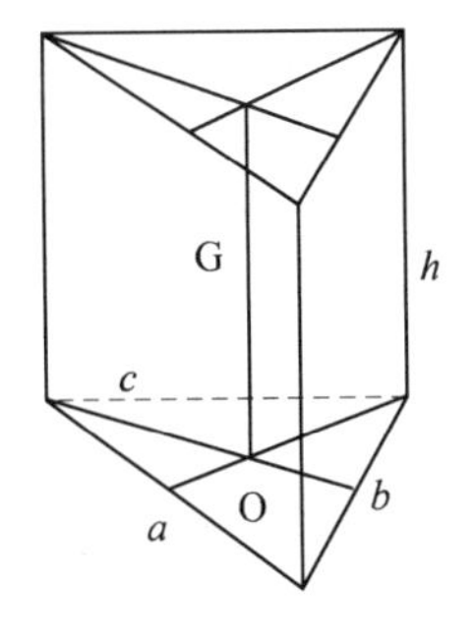

图 1－16 三棱柱

1.1.16 三棱柱体积和表面积计算

三棱柱（如图 1－16 所示）体积和表面积计算公式如下：

$$V=Ah$$

$$S=(a+b+c)+2A$$

$$S_1=(a+b+c)h$$

式中　V——体积；

a、b、c——边长；

h——三棱柱高；

A——三棱柱底面积；

S——三棱柱表面积；

S_1——三棱柱侧表面积。

1.1.17　棱锥体积和表面积计算

棱锥（如图 1－17 所示）体积和表面积计算公式如下：

$$V=\frac{1}{3}Ah$$

$$S=nf+A$$

$$S_1=nf$$

式中　V——体积；

f——一个组合三角形的面积；

n——组合三角形的个数；

h——棱锥高；

A——棱锥底面积；

S——棱锥表面积；

S_1——棱锥侧表面积。

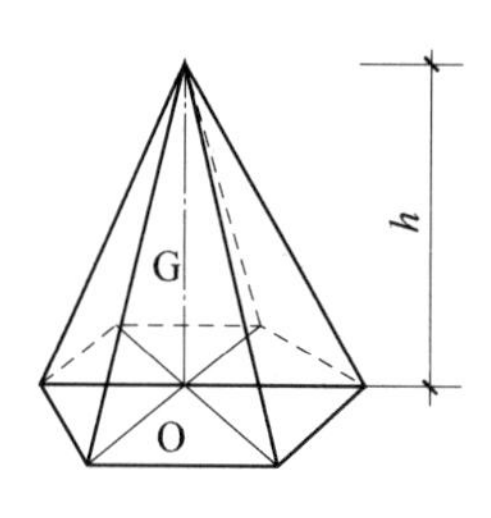

图 1－17　棱锥

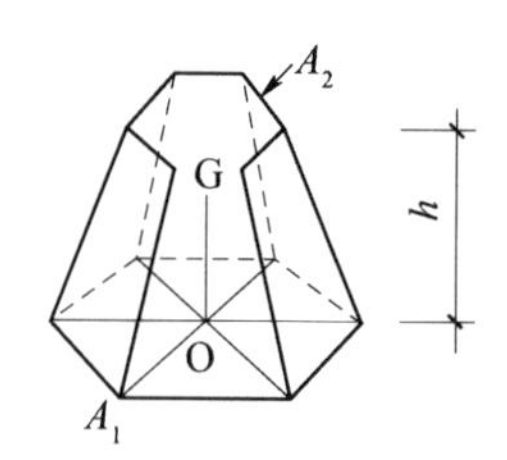

图 1－18　棱台

1.1.18　棱台体积和表面积计算

棱台（如图 1－18 所示）体积和表面积计算公式如下：

$$V=\frac{1}{3}h(A_1+A_2+\sqrt{A_1A_2})$$

$$S=an+A_1+A_2$$

$$S_1=an$$

式中　V——体积；

A_1、A_2——两平行底面的面积；

h——底面间的距离；

a——一个组合梯形的面积；

n——组合梯形数；

S——棱台表面积；

S_1——棱台侧表面积。

1.1.19　圆柱和空心圆柱（管）体积和表面积计算

圆柱和空心圆柱（管）（如图 1－19 所示）体积和表面积计算公式如下：

圆柱：

$$V=\pi R^2 h$$

$$S=2\pi Rh+2\pi R^2$$

$$S_1=2\pi Rh$$

式中　V——体积；

R——外半径；

h——圆柱高；

S——圆柱表面积；

S_1——圆柱侧表面积。

空心直圆柱：

$$V=\pi h(R^2-r^2)=2\pi RPth$$

$$S=2\pi(R+r)h+2\pi(R^2-r^2)$$

$$S_1=2\pi(R+r)h$$

式中　V——体积；

R——外半径；

r——内半径；

h——空心直圆柱高；

t——柱壁厚度；

P——平均半径；

S——空心直圆柱表面积；

S_1——空心直圆柱侧表面积。

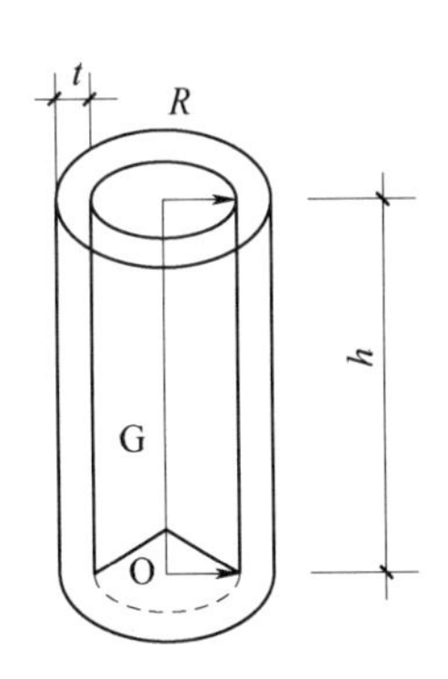

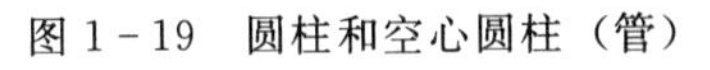

图 1－19　圆柱和空心圆柱（管）

1.1.20　斜截直圆柱体积和表面积计算

斜截直圆柱（如图 1－20 所示）体积和表面积计算公式如下：

$$V=\pi r^2 \frac{h_1+h_2}{2}$$

$$S=\pi r(h_1+h_2)+\pi r^2\left(1+\frac{1}{\cos\alpha}\right)$$

$$S_1=\pi r(h_1+h_2)$$

式中　V——体积；

h_1——最小高度；

h_2——最大高度；

r——底面半径；

S——斜截直圆柱表面积；

S_1——斜截直圆柱侧表面积。

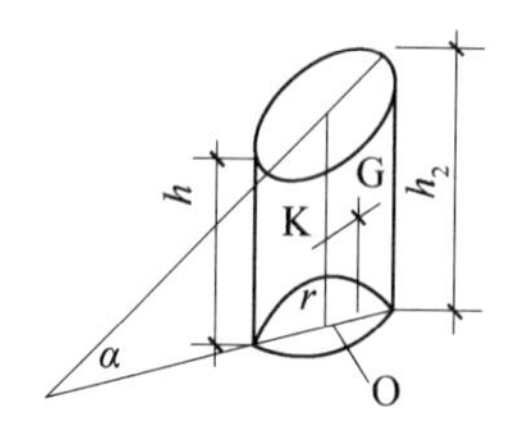

图 1－20　斜截直圆柱

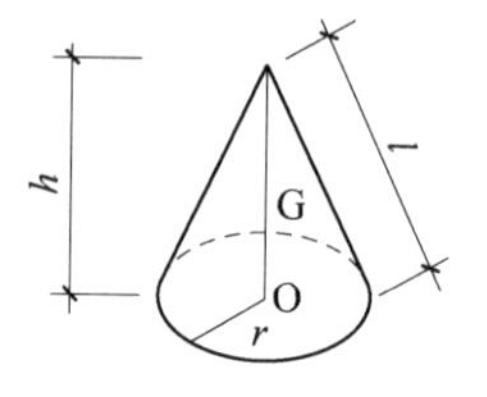

图 1－21　直圆锥

1.1.21　直圆锥体积和表面积计算

直圆锥（如图 1－21 所示）体积和表面积计算公式如下：

$$V=\frac{1}{3}\pi r^2 h$$

$$S_1=\pi r\sqrt{r^2+h^2}=\pi rl$$

$$l=\sqrt{r^2+h^2}$$

$$S=S_1+\pi r^2$$

式中　V——体积；

r——底面半径；

h——直圆锥高；

l——母线长；

S——直圆锥表面积；

S_1——直圆锥侧表面积。

1.1.22　圆台体积和表面积计算

圆台（如图 1－22 所示）体积和表面积计算公式如下：

$$V=\frac{\pi h}{3}(R^2+r^2+Rr)$$

$$S_1=\pi l(R+r)$$

$$l=\sqrt{(R-r)^2+h^2}$$

$$S=S_1+\pi(R^2+r^2)$$

式中　V——体积；

R、r——底面半径；

h——圆台高；

l——母线长；

S——圆台表面积；

S_1——圆台侧表面积。

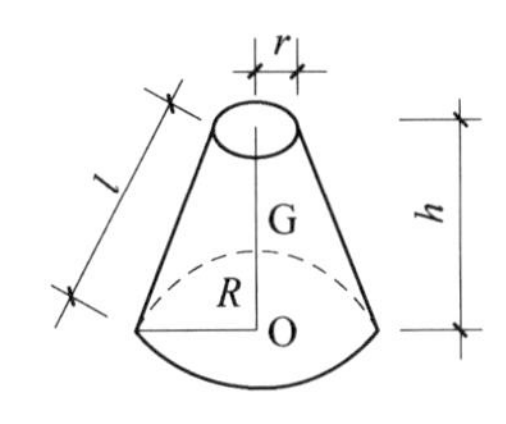

图 1-22　圆台

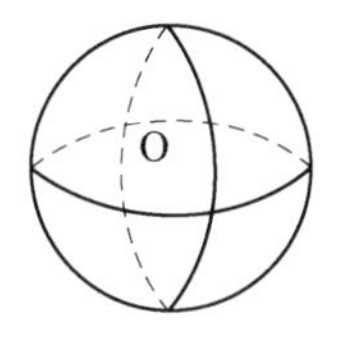

图 1-23　球

1.1.23　球体积和表面积计算

球（如图 1-23 所示）体积和表面积计算公式如下：

$$V=\frac{4}{3}\pi r^3=\frac{\pi d^3}{6}=0.5236d^3$$

$$S=4\pi r^2=\pi d^2$$

式中　V——体积；

r——半径；

d——直径；

S——球表面积。

1.1.24　球扇形（球楔）体积和表面积计算

球扇形（球楔）（如图 1-24 所示）体积和表面积计算公式如下：

$$V=\frac{2}{3}\pi r^2 h=2.0944r^2 h$$

$$S=\frac{\pi r}{2}(4h+d)=1.57r(4h+d)$$

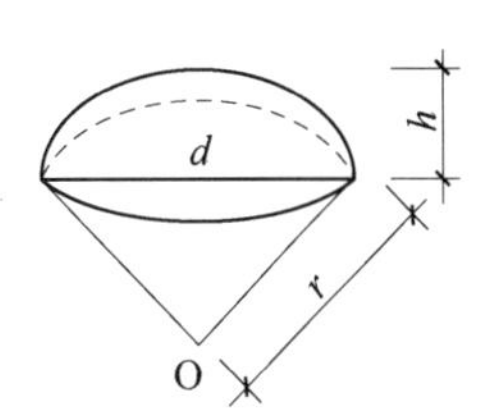

图 1-24　球扇形（球楔）

式中　V——体积；

r——球半径；

d——弓形底圆直径；

h——弓形高；

S——球扇形（球楔）表面积。

1.1.25　球缺体积和表面积计算

球缺（如图 1-25 所示）体积和表面积计算公式如下：

$$V=\pi h^2\left(r-\frac{h}{3}\right)$$

$$S_{曲}=2\pi rh=\pi\left(\frac{d^2}{4}+h^2\right)$$

$$S=\pi h(4r-h)$$

$$d^2=4h(2r-h)$$

式中 V——体积；

h——球缺的高；

r——球缺半径；

d——平切圆直径；

$S_{曲}$——曲面面积；

S——球缺表面积。

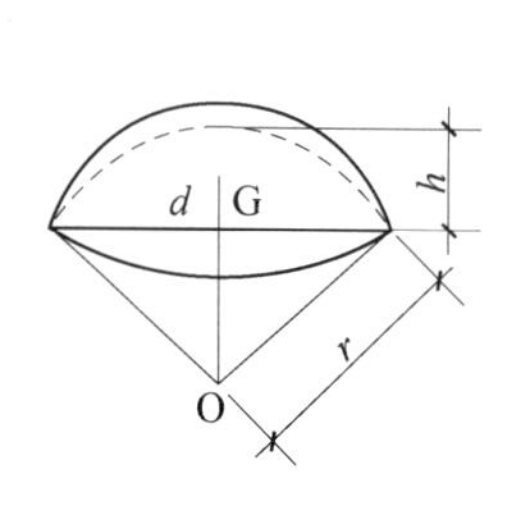

图 1 - 25 球缺

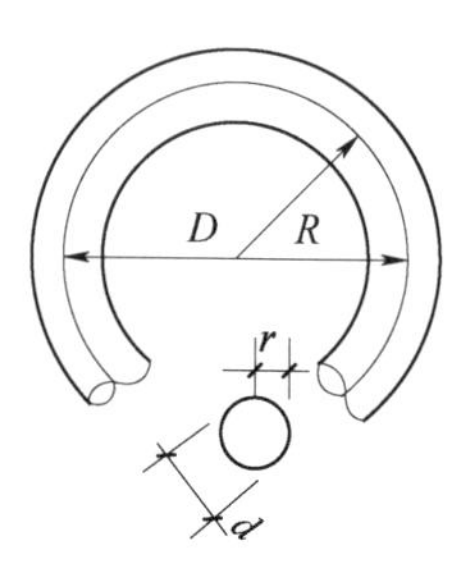

图 1 - 26 圆环体

1.1.26 圆环体体积和表面积计算

圆环体（如图 1 - 26 所示）体积和表面积计算公式如下：

$$V=2\pi^2Rr^2=\frac{1}{4}\pi^2Dd^2$$

$$S=4\pi^2Rr=\pi^2Dd=39.478Rr$$

式中 V——体积；

R——圆环体平均半径；

D——圆环体平均直径；

d——圆环体截面直径；

r——圆环体截面半径；

S——圆环体表面积。

1.1.27 球带体体积和表面积计算

球带体（如图 1 - 27 所示）体积和表面积计算公式如下：

$$V=\frac{\pi h}{b}(3r_1^2+3r_2^2+h^2)$$

$$S_1=2\pi Rh$$

$$S=2\pi Rh+\pi(r_1^2+r_2^2)$$

式中　V——体积；

R——球半径；

r_1、r_2——底面半径；

h——腰高；

h_1——球心 O 至带底圆心 O_1 的距离；

S——球带体表面积；

S_1——球带体侧表面积。

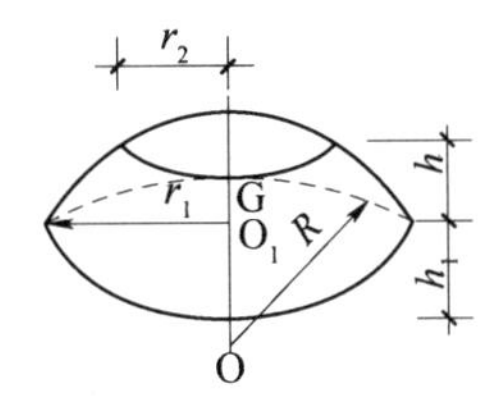

图 1－27　球带体

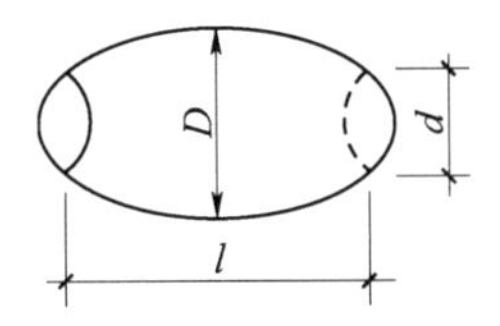

图 1－28　桶形

1.1.28　桶形体积和表面积计算

桶形（如图 1－28 所示）体积和表面积计算公式如下：

对于抛物线形桶板：

$$V=\frac{\pi l}{15}\left(2D^2+Dd+\frac{4}{3}d^2\right)$$

式中　V——体积；

D——中间断面直径；

d——底直径；

l——桶高。

对于圆形桶板：

$$V=\frac{\pi l}{12}(2D^2+d^2)$$

式中　V——体积；

D——中间断面直径；

d——底直径；

l——桶高。

1.1.29　椭球形体积和表面积计算

椭球形（如图 1－29 所示）体积和表面积计算公式如下：

$$V=\frac{4}{3}abc\pi$$

$$S=2\sqrt{2}b\ \sqrt{a^2+b^2}$$

式中　V——体积；

a、b、c——半轴长；

S——椭球形表面积。

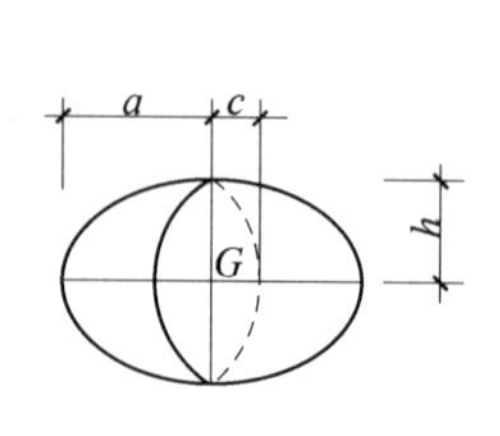

图 1-29 椭球形

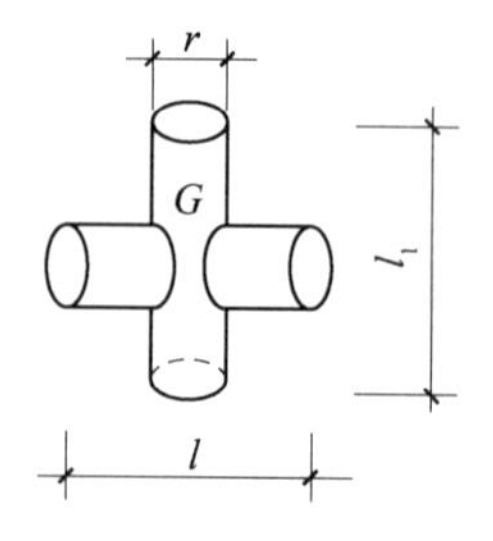

图 1-30 交叉圆柱体

1.1.30 交叉圆柱体体积和表面积计算

交叉圆柱体（如图 1-30 所示）体积和表面积计算公式如下：

$$V=\pi r^2\left(l+l_1-\frac{2r}{3}\right)$$

式中 V——体积；

r——圆柱半径；

l_1、l——圆柱长。

1.1.31 梯形体体积和表面积计算

梯形体（如图 1-31 所示）体积和表面积计算公式如下：

$$V=\frac{h}{6}[(2a+a_1)b+(2a_1+b)b_1]$$

$$=\frac{h}{6}[ab+(a+a_1)\times(b+b_1)+a_1b_1]$$

式中 V——体积；

a、b——下底边长；

a_1、b_1——上底边长；

h——上、下底边距离（高）。

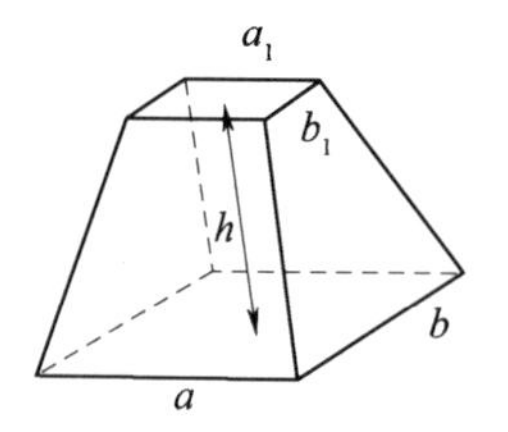

图 1-31 梯形体

1.1.32 壳表面积计算

壳表面积（A）计算公式：

$$A=S_x\cdot S_y=2a\times 系数\ K_a\times 2b\times 系数\ K_b$$

式中 K_a、K_b——椭圆抛物面扁壳系数，见表 1-1。

1.1.33 单层建筑物面积计算

单层建筑物面积计算如图 1-32 所示，公式如下：

1）高度 $h\geqslant 2.20$m：

$$S=a\times b(不含勒脚厚度)$$

式中　S——单层建筑物建筑面积（m^2）；

a——两端山墙勒脚以上外表面间水平距离（m）；

b——两纵墙勒脚以上外表面间水平距离（m）。

2）高度 $h<2.20$m：

$$S=\frac{1}{2}\times a\times b(\text{不含勒脚厚度})$$

式中　S——单层建筑物建筑面积（m^2）；

a——两端山墙勒脚以上外表面间水平距离（m）；

b——两纵墙勒脚以上外表面间水平距离（m）。

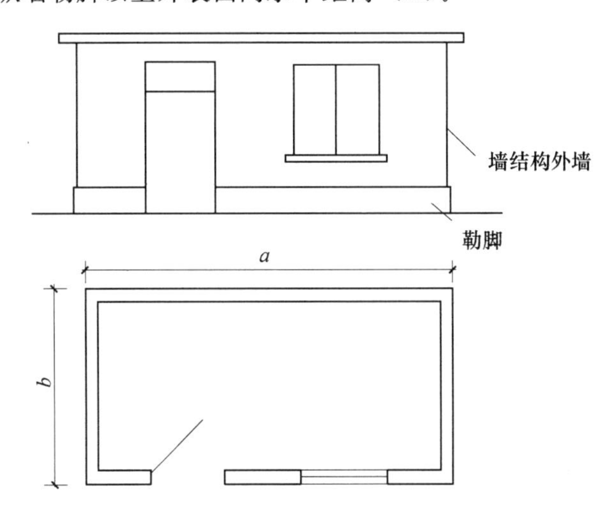

图 1－32　单层建筑物的建筑面积

1.1.34　单层建筑物坡屋顶内空间的建筑面积计算

单层建筑物坡屋顶内空间的建筑面积计算公式如下：

1）高度 $h\geqslant 2.10$m：

$$S=a\times b(\text{不含勒脚厚度})$$

式中　S——建筑面积（m^2）；

a——建筑物长度（m）；

b——建筑物宽度（m）。

2）高度 1.20～2.10m：

$$S=\frac{1}{2}\times a\times b(\text{不含勒脚厚度})$$

式中　S——建筑面积（m^2）；

a——建筑物长度（m）；

b——建筑物宽度（m）。

1.1.35 单层建筑物内设有部分楼层的建筑面积计算

单层建筑物内设有部分楼层的建筑面积计算如图 1－33 所示，公式如下：

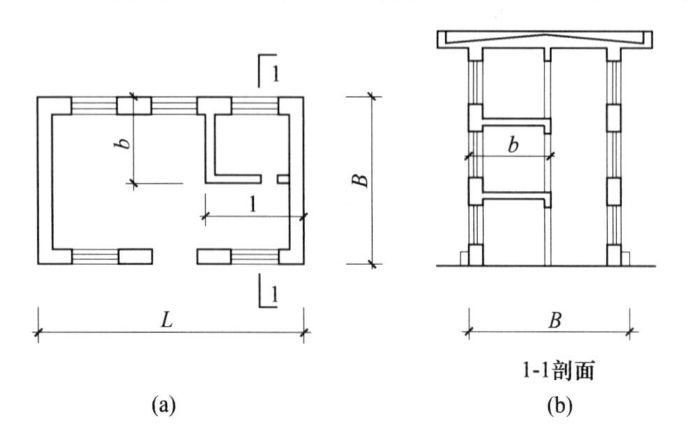

图 1－33 带有部分楼层的单层建筑物工程量计算

1）高度 $h \geqslant 2.20$m：

$$S = L \times B + \sum_{1}^{n-1} l \times b$$

式中 S——单层建筑物带有部分楼层时的建筑面积（m^2）；

L——两端山墙勒脚以上外表面间水平距离（m）；

B——两纵墙勒脚以上外表面间水平距离（m）；

l、b——外墙勒脚以上外表面至局部层墙（柱）外线的水平距离（m）；

n——局部楼层层数。

2）高度 $h < 2.20$m：

$$S = \frac{1}{2} \times L \times B + \sum_{1}^{n-1} l \times b$$

式中 S——单层建筑物带有部分楼层时的建筑面积（m^2）；

L——两端山墙勒脚以上外表面间水平距离（m）；

B——两纵墙勒脚以上外表面间水平距离（m）；

l、b——外墙勒脚以上外表面至局部层墙（柱）外线的水平距离（m）；

n——局部楼层层数。

1.1.36 建筑物外墙为预制挂（壁）板的建筑面积计算

建筑物外墙为预制挂（壁）板的建筑面积计算如图 1－34 所示，公式如下：

$$S = L \times b$$

式中 S——建筑面积（m^2）；

L——两端山墙挂（壁）板外墙主墙面间水平距离（m）；

b——图示挂（壁）板外墙主墙面间水平距离（m）。

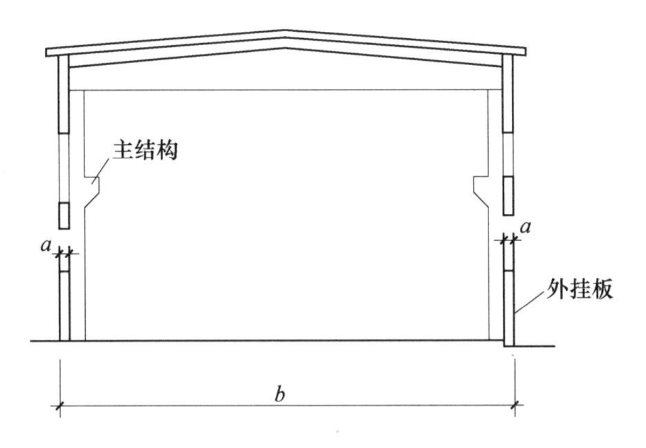

图 1－34　建筑物外墙为预制挂板（壁）

1.1.37　多层建筑物的建筑面积计算

多层建筑物的建筑面积计算公式如下：

$$S = S_1 + S_2 + \cdots + S_n = \sum_{i=1}^{n} S_i$$

式中　S——多层建筑物的建筑面积（m^2）；

S_i——第 i 层的建筑面积（m^2）；

n——建筑物的总层数。

1.1.38　坡地的建筑物吊脚架空层和深基础架空层的建筑面积计算

坡地的建筑物吊脚架空层（如图 1－35 所示）和深基础架空层，设计加以利用并有围护结构的建筑面积计算如下：

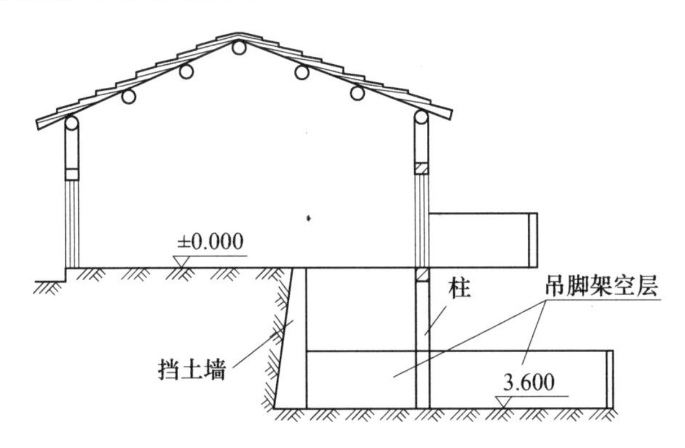

图 1－35　建于坡地的建筑物吊脚架空层（标高单位为 m，下同）

1）高度 $h \geqslant 2.20$m：

$$S = a \times b$$

式中　S——建筑面积（m^2）；

a——建筑物长度（m）；

b——建筑物宽度（m）。

2）高度 $h<2.20$m：

$$S=\frac{1}{2}\times a\times b$$

式中　S——建筑面积（m^2）；

a——建筑物长度（m）；

b——建筑物宽度（m）。

1.1.39　门厅、大厅和架空走廊的建筑面积计算

门厅、大厅（如图 1－36 所示）和架空走廊的建筑面积计算公式如下：

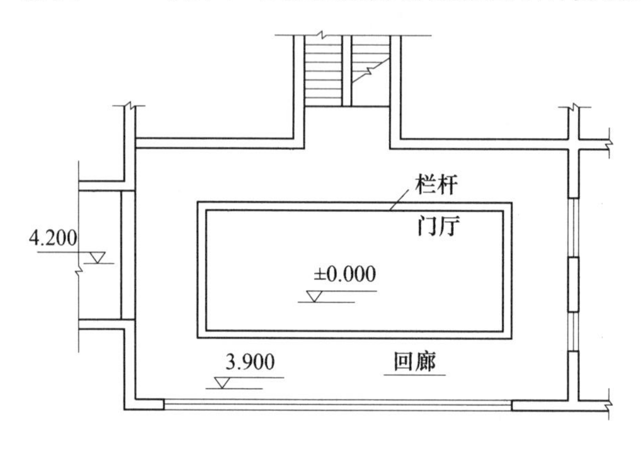

图 1－36　建筑物的门厅和大厅

1）高度 $h\geqslant 2.20$m：

$$S=a\times b$$

式中　S——建筑面积（m^2）；

a——建筑物长度（m）；

b——建筑物宽度（m）。

2）高度 $h<2.20$m：

$$S=\frac{1}{2}\times a\times b$$

式中　S——建筑面积（m^2）；

a——建筑物长度（m）；

b——建筑物宽度（m）。

1.1.40　立体书库、立体仓库和立体车库的建筑面积计算

立体书库（如图 1－37 所示）、立体仓库和立体车库的建筑面积计算公式如下：

1）高度 $h\geqslant 2.20$m：

$$S=a\times b$$

式中　S——建筑面积（m^2）；

a——建筑物长度（m）；

b——建筑物宽度（m）。

2）高度 $h<2.20$m：

$$S=\frac{1}{2}\times a\times b$$

式中　S——建筑面积（m^2）；

a——建筑物长度（m）；

b——建筑物宽度（m）。

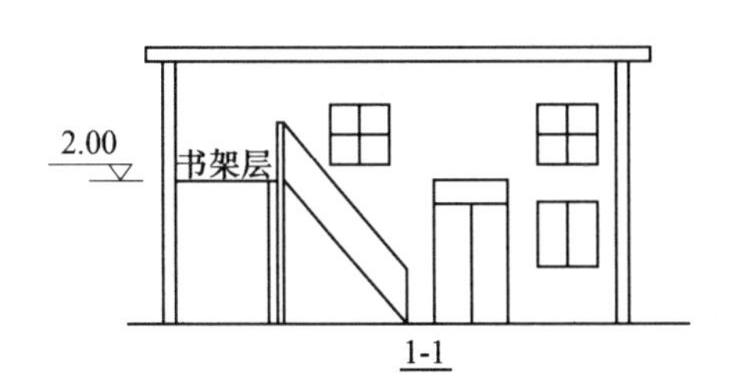

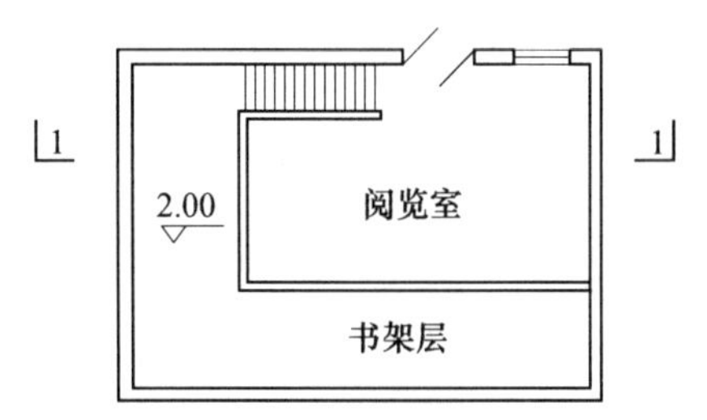

图 1－37　书库结构层示意图

1.1.41　有围护结构的舞台灯光控制室的建筑面积计算

有围护结构的舞台灯光控制室的建筑面积计算公式如下：

1）高度 $h\geqslant 2.20$m：

$$S=a\times b$$

式中　S——建筑面积（m^2）；

a——建筑物长度（m）；

b——建筑物宽度（m）。

2）高度 $h<2.20$m：

$$S=\frac{1}{2}\times a\times b$$

式中　S——建筑面积（m^2）；

a——建筑物长度（m）；

b——建筑物宽度（m）。

1.1.42　挑廊、走廊和檐廊的建筑面积计算

挑廊、走廊和檐廊（如图 1－38、图 1－39 所示）的建筑面积计算公式如下：

1）高度 $h \geqslant 2.20$m：

$$S=a\times b$$

式中　S——建筑面积（m^2）；

a——建筑物长度（m）；

b——建筑物宽度（m）。

2）高度 $h<2.20$m：

$$S=\frac{1}{2}\times a\times b$$

式中　S——建筑面积（m^2）；

a——建筑物长度（m）；

b——建筑物宽度（m）。

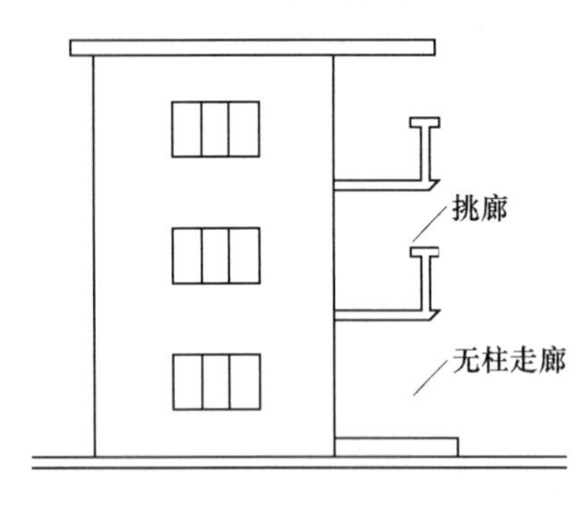

图 1－38　建筑物外有围护结构的挑廊、无柱走廊

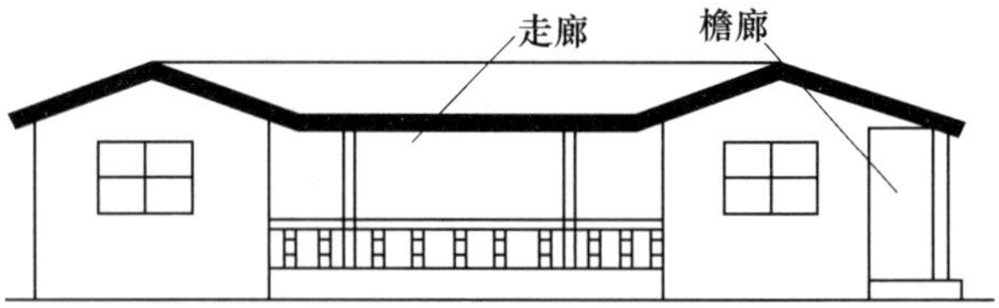

图 1－39　建筑物外有围护结构的挑廊和檐廊

1.1.43　场馆看台（有永久性顶盖无围护结构）的建筑面积计算

场馆看台（有永久性顶盖无围护结构）的建筑面积计算公式如下：

$$S=\frac{1}{2}\times a\times b$$

式中　S——建筑面积（m^2）；

a——建筑物长度（m）；

b——建筑物宽度（m）。

1.1.44　楼梯间的建筑面积计算

楼梯间（如图 1－40 所示）的建筑面积计算公式如下：

$$S=a\times b$$

式中　S——建筑面积（m^2）；

a——楼梯间长度（m）；

b——楼梯间宽度（m）。

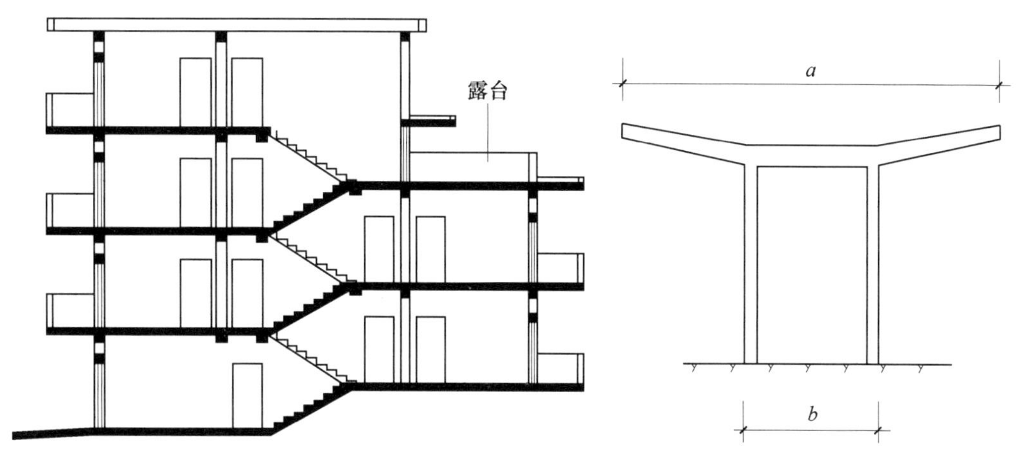

图 1-40　室内楼梯间　　　图 1-41　双排柱的车棚、雨篷、站台

1.1.45　雨篷、车棚、站台（双排柱）的建筑面积计算

雨篷、车棚、站台（双排柱）的建筑面积计算如图 1-41 所示，公式如下：

当 $a\times L>2(b\times L)$：

$$S=\frac{1}{2}\times a\times L$$

式中　S——建筑面积（m^2）；

a——建筑物长度（m）；

b——建筑物宽度（m）；

L——雨篷外围长度（m）。

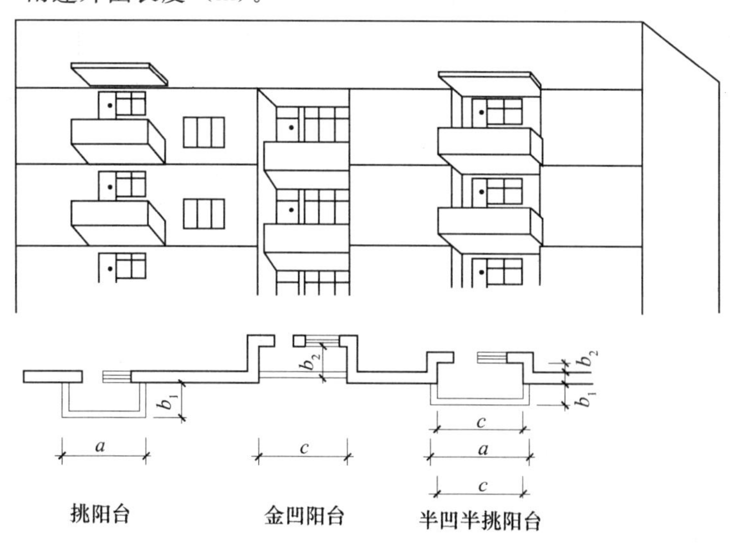

图 1-42　凸阳台、凹阳台建筑工程量计算

1.1.46 凸阳台、凹阳台的建筑面积计算

凸阳台、凹阳台的建筑面积计算如图 1－42 所示，公式如下：

$$S=\frac{1}{2}\times(a\times b_1+c\times b_2)$$

式中 S——凹阳台或挑阳台的建筑面积（m^2）；

a——阳台板水平投影长度（m）；

c——凹阳台两外墙外边线间长度（m）；

b_1——阳台凸出主墙身外宽度（m）；

b_2——阳台凹进主墙身外宽度（m）。

1.1.47 封闭式阳台的建筑面积计算

封闭式阳台的建筑面积计算如图 1－43 所示，公式如下：

$$S=a\times b_1+c\times b_2$$

式中 S——封闭式阳台或挑廊的建筑面积（m^2）；

a——阳台板水平投影长度（m）；

c——凹阳台两外墙外边线间长度（m）；

b_1——阳台凸出主墙身外宽度（m）；

b_2——阳台凹进主墙身外宽度（m）。

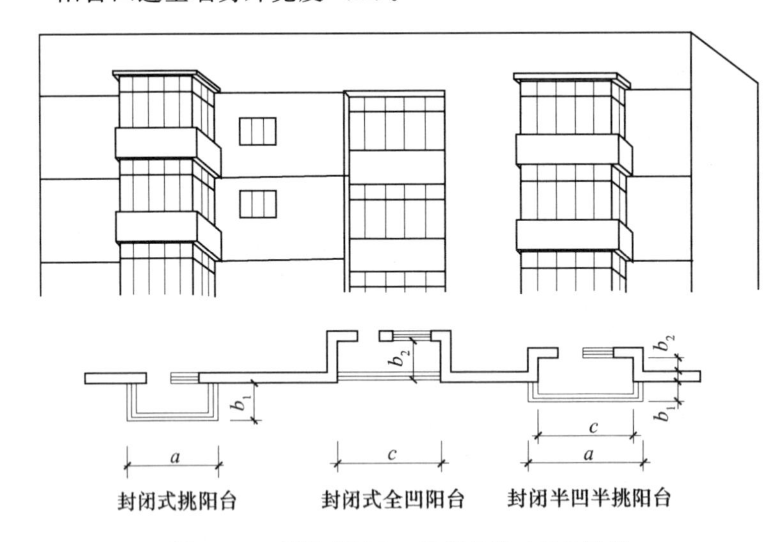

图 1－43 封闭式阳台、挑廊建筑工程量计算

1.1.48 建筑安装工程费用的计算

建筑安装工程费用的计算公式如下：

建筑安装工程费用＝直接费＋间接费＋利润＋税金

其中，直接费是由直接工程费和措施费组成；间接费是由规费、企业管理费组

成；利润是施工企业完成承包工程所获得的盈利；税金是指国家税法规定的应计入建筑安装工程造价内的营业税、城市维护建设税和教育附加税等。

1.1.49 直接工程费的计算

直接工程费的计算公式如下：

$$直接工程费=人工费+材料费+施工机械使用费$$

其中，人工费是指直接从事建筑安装工程施工的生产工人开支的各项费用；材料费是指施工过程中耗费的构成工程实体的原材料、辅助材料、构配件、零件、成品的费用；施工机械使用费是指施工机械作业所发生的机械使用费、机械安拆费和场外运费。

1.1.50 人工费的计算

人工费的计算公式如下：

$$人工费=\sum(工日消耗量\times日工资单价)$$

$$日工资单价(G)=\sum G$$

其中，工日消耗量是指在正常施工条件下，生产单位建筑安装产品（分部分项工程或结构构件）必须消耗的某种技术等级的人工工日数量；日工资单价是指施工企业平均技术熟练程度的生产工人在每工作日（国家法定工作时间内）按规定从事施工作业应得的日工资总额。

1.1.51 基本工资的计算

基本工资的计算公式如下：

$$基本工资(G_1)=\frac{生产工人平均月工资}{年平均每月法定工作日}$$

1.1.52 工资性补贴的计算

工资性补贴的计算公式如下：

$$工资性补贴(G_2)=\frac{\sum年发放标准}{全年日历日-法定假日}+\frac{\sum月发放标准}{年平均每月法定工作日}+每工作日发放标准$$

1.1.53 生产工人辅助工资的计算

生产工人辅助工资的计算公式如下：

$$生产工人辅助工资(G_3)=\frac{全年无效工作日\times(G_1+G_2)}{全年日历日-法定假日}$$

式中 G_1——基本工资；

G_2——工资性补贴。

1.1.54 职工福利费的计算

职工福利费的计算公式如下：

$$职工福利费(G_4)=(G_1+G_2+G_3)\times福利费计提比例(\%)$$

式中 G_1——基本工资；

G_2——工资性补贴；

G_3——生产工人辅助工资。

1.1.55 生产工人劳动保护费的计算

生产工人劳动保护费的计算公式如下：

$$生产工人劳动保护费(G_5)=\frac{生产工人年平均支出劳动保护费}{全年日历日-法定假日}$$

1.1.56 材料费的计算

材料费的计算公式如下：

$$材料费=\sum(材料消耗量\times 材料基价)+检验试验费$$

$$材料基价=\{(供应价格+运杂费)\times[1+运输损耗率(\%)]\}\times[1+采购保管费率(1\%)]$$

$$检验试验费=\sum(单位材料量检验试验费\times 材料消耗量)$$

其中，材料消耗量可以参照概算、预算定额子目的消耗量也可由企业根据自身的情况确定，但必须按照施工图纸确定的实体工程量经过计算确定；材料基价的组成是材料价格组成的一种概括，具体的材料单价应根据不同的交易方式和供货渠道，由承包方与发包方依据实际情况用合同形式来约定；材料运杂费是指材料自来源地运到工地仓库或指定堆放地点所需要的全部费用；运输损耗费是指材料在运输装卸过程中不可避免的损耗；采购及保管费是指为组织采购、供应和保管材料过程中所需要的各项费用，包括采购费、仓储费、工地保管费和仓储损耗；检验试验费是指对建筑材料、构件和建筑安装物进行一般的鉴定、检查所需要的费用，包括自设试验室进行试验所耗用的材料和化学药品等费用（不包括新结构、新材料的试验费和建设单位对具有出厂合格证明的材料进行检验，对构件做破坏性试验及其他特殊要求检验试验的费用）。

1.1.57 施工机械使用费的计算

施工机械使用费的计算公式如下：

$$施工机械使用费机械台班单价=\sum(施工机械台班消耗量\times 机械台班单价)$$

$$台班单价=台班折旧费+台班大修费+台班经常修理费+台班安拆费及场外运费+台班人工费+台班燃料动力费+台班养路费及车船使用税$$

其中，折旧费是指施工机械在规定的使用年限内，陆续收回其原值及购置资金的时间价值；大修理费是指施工机械按规定进行必要的大修理，以恢复其正常功能所需的费用；经常修理费是指施工机械除大修理外的各级保养和临时故障排除所需的费用，包括为保障机械正常运转所需替换设备与随机配备工具附具的摊销和维护费用，机械运转中日常保养所需润滑与擦拭的材料费用及机械停滞期间的维护和保养费用；安拆费是指施工机械在现场进行安装与拆卸所需的人工、材料、机械和试运转费用以及机械辅助设施的折旧、搭设、拆除等费用。场外运费是指施工机械整体或分体自停放地点运到施工现场或由一施工地点运到另一施工地点的运输、装卸、辅助材料及架线等费目；人工费是指机上司机（司炉）和其他操作人员的工作日人工费及上述人员在施工机械规定的年工作台班以外的人工费；燃料动力费是指施工机械在运转作业中所消耗的固体燃料（煤、木柴）、液体燃料（汽油、柴油）及水、电等费用；养路费及车船使用税是指施工机械按照国家规定和有关部门规定应缴纳的养路费、车船使用税、保险费和年检费等。

1.1.58 环境保护费的计算

环境保护费的计算公式如下：

$$\text{环境保护费}=\text{直接工程费}\times\text{环境保护费费率}(\%)$$

$$\text{环境保护费费率}(\%)=\frac{\text{本项费用年度平均支出}}{\text{全年建安产值}\times\text{直接工程费占总造价比例}(\%)}$$

1.1.59 文明施工费的计算

文明施工费的计算公式如下：

$$\text{文明施工费}=\text{直接工程费}\times\text{文明施工费费率}(\%)$$

$$\text{文明施工费费率}(\%)=\frac{\text{本项费用年度平均支出}}{\text{全年建安产值}\times\text{直接工程费占总造价比例}(\%)}$$

1.1.60 安全施工费的计算

安全施工费的计算公式如下：

$$\text{安全施工费}=\text{直接工程费}\times\text{安全施工费费率}(\%)$$

$$\text{安全施工费费率}(\%)=\frac{\text{本项费用年度平均支出}}{\text{全年建安产值}\times\text{直接工程费占总造价比例}(\%)}$$

1.1.61 临时设施费的计算

临时设施费的计算公式如下：

$$\text{临时设施费}=(\text{周转使用临建费}+\text{一次性使用临建费})\times(1+\text{其他临时设施所占比例}(\%))$$

$$\text{周转使用临时费}=\sum\left[\frac{\text{临时面积}\times\text{每平方米造价}}{\text{使用年限}\times365\times\text{利用率}(\%)}\times\text{工期(天)}\right]+\text{一次性拆除费}$$

$$\text{一次性使用临建费}=\sum\text{临建面积}\times\text{每平方米造价}\times[1-\text{残值率}(\%)]+\text{一次性拆除费}$$

其中，其他临时设施在临时设施费中所占比例，可由各地区造价管理部门依据典型施工企业的成本资料经分析后综合测定。

1.1.62 夜间施工增加费的计算

夜间施工增加费的计算公式如下：

$$\text{夜间施工增加费}=\left(1-\frac{\text{合同工期}}{\text{定额工期}}\right)\times\frac{\text{直接工程费中的人工费合计}}{\text{平均日工资单价}}$$

×每工日夜间施工费开支

1.1.63 二次搬运费的计算

二次搬运费的计算公式如下：

$$二次搬运费=直接工程费\times二次搬运费费率(\%)$$

$$二次搬运费费率(\%)=\frac{年平均二次搬运费开支额}{全年建安产值\times直接工程费占总造价比例(\%)}$$

1.1.64 大型机械进出场及安拆费的计算

大型机械进出场及安拆费的计算公式如下：

$$大型机械进出场及安拆费=\frac{一次进出场及安拆费\times年平均安拆次数}{年工作台班}$$

1.1.65 混凝土、钢筋混凝土模板及支架费的计算

混凝土、钢筋混凝土模板及支架费的计算公式如下：

模板及支架费=模板摊销量×模板价格+支、拆、运输费

摊销量=一次使用量×(1+施工损耗)×[1+(周转次数−1)×补损率/周转次数−(1−补损率)50%/周转次数]

租赁费=模板使用量×使用日期×租赁价格+支、拆、运输费

1.1.66 脚手架搭拆费的计算

脚手架搭拆费的计算公式如下：

脚手架搭拆费=脚手架摊销量×脚手架价格+搭、拆、运输费

$$脚手架摊销量=\frac{单位一次使用量\times(1-残值率)}{耐用期/一次使用期}$$

租赁费=脚手架每日租金×搭设周期+搭、拆、运输费

1.1.67 已完工程及设备保护费的计算

已完工程及设备保护费的计算公式如下：

已完工程及设备保护费=成品保护所需机械费+材料费+人工费

1.1.68 施工排水、降水费的计算

施工排水、降水费的计算公式如下：

排水降水费=∑排水降水机械台班费×排水降水周期+排水降水使用材料费、人工费

1.1.69 间接费的计算

间接费的计算方法按取费基数的不同分为以下三种：

1）以直接费为计算基础：

间接费=直接费合计×间接费费率(%)

2）以人工费和机械费合计为计算基础：

$$间接费=人工费和机械费合计\times间接费费率(\%)$$

$$间接费费率(\%)=规费费率(\%)+企业管理费费率(\%)$$

3）以人工费为计算基础：

$$间接费=人工费合计\times间接费费率(\%)$$

1.1.70 规费费率的计算

规费费率的计算公式如下。

1）以直接费为计算基础：

$$规费费率(\%)=\frac{\sum 规费缴纳标准\times每万元发承包价计算基数}{每万元发承包价中的人工费含量}\times人工费占直接费的比例(\%)$$

2）以人工费和机械费合计为计算基础：

$$规费费率(\%)=\frac{\sum 规费缴纳标准\times每万元发承包价计算基数}{每万元发承包价的人工费含量和机械费含量}\times100\%$$

3）以人工费为计算基础：

$$规费费率(\%)=\frac{\sum 规费缴纳标准\times每万元发承包价计算基数}{每万元发承包价中的人工费含量}\times100\%$$

1.1.71 企业管理费费率的计算

企业管理费费率的计算公式如下。

1）以直接费为计算基础：

$$企业管理费费率(\%)=\frac{生产工人年平均管理费}{年有效施工天数\times人工单价}\times人工费占直接费比例(\%)$$

2）以人工费和机械费合计为计算基础：

$$企业管理费费率(\%)=\frac{生产工人年平均管理费}{年有效施工天数\times(人工单价+每一日机械使用费)}\times100\%$$

3）以人工费为计算基础：

$$企业管理费费率(\%)=\frac{生产工人年平均管理费}{年有效施工天数\times人工单价}\times100\%$$

1.1.72 税金的计算

税金的计算公式如下：

$$税金=(税前造价+利润)\times税率(\%)$$

其中，利润是指施工企业为完成所承包工程在承揽前计划预期或工程完工后获得的盈利；

$$税率\begin{cases}▲纳税地点在市区的企业\\ ■纳税地点在县城、镇的企业\\ ★纳税地点不在市区、县城、镇的企业\end{cases}：$$

▲　纳税地点在市区的企业

$$税率(\%)=\frac{1}{1-3\%-(3\%\times 7\%)-(3\%\times 3\%)}-1$$

■ 纳税地点在县城、镇的企业

$$税率(\%)=\frac{1}{1-3\%-(3\%\times 5\%)-(3\%\times 3\%)}-1$$

★ 纳税地点不在市区、县城、镇的企业

$$税率(\%)=\frac{1}{1-3\%-(3\%\times 1\%)-(3\%\times 3\%)}-1$$

1.1.73 设备及工、器具购置费用的计算

设备及工、器具购置费用的计算公式如下：

设备及工、器具购置费用＝设备购置费＋工具、器具及生产家具购置费

设备购置费＝设备原价＋设备运杂费

工具、器具及生产家具购置费＝设备购置费×定额费率

1.1.74 土地补偿费的计算

土地补偿费的计算公式如下：

$$B=J\cdot L\cdot N$$

式中 B——每亩耕地补偿费（元/亩）；

J——每公斤农产品国家牌价（元/公斤）；

L——征用前三年平均年产量（公斤/亩）；

N——补偿倍数。

注：1公斤＝1kg，1亩＝666.67m²，下同。

1.1.75 建设单位开办费的计算

办公和生活家具购置费，一般按综合费用定额计算。计算公式：

$$J=N\cdot K$$

式中 J——办公和生活家具购置费（元）；

N——工作人数（人）；

K——综合费用指标（元）。

1.1.76 建设单位经费的计算

1）按管理人员月数计算：

$$S=N\cdot T(K_1+K_2)$$

式中 S——建设单位经费（元）；

N——建设单位管理定员数（人）；

T——建设期限（月）；

K_1——每人每月平均工资（元）；

K_2——管理费用指标（元/每人·月）。

2）按全工程费用百分比计算：

建设单位经费＝全工程费用总额×取费标准（%）

1.1.77 涨价预备费（价差预备费、造价调整预备费）的计算

涨价预备费（价差预备费、造价调整预备费）的计算公式如下：

$$PF = \sum_{t=0}^{n} I_t[(1+f)^t - 1]$$

式中 PF——涨价预备费；

n——建设期年份数；

I_t——建设期中第 t 年的投资额，包括设备及工器具购置费、建筑安装工程费、工程建设其他费用及基本预备费；

f——年投资价格上涨率。

1.1.78 建设期贷款利息的计算

建设期利息通常按年度估算，因此，在估算建设期利息时，首先要确定年利率。在估算利息时所用的年利率是年实际利率。如果我们已知的是年名义利率，则必须先将名义利率转换成年实际利率之后再估算利息。设年名义利率为 ρ，每年计息次数为 m，年实际利率为 i，转换公式为：

$$i=\left(1+\frac{\rho}{m}\right)^m-1$$

建设期贷款利息按复利计算。

1）对于贷款总额一次性贷出且利率固定的贷款，按下列公式计算：

$$F=P\cdot(1+i)^n$$

$$贷款利息=F-P=P[(1+i)^n-1]$$

式中 P——一次性贷款金额；

F——建设期还款时的本利和；

i——年利率；

n——贷款期限。

2）当总贷款是分年均衡发放时，建设期利息的计算可按当年借款在年中支用考虑，即当年贷款按半年计息，上年贷款按全年计息。计算公式为：

$$q_j=\left(P_{j-1}+\frac{1}{2}A_j\right)\cdot i$$

式中 q_j——建设期第 j 年应计利息；

P_{j-1}——建设期第（$j-1$）年末贷款累计金额与利息累计金额之和；

A_j——建设期第 j 年贷款金额；

i——年利率。

上述计算公式也可用文字表达：

$$每年应计利息=\left(年初贷款本息累计+\frac{1}{2}当年贷款额\right)\times年实际利率$$

1.2 数据速查

1.2.1 椭圆抛物面扁壳系列系数表

表 1-1　　椭圆抛物面扁壳系列系数表

$\frac{h_x}{2a}$或$\frac{h_y}{2b}$	系数 K_a 或 K_b	$\frac{h_x}{2a}$或$\frac{h_y}{2b}$	系数 K_a 或 K_b
0.050	1.0066	0.076	1.0152
0.051	1.0069	0.077	1.0156
0.052	1.0072	0.078	1.0160
0.053	1.0074	0.079	1.0164
0.054	1.0077	0.080	1.0168
0.055	1.0080	0.081	1.0172
0.056	1.0083	0.082	1.0177
0.057	1.0086	0.083	1.0181
0.058	1.0089	0.084	1.0185
0.059	1.0092	0.085	1.0189
0.060	1.0095	0.086	1.0194
0.061	1.0098	0.087	1.0198
0.062	1.0102	0.088	1.0203
0.063	1.0105	0.089	1.0207
0.064	1.0108	0.090	1.0212
0.065	1.0112	0.091	1.0217
0.066	1.0115	0.092	1.0221
0.067	1.0118	0.093	1.0226
0.068	1.0122	0.094	1.0231
0.069	1.0126	0.095	1.0236
0.070	1.0129	0.096	1.0241
0.071	1.0133	0.097	1.0246
0.072	1.0137	0.098	1.0251
0.073	1.0140	0.099	1.0256
0.074	1.0144	0.100	1.0261
0.075	1.0148	0.101	1.0266

续表

$\frac{h_x}{2a}$或$\frac{h_y}{2b}$	系数 K_a 或 K_b	$\frac{h_x}{2a}$或$\frac{h_y}{2b}$	系数 K_a 或 K_b
0.102	1.0271	0.134	1.0460
0.103	1.0276	0.135	1.0467
0.104	1.0281	0.136	1.0473
0.105	1.0287	0.137	1.0480
0.106	1.0292	0.138	1.0487
0.107	1.0297	0.139	1.0494
0.108	1.0303	0.140	1.0500
0.109	1.0308	0.141	1.0507
0.110	1.0314	0.142	1.0514
0.111	1.0320	0.143	1.0521
0.112	1.0325	0.144	1.0528
0.113	1.0331	0.145	1.0535
0.114	1.0337	0.146	1.0542
0.115	1.0342	0.147	1.0550
0.116	1.0348	0.148	1.0557
0.117	1.0354	0.149	1.0564
0.118	1.0360	0.150	1.0571
0.119	1.0366	0.151	1.0578
0.120	1.0372	0.152	1.0586
0.121	1.0378	0.153	1.0593
0.122	1.0384	0.154	1.0601
0.123	1.0390	0.155	1.0608
0.124	1.0396	0.156	1.0616
0.125	1.0402	0.157	1.0623
0.126	1.0408	0.158	1.0631
0.127	1.0415	0.159	1.0638
0.128	1.0421	0.160	1.0646
0.129	1.0428	0.161	1.0654
0.130	1.0434	0.162	1.0661
0.131	1.0440	0.163	1.0669
0.132	1.0447	0.164	1.0677
0.133	1.0453	0.165	1.0685

续表

$\frac{h_x}{2a}$或$\frac{h_y}{2b}$	系数 K_a 或 K_b	$\frac{h_x}{2a}$或$\frac{h_y}{2b}$	系数 K_a 或 K_b
0.166	1.0693	0.183	1.0832
0.167	1.0700	0.184	1.0841
0.168	1.0708	0.185	1.0849
0.169	1.0716	0.186	1.0858
0.170	1.0724	0.187	1.0867
0.171	1.0733	0.188	1.0875
0.172	1.0741	0.189	1.0884
0.173	1.0749	0.190	1.0893
0.174	1.0757	0.191	1.0902
0.175	1.0765	0.192	1.0910
0.176	1.0773	0.193	1.0919
0.177	1.0782	0.194	1.0928
0.178	1.0790	0.195	1.0937
0.179	1.0798	0.196	1.0946
0.180	1.0807	0.197	1.0955
0.181	1.0815	0.198	1.0946
0.182	1.0824	0.199	1.0973

1.2.2 经济评估有关税费表

表 1-2　经济评估有关税费表

序号	税种	固定资产投资	总成本费用	销售税金及附加	利润总额
1	增值税	√	—	—	—
2	营业税	—	—	√	—
3	消费税	—	—	√	—
4	资源税	—	—	√	—
5	企业所得税	—	—	—	√
6	土地增值税	—	—	√	—
7	固定资产投资方向调节税	√	—	—	—
8	城市维护建设税	—	—	√	—
9	车船税	—	√	—	—
10	房产税	—	√	—	—
11	土地使用税	—	√	—	—
12	耕地占用税	√	—	—	—
13	印花税	—	√	—	—
14	关税	√	—	—	—
15	教育费附加	—	—	√	—

1.2.3 增值税税率表

表 1-3 增值税税率表

纳税人	征收范围	税率
一般纳税人	出口货物	0%
	进口货物： 1）粮食、食用植物油； 2）自来水、暖气、冷气、煤气、石油、液化气、天然气、沼气、居民用煤炭制品； 3）图书、报纸、杂志； 4）饲料、化肥、农药、农机、农膜； 5）国务院规定的其他货物	13%
	销售或进口其他货物； 提供加工、修理修配劳务	17%
小规模纳税人	1）从事货物生产或提供应税劳务的纳税人，以及以从事货物生产应税劳务为主并兼营货物批发或零售的纳税人，年应征增值税销售额（以下简称应税销售额）在100万元以下的； 2）从事货物批发或零售的纳税人，年应税销售额在180万元以下的年应税销售额超过小规模纳税人标准的个人、非企业性单位、不经常发生应税行为的企业，视同小规模纳税人纳税	6%

1.2.4 营业税税目税率表

表 1-4 营业税税目税率表

税目	征收范围	税率
一、交通运输业	陆路运输、水路运输、航空运输、管道运输、装卸搬运	3%
二、建筑业	建筑、安装、修缮、装饰及其他工程作业	3%
三、金融保险业		5%
四、邮电通信业		3%
五、文化体育业		3%
六、娱乐业	歌厅、舞厅、卡拉OK歌舞厅、音乐茶座、台球、高尔夫球、保龄球、游艺	5%～20%
七、服务业	代理业、旅店业、餐饮业、旅游业、仓储业、租赁业、广告业及其他服务业	5%
八、转让无形资产	转让土地使用权、专利权、非专利技术、商标权、著作权、商誉	5%
九、销售不动产	销售建筑物及其他土地附着物	5%

1.2.5 消费税的税目、税率

表 1-5　　消费税的税目、税率

税　　目	征　收　范　围	计税单位	税率（税额）
一、烟	1）甲类卷烟（包括各种进口卷烟）		45%
	2）乙类卷烟		40%
	3）雪茄烟		40%
	4）烟丝		30%
二、酒及酒精	1）粮食白酒	t	25%
	2）薯类白酒	t	15%
	3）黄酒	t	240 元
	4）啤酒	t	220 元
	5）其他酒	t	10%
	6）酒精	t	5%
三、化妆品	包括成套化妆品		30%
四、护肤护发品			17%
五、贵重首饰及珠宝玉石	包括各种金、银、珠宝首饰及珠宝玉石		10%
六、鞭炮、焰火			15%
七、汽油		L	0.2 元
八、柴油		L	0.1 元
九、汽车轮胎			10%
十、摩托车			10%
十一、小汽车	1）小轿车汽缸容量（排气量，下同）： ①在2200mL 以上的（含 2200mL） ②汽缸容量在 1000～2000mL 的（含 1000mL） ③汽缸容量在 1000mL 以下的	8% 5% 3%	
	2）越野车（四轮驱动）： ①汽缸容量在 2400mL 以上的（含 2400mL） ②汽缸容量在 2400mL 以下的	5% 3%	
	3）小客车（22 座以下面包车）： ①汽缸容量在 2000mL 以上的（含 2000mL） ②汽缸容量在 2000mL 以下的	5% 3%	

注：1t（吨）=1000kg。

1.2.6 资源税

表 1-6　　资　源　税

税　　目	税额幅度
一、原油	8～30 元/t
二、天然气	2～15 元/km^3
三、煤炭	0.3～5 元/t

续表

税　　目		税额幅度
四、其他非金属矿原矿		0.5～20元/t或者m^3
五、黑色金属矿原矿		2～30元/t
六、有色金属矿原矿		0.4～30元/t
七、盐	固体盐	10～60元/t
	液体盐（指卤水）	2～10元/t

1.2.7　土地增值税（四级超额累进税率）

表1-7　　土地增值税（四级超额累进税率）

增值额幅度	税　率
1）增值额未超过扣除项目金额50%的部分	30%
2）增值额超过扣除项目金额50%、未超过扣除项目金额100%的部分	40%
3）增值额超过扣除项目金额100%、未超过扣除项目金额200%的部分	50%
4）增值额超过扣除项目金额200%的部分	60%

1.2.8　船舶税额表

表1-8　　船舶税额表

类　　别	计税标准	每年税额	备　　注
机动船	150t以下	每吨1.20元	按净吨位计征
	151～500t	每吨1.60元	
	501～1500t	每吨2.20元	
	1501～3000t	每吨3.20元	
	3001～10000t	每吨4.20元	
	10001t以上	每吨5.00元	
非机动船	10t以下	每吨0.60元	按载重吨位计征
	11～50t	每吨0.80元	
	51～150t	每吨1.00元	
	151～300t	每吨1.20元	
	300t以上	每吨1.40元	

1.2.9 按载重吨位计征车辆税额表

表 1-9　　按载重吨位计征车辆税额表

类别	项目	计税标准	每年税额/元	备　　注
机动车	乘人汽车	每辆	60～320	包括电车
	载货汽车	按净吨位每吨	16～60	
	二轮摩轮车	每辆	20～60	
	三轮摩托车	每辆	32～80	
非机动车	人力驾驶	每辆	1.20～24	包括三轮车及其他人力拖行车辆
	畜力驾驶	每辆	4～32	
	自行车	每辆	2～4	

1.2.10 土地使用税

表 1-10　　土 地 使 用 税

地　　域	税额/[元/(m^2·元)]
大城市	1.5～30
中等城市	1.2～24
小城市	0.9～18
县城、建制镇、工矿区	0.3～12

1.2.11 耕地占用税

表 1-11　　耕 地 占 用 税

地域（以县为单位计算的人均耕地面积）	税额/(元/m^2)
1 亩以下（含 1 亩）	10～50
1 亩至 2 亩（含 2 亩）	8～40
2 亩至 3 亩	6～30
3 亩以上	5～25

1.2.12 印花税税目及税率

表 1-12　　印花税税目及税率

税　　目	税　　率
购销合同	0.3‰
加工承揽合同	0.5‰
建设工程勘察设计合同	0.5‰
建筑安装工程承包合同	0.3‰

续表

税　　目	税　　率
财产租赁合同	1‰
货物运输合同	0.5‰
仓储保管合同	1‰
借款合同	0.05‰
财产保险合同	1‰
技术合同	0.3‰
产权转移书据	0.5‰
资金账簿	0.5‰
其他账簿	5元/本
权利许可证照	5元/份

2

土石方工程

2.1 公式速查

2.1.1 根据截面工程量计算土方量

根据截面工程量计算土方量的公式如下：

$$V=\frac{1}{2}(F_1+F_2)\times L$$

式中 V——相邻两截面间的土方量（m^3）；

F_1、F_2——相邻两截面的挖（填）方截面积（m^2）；

L——相邻两截面间的间距（m）。

2.1.2 挖沟槽土石方工程量计算

挖沟槽土石方工程量计算公式如下：

$$外墙沟槽：V_{挖}=S_{断}\times L_{外中}$$

$$内墙沟槽：V_{挖}=S_{断}\times L_{基底净长}$$

$$管道沟槽：V_{挖}=S_{断}\times L_{中}$$

式中 $S_{断}$——沟槽断面面积{▲钢筋混凝土基础有垫层时；■基础有其他垫层时；★基础无垫层时}。

▲ 钢筋混凝土基础有垫层时{●两面放坡［如图 2－1（a）所示］；●不放坡无挡土板［如图 2－1（b）所示］；●不放坡加两面挡土板［如图 2－1（c）所示］；●一面放坡一面挡土板［如图 2－1（d）所示］}：

● 两面放坡［如图 2－1（a）所示］：

$$S_{断}=(b+2c+mh)\times h+(b'+2\times 0.1)\times h'$$

式中 $S_{断}$——沟槽断面面积；

m——放坡系数；

c——工作面宽度；

h——从室外设计地面至基底深度，即垫层上基槽开挖深度；

h'——基础垫层高度；

b——基础底面宽度；

b'——垫层宽度。

● 不放坡无挡土板［如图 2－1（b）所示］：

$$S_{断}=(b+2c)\times h+(b'+2\times 0.1)\times h'$$

式中 $S_{断}$——沟槽断面面积；

c——工作面宽度；

h——从室外设计地面至基底深度，即垫层上基槽开挖深度；

h'——基础垫层高度；

b——基础底面宽度；

b'——垫层宽度。

● 不放坡加两面挡土板［如图 2－1（c）所示］：

$$S_{断}=(b+2c+2\times0.1)\times h+(b'+2\times0.1)\times h'$$

式中 $S_{断}$——沟槽断面面积；

c——工作面宽度；

h——从室外设计地面至基底深度，即垫层上基槽开挖深度；

h'——基础垫层高度；

b——基础底面宽度；

b'——垫层宽度。

● 一面放坡一面挡土板［如图 2－1（d）所示］：

$$S_{断}=(b+2c+0.1+0.5mh)\times h+(b'+2\times0.1)\times h'$$

式中 $S_{断}$——沟槽断面面积；

m——放坡系数；

c——工作面宽度；

h——从室外设计地面至基底深度，即垫层上基槽开挖深度；

h'——基础垫层高度；

b——基础底面宽度；

b'——垫层宽度。

■ 基础有其他垫层时 {●两面放坡［如图 2－1（e）所示］; ●不放坡无挡土板［如图 2－1（f）所示］}：

● 两面放坡［如图 2－1（e）所示］：

$$S_{断}=(b'+mh)\times h+b'\times h'$$

式中 $S_{断}$——沟槽断面面积；

m——放坡系数；

h——从室外设计地面至基底深度，即垫层上基槽开挖深度；

h'——基础垫层高度；

b'——垫层宽度。

● 不放坡无挡土板［如图 2－1（f）所示］：

$$S_{断}=b'\times(h+h')$$

式中 $S_{断}$——沟槽断面面积；

h——从室外设计地面至基底深度，即垫层上基槽开挖深度；

h'——基础垫层高度；

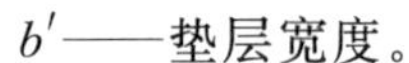

b'——垫层宽度。

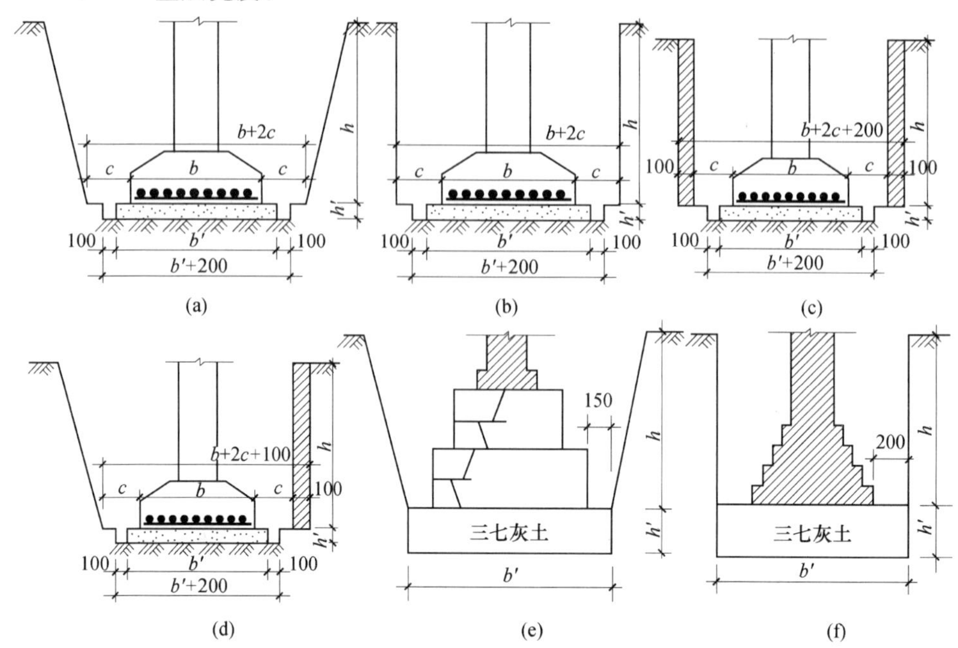

图 2-1　基础有垫层时沟槽断面示意图（细部构造尺寸单位 mm，下同）

★　基础无垫层时：
- ●两面放坡［如图 2-2（a）所示］
- ●不放坡无挡土板［如图 2-2（b）所示］
- ●不放坡加两面挡土板［如图 2-2（c）所示］
- ●一面放坡一面挡土板［如图 2-2（d）所示］

●　两面放坡［如图 2-2（a）所示］：

$$S_{断}=[(b+2c)+mh]\times h$$

式中　$S_{断}$——沟槽断面面积；

m——放坡系数；

c——工作面宽度；

h——从室外设计地面至基底深度，即垫层上基槽开挖深度；

b——基础底面宽度。

●　不放坡无挡土板［如图 2-2（b）所示］：

$$S_{断}=(b+2c)\times h$$

式中　$S_{断}$——沟槽断面面积；

c——工作面宽度；

h——从室外设计地面至基底深度，即垫层上基槽开挖深度；

b——基础底面宽度。

●　不放坡加两面挡土板［如图 2-2（c）所示］：

$$S_{断}=(b+2c+2\times 0.1)\times h$$

式中　$S_{断}$——沟槽断面面积；

c——工作面宽度；

h——从室外设计地面至基底深度，即垫层上基槽开挖深度；

b——基础底面宽度。

● 一面放坡一面挡土板［如图 2－2（d）所示］：

$$S_{断}=(b+2c+0.1+0.5mh)\times h$$

式中　$S_{断}$——沟槽断面面积；

m——放坡系数；

c——工作面宽度；

h——从室外设计地面至基底深度，即垫层上基槽开挖深度；

b——基础底面宽度。

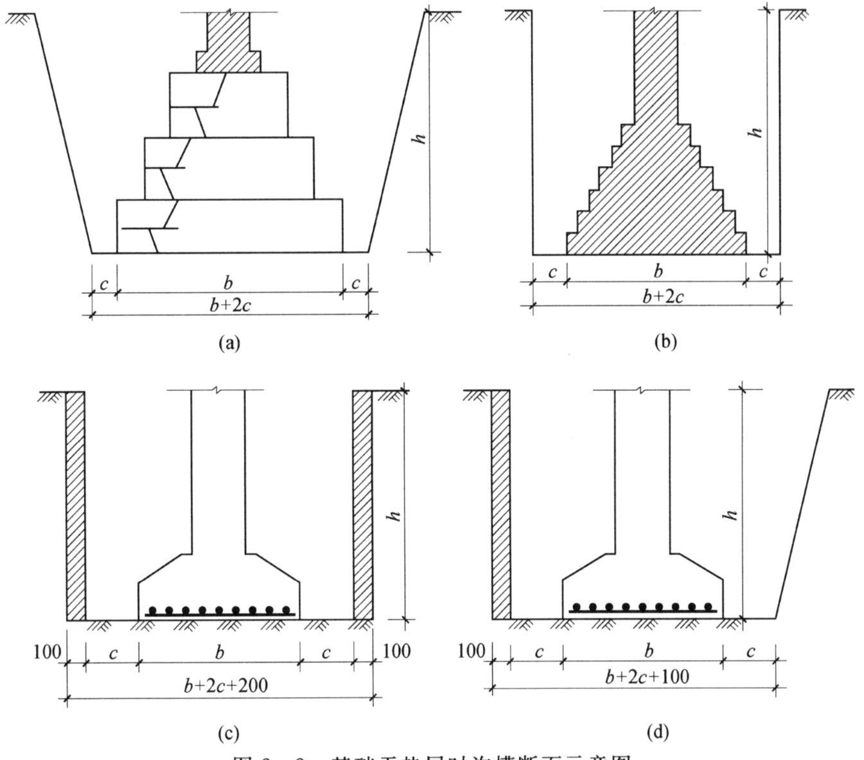

图 2－2　基础无垫层时沟槽断面示意图

2.1.3　人工挖地槽（放坡）土石方工程量计算

人工挖地槽（放坡）（如图 2－3 所示）土石方工程量计算公式如下：

$$V=L_{槽}\times(B+2C)\times H+L_{槽}\times KH^{2}$$

式中　K——放坡系数，如表 2－1 所示；

$L_{槽}$——地槽长（m）；

B——基础垫层宽度（m）；

C——工作面宽度（m）；

H——挖土深度（m），从室外地坪至垫层底面的高度。

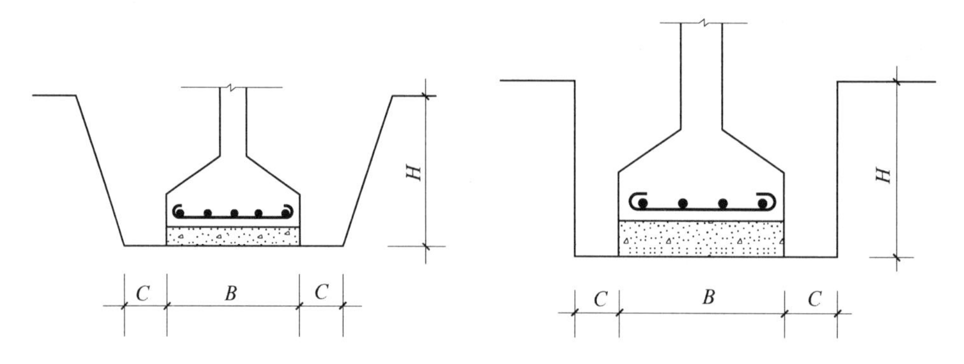

图 2-3　人工挖地槽（放坡）计算示意图　　图 2-4　人工挖地槽（不放坡）计算示意图

2.1.4　人工挖地槽（不放坡）土石方工程量计算

人工挖地槽（不放坡）（如图 2-4 所示）土石方工程量计算公式如下：

$$V = L_{槽} \times (B + 2C) \times H$$

式中　$L_{槽}$——地槽长（m）；

B——基础垫层宽度（m）；

C——工作面宽度（m），如表 2-2 所示；

H——挖土深度（m），从室外地坪至垫层底面的高度。

2.1.5　平整场地土石方工程量计算

平整场地土石方工程量计算公式如下：

1）简单图形（矩形）：

$$S = 长 \times 宽 = \underline{\quad\quad}(m^2)$$

式中　长、宽——底层平面图外边线的长与宽（m）。

2）复杂图形：

$$S_1 = \underline{\quad\quad}(m^2)$$

式中　S_1——一层（底层）建筑面积（基本数据）（m^2）。

3）部分地区：

$$S_1 + L_{外} \times 2 + 16 = \underline{\quad\quad}(m^2)$$

式中　S_1——一层（底层）建筑面积（基本数据）（m^2）；

$L_{外}$——一层外墙外边线长（基本数据）（m）；

16——四个角的面积：2m×2m×4(个) =16(m^2)。

2.1.6 圆形地坑（放坡）土石方工程量计算

圆形地坑（放坡）（如图 2－5 所示）土石方工程量计算公式如下：

$$V=\frac{1}{3}\pi H\times(R_1^2+R_2^2+R_1R_2)=\frac{1}{3}\pi H\times(3R_1^2+3R_1KH+K^2H^2)$$

式中 R_1——坑下底半径（m），需工作面时工作面宽度 C 含在 R_1 内；

R_2——坑上口半径（m），$R_2=R_1+KH$；

H——坑深（m）；

K——放坡系数，见表 2－1。

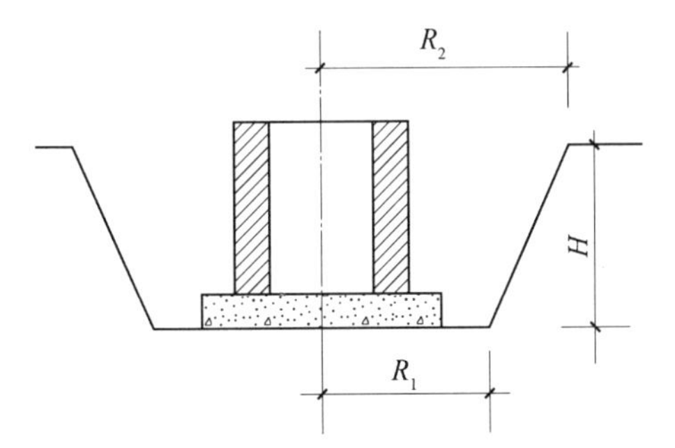

图 2－5 圆形地坑（放坡）计算示意图

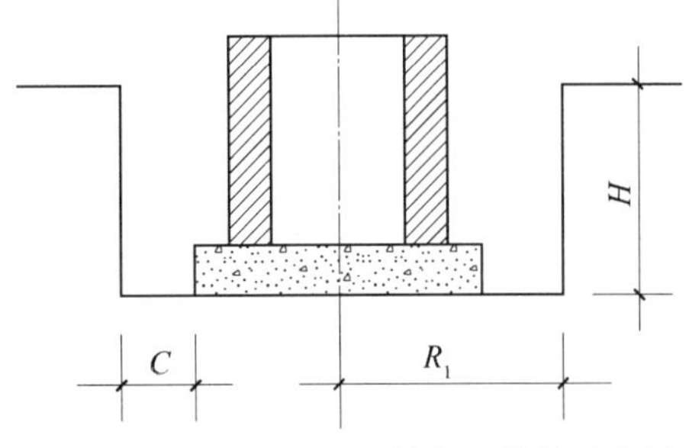

图 2－6 圆形地坑（不放坡）计算示意图

2.1.7 圆形地坑（不放坡）土石方工程量计算

圆形地坑（不放坡）（如图 2－6 所示）土石方工程量计算公式如下：

$$V=\pi R_1^2H$$

式中 π——圆周率；

R_1——坑半径（m）；

H——坑深（m）。

2.1.8 复杂图形挖土土石方工程量计算

复杂图形挖土土石方工程量计算公式如下：

$$V=F_{垫层}H+(L_{垫外}\times C+4C^2)\times H+\frac{1}{2}L_{C外}KH^2+\frac{4}{3}K^2H^3$$

式中 $F_{垫层}$——垫层面积（m^2）；

$F_{垫层}H$——垫层上的挖土体积（m^3）；

$L_{垫外}$——垫层外边线周长（m）；

C——工作面宽度（m）；

$(L_{垫外}\times C+4C^2)\times H$——工作面上的挖土体积（$m^3$）；

$L_{C外}$——工作面的外边线长（m）；

$\frac{1}{2}L_{C外}KH^2+\frac{4}{3}K^2H^3$——放坡的体积（$m^3$）。

2.1.9　管沟挖土土石方工程量计算

管沟挖土土石方工程量计算公式如下：

1）不放坡：

$$V=沟长\times沟宽\times沟深$$

2）放坡：

$$V=沟长\times沟宽\times沟深+沟长\times K\times沟深^2$$

计算规则：

计算时，管沟长按图示尺寸，沟深按分段的平均深度（自然地坪至管底或基础底），沟宽按设计规定。

土方体积的计算，均以挖掘前的天然密实工程量计算。

2.1.10　管道沟槽回填土土石方工程量计算

管道沟槽回填土土石方工程量计算公式如下：

$$V=挖土体积-管道所占体积$$

计算规则：

回填土按夯填或松填分别以立方米计算。

2.1.11　基础回填土土石方工程量计算

基础回填土土石方工程量计算公式如下：

$$V=挖土工程量-灰土工程量-砖基础工程量-地图梁工程量+室内外高差\times防潮层面积$$

因砖基础算到了±0.000，多减了室内外高差的体积，故再加上。

计算规则：

回填土体积 V 按夯填或松填分别以立方米计算。

地槽、地坑回填土体积等于挖土体积减去设计室外地坪以下埋设的砌筑物（包括基础、垫层等）的外形体积。

房心回填土，按主墙间面积乘以回填土厚度以立方米计算。

2.1.12　余土外运土石方工程量计算

余土外运土石方工程量计算公式如下：

$$V=挖土工程量-回填土工程量-房心填土工程量$$

即：

$$V=挖土工程量-回填土工程量-室内净面积\times(室内外高差-地面厚)$$

式中“房心填土工程量”此处也可以先空着，待地面工程量计算中算出后将数值抄过来。

计算规则：

余土（或取土）外运体积 V=挖土总体积－回填土总体积。

计算结果为正值时为余土外运体积，负值时为取土体积。土、石方运输工程量按整个单位工程中外运和内运的土方量一并考虑。

挖出的土如部分用于灰土垫层时，这部分土的体积在余土外运工程量中不予扣除。

大孔性土壤应根据实验室的资料，确定余土和取土工程量。

因场地狭小，无堆土地点，挖出的土方运输，应根据施工组织设计确定的数量和运距计算。

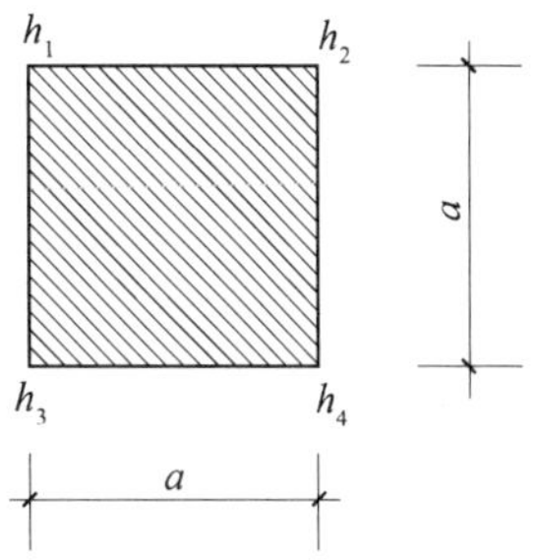

图 2-7 方格点均为挖或填的土方计算示意图

2.1.13 方格点均为挖或填的土方工程量计算

方格点均为挖或填的土方（如图 2-7 所示）工程量计算公式如下：

$$V=(a^2 \cdot \sum h)/4$$

式中 $\sum h$——方格内的 h 值之和；

a——方格边长（m）。

2.1.14 三角形、五角形、梯形挖或填的土方工程量计算

三角形、五角形、梯形挖或填的土方工程量计算公式如下。

1）三角形挖或填的土方工程量：

$$V=\frac{1}{2}cb\frac{\sum h}{3}$$

式中，$\sum h$ 为三角形范围内的 h 值之和，b、c 含义见图 2-8（a）。

2）五角形挖或填的土方工程量：

$$V=\left(a^2-\frac{cb}{2}\right)\frac{\sum h}{5}$$

式中，$\sum h$ 为五角形范围内的 h 值之和，a、b、c 含义见图 2-8（b）。

3）梯形挖或填的土方工程量：

$$V=\frac{b+c}{2} \cdot a \cdot \frac{\sum h}{4}$$

式中，$\sum h$ 为梯形范围内的 h 值之和，a、b、c 含义见图 2-8（c）。

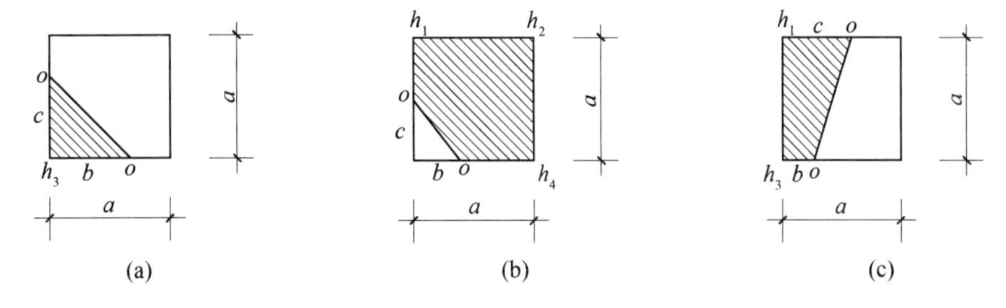

图 2-8 三角形、五角形、梯形挖或填的土方计算示意图

2.1.15 人工挖孔灌注桩土石方工程量计算

人工挖孔灌注桩（如图 2－9 所示）土石方工程量计算公式如下：

$$V=V_1+V_2+V_3+V_4+\cdots$$

计算规则：

人工挖孔灌注桩成孔，如桩的设计长度超过 20m，桩长每增加 5m（包括 5m 以内），基价增加 20％。

人工挖孔灌注桩成孔，如遇地下水时，其处理费用按实计取。

人工挖孔灌注桩成孔，设计要求增设的安全防护措施所用材料、设备另行计算。若桩径小于 1200mm（包括 1200mm），人工、机械各增加 20％。

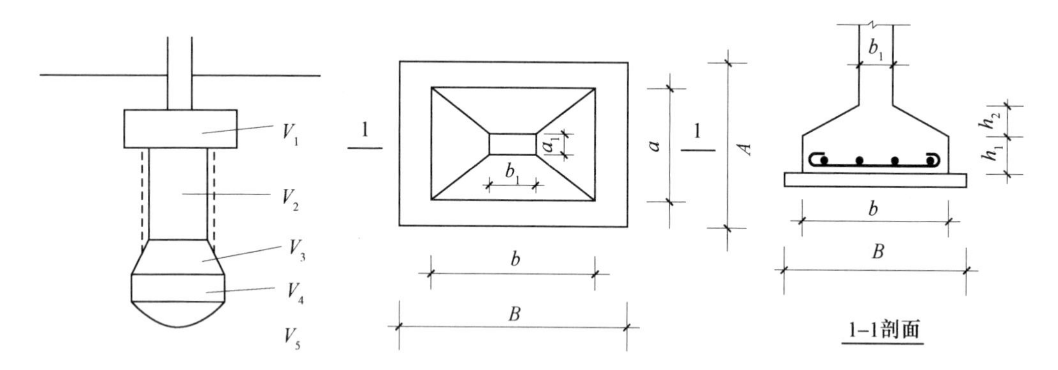

图 2－9　人工挖孔灌注桩计算示意图

图 2－10　钢筋混凝土矩形柱基础挖地坑计算示意图

2.1.16 钢筋混凝土矩形柱基础挖地坑土石方工程量计算

钢筋混凝土矩形柱基础挖地坑（如图 2－10 所示）土石方工程量 V 计算公式如下。

1）不需放坡：

$$V=(A+2C)\times(B+2C)\times H_{挖}$$

式中　A——基础垫层长度（m）；

C——工作面宽度（m）；

B——基础垫层宽度（m）；

$H_{挖}$——挖土深度（m）。

2）需放坡：

$$V=(A+2C+KH_{挖})\times(B+2C+KH_{挖})\times H_{挖}+\frac{1}{3}K^2H_{挖}^3$$

式中　A——基础垫层长度（m）；

C——工作面宽度（m）；

B——基础垫层宽度（m）；

K——放坡系数；

$H_{挖}$——挖土深度（m）。

2.2 数据速查

2.2.1 土方工程放坡系数 K

表 2-1　　土方工程放坡系数 K

土类别	放坡起点/m	人工挖土	机械挖土		
			在坑内作业	在坑上作业	顺沟槽在坑上作业
一、二类土	1.20	1∶0.5	1∶0.33	1∶0.75	1∶0.5
三类土	1.50	1∶0.33	1∶0.25	1∶0.67	1∶0.33
四类土	2.00	1∶0.25	1∶0.10	1∶0.33	1∶0.25

注：1. 沟槽、基坑中土类别不同时，分别按其放坡起点、放坡系数，依不同土类别厚度加权平均计算。
2. 计算放坡时，在交接处的重复工程量不予扣除，原槽、坑作基础垫层时，放坡自垫层上表面开始计算。

2.2.2 基础施工所需工作面宽度 C 计算表

表 2-2　　基础施工所需工作面宽度 C 计算表

基础材料	每边各增加工作面宽度/mm
砖基础	200
浆砌毛石、条石基础	150
混凝土基础垫层支模板	300
混凝土基础支模板	300
基础垂直面做防水层	1000（防水层面）

2.2.3 常用方格网点计算公式表

表 2-3　　常用方格网点计算公式表

图示	计算公式
$+h_1$ $+h_2$ b_1 c_1 o b_2 $-h_3$ c_2 $-h_4$ 零点线计算	$b_1=\frac{ah_1}{h_1+h_3}$ $b_2=\frac{ah_4}{h_4+h_2}=a-c_1$ $c_1=\frac{ah_2}{h_2+h_4}$ $c_2=\frac{ah_3}{h_3+h_1}=a-b_1$

图　示	计 算 公 式
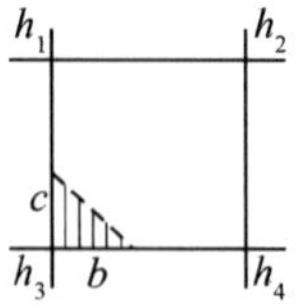 一点填方或挖方 （三角形）	$V=\frac{1}{2}bc\frac{\sum h}{3}=\frac{bc\sum h}{6}$ 当 $b=c=a$ 时 $V=\frac{a^2\sum h}{6}$
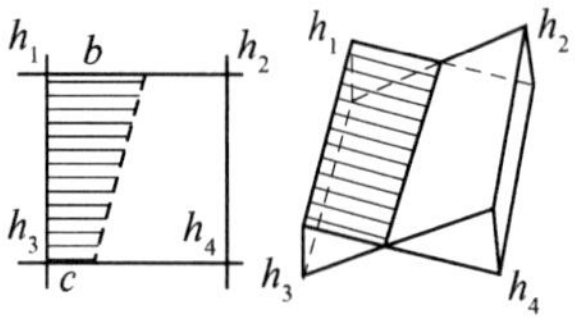 二点填方或挖方 （梯形）	$V=\frac{b+c}{2}a\frac{\sum h}{4}=\frac{(b+c)a\sum h}{8}$
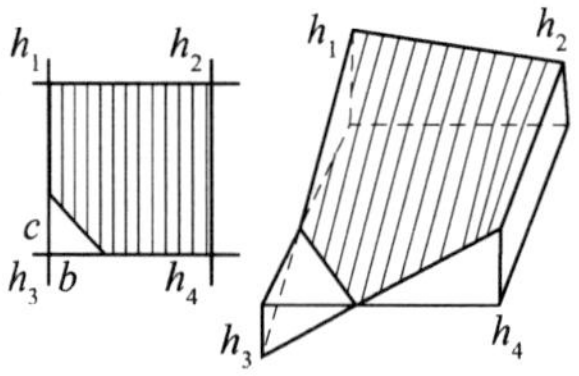 三点填方或挖方 （五边形）	$V=\left(a^2-\frac{bc}{2}\right)\frac{\sum h}{5}$
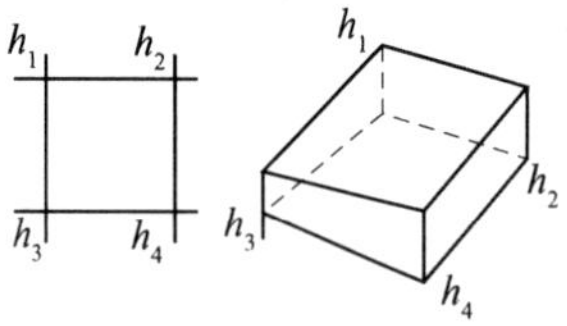 四点填方或挖方 （正方形）	$V=\frac{a^2}{4}\sum h$ $=\frac{a^2}{4}(h_1+h_2+h_3+h_4)$

注： 1. a——一个方格的边长（m）；

b、c——零点到一角的边长（m）；

h_1、h_2、h_3、h_4——四角点的施工高度（m），用绝对值代入；

$\sum h$——填方或挖方角点施工高度的总和（m）；

V——挖、填方体积（m^3）。

2. 本表公式按各计算图形底面积乘以平均施工高度而得出的。

2.2.4 方格网距20m施工高度总和$\sum h$按0.1m时底面为三角形、五边形的体积

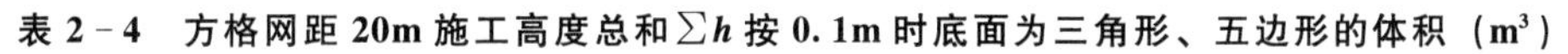

表2-4 方格网距20m施工高度总和$\sum h$按0.1m时底面为三角形、五边形的体积（m^3）

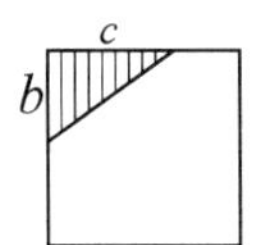

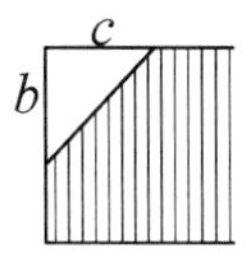

b/m	c/m																				
	20	19	18	17	16	15	14	13	12	11	10	9	8	7	6	5	4	3	2	1	b/m
1	0.333	0.317	0.300	0.283	0.267	0.250	0.233	0.217	0.200	0.183	0.167	0.150	0.133	0.117	0.100	0.083	0.067	0.050	0.033	0.017	—
2	0.667	0.633	0.600	0.567	0.533	0.500	0.467	0.433	0.400	0.367	0.333	0.300	0.267	0.233	0.200	0.167	0.133	0.100	0.067	7.990	1
3	1.000	0.950	0.900	0.850	0.800	0.750	0.700	0.650	0.600	0.550	0.500	0.450	0.400	0.350	0.300	0.250	0.200	0.150	7.960	7.980	2
4	1.333	1.267	1.200	1.133	1.067	1.000	0.933	0.867	0.800	0.733	0.667	0.600	0.533	0.467	0.400	0.333	0.267	7.910	7.940	7.970	3
5	1.667	1.583	1.500	1.417	1.333	1.250	1.167	1.083	1.000	0.917	0.833	0.750	0.667	0.583	0.500	0.417	7.840	7.880	7.920	7.960	4
6	2.000	1.900	1.800	1.700	1.600	1.500	1.400	1.300	1.200	1.100	1.000	0.900	0.800	0.700	0.600	7.750	7.800	7.850	7.900	7.950	5
7	2.333	2.217	2.100	1.93	1.867	1.750	1.633	1.517	1.400	1.283	1.167	1.050	0.933	0.817	7.640	7.700	7.760	7.820	7.880	7.940	6
8	2.667	2.533	2.400	2.267	2.133	2.000	1.867	1.733	1.600	1.467	1.333	1.200	1.067	7.510	7.580	7.650	7.720	7.790	7.860	7.930	7
9	3.000	2.850	2.700	2.550	2.400	2.250	2.100	1.950	1.800	1.650	1.500	1.350	7.360	7.440	7.520	7.600	7.680	7.760	7.840	7.920	8
10	3.333	3.167	3.000	2.833	2.667	2.500	2.333	2.167	2.000	1.833	1.667	7.190	7.280	7.370	7.460	7.550	7.640	7.730	7.820	7.910	9
11	3.677	3.483	3.300	3.117	2.933	2.750	2.567	2.383	2.200	2.017	7.000	7.100	7.200	7.300	7.400	7.500	7.600	7.700	7.800	7.900	10
12	4.000	3.800	3.600	3.400	3.200	3.000	2.800	2.600	2.400	6.790	6.900	7.010	7.120	7.230	7.340	7.450	7.560	7.670	7.780	7.890	11
13	4.333	4.117	3.900	3.683	3.467	3.250	3.033	2.817	6.560	6.680	6.800	6.920	7.040	7.160	7.280	7.400	7.520	7.640	7.760	7.880	12
14	4.667	4.433	4.200	3.967	3.733	3.500	3.267	6.310	6.440	6.570	6.700	6.830	6.969	7.090	7.220	7.350	7.480	7.610	7.740	7.870	13
15	5.000	4.750	4.500	4.250	4.000	3.750	6.040	6.180	6.320	6.460	6.600	6.740	6.880	7.020	7.160	7.300	7.440	7.580	7.720	7.860	14
16	5.335	5.067	4.800	4.533	4.267	5.750	5.900	6.050	6.200	6.350	6.500	6.650	6.800	6.950	7.100	7.250	7.400	7.550	7.700	7.850	15
17	5.667	5.383	5.100	4.817	5.440	5.600	5.760	5.920	6.080	6.240	6.400	6.560	6.720	6.880	7.040	7.200	7.360	7.520	7.680	7.840	16
18	6.000	5.700	5.400	5.110	5.280	5.450	5.620	5.790	5.960	6.130	6.300	6.470	6.640	6.810	6.980	7.150	7.320	7.490	7.660	7.830	17
19	6.333	6.017	4.760	4.940	5.120	5.300	5.480	5.660	5.840	6.020	6.200	6.380	6.560	6.740	6.920	7.100	7.280	7.460	7.640	7.820	18
20	6.667	4.390	4.580	4.770	4.960	5.150	5.340	5.530	5.720	5.910	6.100	6.290	6.480	6.670	6.860	7.050	7.240	7.430	7.620	7.810	19
c/m	—	19	18	17	16	15	14	13	12	11	10	9	8	7	6	5	4	3	2	1	c/m

注： 1. 边长b、c见表2-3，可以互换。

2. 粗黑线上为三角形体积，粗黑线以下为五边形体积。

3. 体积(m^3) ＝施工总高度$\frac{\sum h(m)}{0.1}$×查表值。

2.2.5 方格网距30m施工高度总和$\sum h$按0.1m时底面为三角形、五边形的体积

表2-5 方格网距30m施工高度总和$\sum h$按0.1m时底面为三角形、五边形的体积（m^3）

c/m V/m³		30	29	28	27	26	25	24	23	22	21	20	19	18	17	16	c/m V/m³	
b/m	每增加0.1m	0.0500	0.0483	0.0466	0.0450	0.0434	0.0416	0.0400	0.0384	0.0366	0.0350	0.0333	0.0317	0.0300	0.0283	0.0267	每增加0.1m	b/m
1	0.0017	0.500	0.483	0.467	0.450	0.433	0.417	0.400	0.383	0.367	0.350	0.333	0.317	.0300	0.283	0.267	—	—
2	0.0033	1.000	0.967	0.933	0.900	0.867	0.833	0.800	0.767	0.733	0.700	0.667	0.633	0.600	0.567	0.533	—	—
3	0.0050	1.500	1.450	1.400	1.350	1.300	1.250	1.200	1.150	1.100	1.050	1.000	0.950	0.900	0.850	0.800	—	—
4	0.0067	2.000	1.933	1.867	1.800	1.733	1.667	1.600	1.533	1.467	1.400	1.333	1.267	1.200	1.133	1.067	—	—
5	0.0083	2.500	2.417	2.333	2.250	2.167	2.083	2.000	1.917	1.833	1.750	1.667	1.583	1.500	1.417	1.333	—	—
6	0.0100	3.000	2.900	2.800	2.700	2.600	2.500	2.400	2.300	2.200	2.100	2.000	1.900	1.800	1.700	1.600	—	—
7	0.0117	3.500	3.383	3.267	3.150	3.033	2.917	2.800	2.683	2.567	2.450	2.333	2.217	2.100	1.983	1.867	—	—
8	0.0133	4.000	3.867	3.733	3.600	3.467	3.333	3.200	3.067	2.933	2.800	2.667	2.533	2.400	2.267	2.133	—	—
9	0.0150	4.500	4.350	4.200	4.050	3.900	3.750	3.600	3.450	3.300	3.150	3.000	2.850	2.700	2.550	2.400	—	—
10	0.0167	5.000	4.833	4.667	4.500	4.333	4.167	4.000	3.833	3.667	3.500	3.333	3.167	3.000	2.833	2.667	—	—
11	0.0183	5.500	5.317	5.133	4.950	4.767	4.583	4.400	4.217	4.033	3.850	3.667	3.483	3.300	3.117	2.933	—	—
12	0.0200	6.000	5.800	5.600	5.400	5.200	5.000	4.800	4.600	4.400	4.200	4.000	3.800	3.600	3.400	3.200	—	—
13	0.0217	6.500	6.283	6.067	5.850	5.633	5.417	5.200	4.983	4.767	4.550	4.333	4.117	3.900	3.683	3.467	—	—
14	0.0233	7.000	6.767	6.533	6.300	6.067	5.833	5.600	5.367	5.133	4.900	4.667	4.433	4.200	3.967	3.733	—	—
15	0.0250	7.500	7.250	7.000	6.750	6.500	6.250	6.000	5.750	5.500	5.250	5.000	4.750	4.500	4.250	4.000	—	—
—	—	—	—	—	—		—	—	—	—	—	—	—	—	—	—	每增加0.1m	b/m
—	—	—	—	—	—	—	—	—	—	—	—	—	—	—	—	—	V/m³ c/m	

（上表为三角形体积）

c/m V/m³		30	29	28	27	26	25	24	23	22	21	20	19	18	17	16	c/m V/m³	
b/m	每增加0.1m	0.0500	0.0483	0.0466	0.0450	0.0434	0.0416	0.0400	0.0384	0.0366	0.0350	0.0333	0.0317	0.0300	0.0283	0.0267	每增加0.1m	b/m
16	0.0267	8.000	7.733	7.467	7.200	6.933	6.667	6.400	6.133	5.867	5.600	5.333	5.067	4.300	4.533	4.267	0.015	15
17	0.0283	8.500	8.217	7.933	7.650	7.367	7.083	6.800	6.517	6.233	5.950	5.667	5.385	5.100	4.817	15.44	0.016	16
18	0.0300	9.000	8.700	8.400	8.100	7.800	7.500	7.200	6.900	6.600	6.300	6.000	5.700	5.400	15.11	15.28	0.017	17
19	0.0317	9.500	9.183	8.867	8.550	8.233	7.917	7.600	7.283	6.967	6.650	6.333	6.017	14.76	14.94	15.12	0.018	18
20	0.0333	10.000	9.667	9.333	9.000	8.667	8.333	8.000	7.667	7.333	7.000	6.667	14.39	14.58	14.77	14.96	0.019	19
21	0.0350	10.500	10.150	9.800	9.450	9.100	8.750	8.400	8.050	7.700	7.350	14.00	14.20	14.40	14.60	14.80	0.020	20

续表

V/m^3 \ c/m		30	29	28	27	26	25	24	23	22	21	20	19	18	17	16	c/m / V/m^3	
b/m	每增加 0.1m	0.0500	0.0483	0.0466	0.0450	0.0434	0.0416	0.0400	0.0384	0.0366	0.0350	0.0333	0.0317	0.0300	0.0283	0.0267	每增加 0.1m	b/m
22	0.0367	11.000	10.633	10.267	9.900	9.533	9.167	8.800	8.433	8.067	13.59	13.80	14.01	14.22	14.43	14.64	0.021	21
23	0.0383	11.500	11.117	10.733	10.350	9.967	9.583	9.200	8.817	13.16	13.38	13.60	13.82	14.04	14.26	14.48	0.022	22
24	0.0400	12.000	11.600	11.200	10.800	10.400	10.000	9.600	12.71	12.94	13.17	13.40	13.63	13.85	14.09	14.32	0.023	23
25	0.0417	12.500	12.080	11.667	11.250	10.833	10.417	12.24	12.48	12.72	12.96	13.20	13.44	13.63	13.92	14.16	0.024	24
26	0.0433	13.000	12.567	12.133	11.700	11.267	11.75	12.00	12.25	12.50	12.75	13.00	13.25	13.50	13.75	14.00	0.025	25
27	0.0450	13.500	13.050	12.600	12.150	11.24	11.50	11.76	12.02	12.28	12.54	12.80	13.06	13.32	13.58	13.84	0.026	26
28	0.0467	14.000	13.533	13.067	10.71	10.98	11.25	11.52	11.79	12.06	12.33	12.60	12.87	13.14	13.41	13.68	0.027	27
29	0.0483	14.500	14.017	10.16	10.44	10.72	11.00	11.28	11.56	11.84	12.12	12.40	12.68	12.96	13.24	13.52	0.028	28
30	—	15.000	9.59	9.88	10.17	10.46	10.75	11.04	11.33	11.62	11.91	12.20	12.49	12.78	13.07	13.36	0.029	29
—	—	—	—	0.028	0.027	0.026	0.025	0.024	0.023	0.022	0.021	0.020	0.019	0.018	0.017	0.016	每增加 0.1m	b/m
—	—	—	29	28	27	26	25	24	23	22	21	20	19	18	17	16	V/m^3 / c/m	

（上表粗黑线以上为三角形体积，粗黑线以下为五边形体积）

V/m^3 \ c/m		15	14	13	12	11	10	9	8	7	6	5	4	3	2	1	c/m / V/m^3	
b/m	每增加 0.1m	0.0250	0.0234	0.0216	0.2000	0.0184	0.0167	0.0150	0.0133	0.0117	0.0100	0.0083	0.0067	0.0050	0.0033		每增加 0.1m	b/m
1	0.0017	0.250	0.233	0.217	0.200	0.183	0.167	0.150	0.133	0.117	0.100	0.083	0.067	0.050	0.033	0.017	—	—
2	0.0033	0.500	0.467	0.433	0.400	0.367	0.333	0.300	0.267	0.233	0.200	0.167	0.133	0.100	0.067	17.99	0.001	1
3	0.0050	0.750	0.700	0.650	0.600	0.550	0.500	0.450	0.400	0.350	0.300	0.250	0.200	0.150	17.96	17.98	0.002	2
4	0.0067	1.000	0.933	0.867	0.800	0.733	0.667	0.600	0.533	0.467	0.400	0.333	0.267	17.91	17.94	17.97	0.003	3
5	0.0083	1.250	1.167	1.083	1.000	0.917	0.833	0.750	0.667	0.583	0.500	0.417	17.84	17.88	17.92	17.96	0.004	4
6	0.0100	1.500	1.400	1.300	1.200	1.100	1.000	0.900	0.800	0.700	0.600	17.75	17.80	17.85	17.90	17.95	0.005	5
7	0.0117	1.750	1.633	1.517	1.400	1.283	1.167	1.050	0.933	0.817	17.64	17.70	17.76	17.82	17.88	17.94	0.006	6
8	0.0133	2.000	1.867	1.733	1.600	1.467	1.333	1.200	1.067	17.51	17.58	17.65	17.72	17.79	17.86	17.93	0.007	7
9	0.0150	2.250	2.100	1.950	1.800	1.650	1.500	1.350	17.36	17.44	17.52	17.60	17.68	17.76	17.84	17.92	0.008	8
10	0.0167	2.500	2.333	2.167	2.000	1.833	1.667	17.19	17.28	17.37	17.46	17.55	17.64	17.73	17.82	17.91	0.009	9
11	0.0183	2.750	2.567	2.383	2.200	2.017	17.00	17.10	17.20	17.30	17.40	17.50	17.60	17.70	17.80	17.90	0.010	10
12	0.0200	3.000	2.800	2.600	2.400	16.79	16.90	17.01	17.12	17.23	17.34	17.45	17.56	17.67	17.78	17.89	0.011	11
13	0.0217	3.250	3.033	2.817	16.56	16.68	16.80	16.92	17.04	17.16	17.28	17.40	17.52	17.64	17.76	17.88	0.012	12
14	0.0233	3.500	3.267	16.31	16.44	16.57	16.70	16.83	16.96	17.09	17.22	17.35	17.48	17.61	17.74	17.87	0.013	13
15	0.0250	3.750	16.04	16.18	16.32	16.46	16.60	16.74	16.88	17.02	17.16	17.30	17.44	17.58	17.72	17.86	0.014	14
—	—	0.015	0.014	0.013	0.012	0.011	0.100	0.009	0.008	0.007	0.006	0.005	0.004	0.003	0.002	0.001	每增加 0.1m	b/m
—	—	15	14	13	12	11	10	9	8	7	6	5	4	3	2	1	V/m^3 / c/m	

（上表粗黑线以上为三角形体积，粗黑线以下为五边形体积）

续表

c/m \ V/m³		—	—	—	—	—	—	—	—	—	—	—	—	—	—	—	c/m \ V/m³	
b/m	每增加 0.1m	—	—	—	—	—	—	—	—	—	—	—	—	—	—	—	每增加 0.1m	b/m
—	—	15.75	15.90	16.05	16.20	16.35	16.50	16.65	16.80	16.95	17.10	17.25	17.40	17.55	17.70	17.85	0.015	15
—	—	15.60	15.76	15.92	16.08	16.24	16.40	16.56	16.72	16.88	17.04	17.20	17.36	17.52	17.68	17.84	0.016	16
—	—	15.45	15.62	15.79	15.96	16.13	16.30	16.47	16.64	16.81	16.98	17.15	17.32	17.49	17.66	17.83	0.017	17
—	—	15.30	15.48	15.66	15.84	16.02	16.20	16.38	16.56	16.74	16.92	17.10	17.28	17.46	17.64	17.82	0.018	18
—	—	15.15	15.34	15.53	15.72	15.91	16.10	16.29	16.48	16.67	16.86	17.05	17.24	17.43	17.62	17.81	0.019	19
—	—	15.00	15.20	15.40	15.60	15.80	16.00	16.20	16.40	16.60	16.80	17.00	17.20	17.40	17.60	17.80	0.020	20
—	—	14.85	15.06	15.27	15.48	15.69	15.90	16.11	16.32	16.53	16.74	16.95	17.16	17.37	17.58	17.79	0.021	21
—	—	14.70	14.92	15.14	15.36	15.58	15.80	16.02	16.24	16.46	16.68	16.90	17.12	17.34	17.56	17.78	0.022	22
—	—	14.55	14.78	15.01	15.24	15.47	15.70	15.93	16.16	16.39	19.62	16.85	17.08	17.31	17.54	17.77	0.023	23
—	—	14.40	14.64	14.88	15.12	15.36	15.60	15.84	16.08	16.32	13.56	16.80	17.04	17.28	17.52	17.76	0.024	24
—	—	14.25	14.50	14.75	15.00	15.25	15.50	15.75	16.00	16.25	16.50	16.75	17.00	17.25	17.50	17.75	0.025	25
—	—	14.10	14.36	14.62	14.88	15.14	15.40	15.66	15.92	16.18	16.44	16.70	16.96	17.22	17.48	17.74	0.026	26
—	—	13.95	14.22	14.49	14.76	15.03	15.30	15.57	15.84	16.11	16.38	16.65	16.92	17.19	17.46	17.73	0.027	27
—	—	13.80	14.08	14.36	14.64	14.92	15.20	15.48	15.76	16.04	16.32	16.60	16.88	17.16	17.44	17.72	0.028	28
—	—	13.65	13.94	14.23	14.52	14.81	15.10	15.39	15.68	15.97	16.26	16.55	16.84	17.13	17.42	17.71	0.029	29
—	—	0.015	0.014	0.013	0.012	0.011	0.100	0.009	0.008	0.007	0.006	0.005	0.004	0.003	0.002	0.001	每增加 0.1m	b/m
—	—	15	14	13	12	11	10	9	8	7	6	5	4	3	2	1	V/m³ \ c/m	

（上表为五边形体积）

注：1. 边长 b、c 见表 2－3，可以互换。

2. 体积(m³) ＝施工总高度$\frac{\sum h(\mathrm{m})}{0.1}$×查表值。

2.2.6 方格网距 20m 施工高度总和$\sum h$按 0.1m 时底面梯形的体积

表 2－6 方格网距 20m 施工高度总和$\sum h$按 0.1m 时底面为梯形的体积（m³）

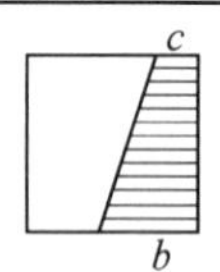

(b+c) /m	0.0	0.1	0.2	0.3	0.4	0.5	0.6	0.7	0.8	0.9
2	0.50	0.53	0.55	0.58	0.60	0.63	0.65	0.68	0.70	0.73
3	0.75	0.78	0.80	0.83	0.85	0.88	0.90	0.93	0.95	0.98
4	1.00	1.03	1.05	1.08	1.10	1.13	1.15	1.18	1.20	1.23
5	1.25	1.28	1.30	1.33	1.35	1.38	1.40	1.43	1.45	1.48

续表

(b+c) /m	0.0	0.1	0.2	0.3	0.4	0.5	0.6	0.7	0.8	0.9
6	1.50	1.53	1.55	1.58	1.60	1.63	1.65	1.68	1.70	1.73
7	1.75	1.78	1.80	1.83	1.85	1.88	1.90	1.93	1.95	1.98
8	2.00	2.03	2.05	2.08	2.10	2.13	2.15	2.18	2.20	2.23
9	2.25	2.28	2.30	2.33	2.35	2.38	2.40	2.43	2.45	2.48
10	2.50	2.53	2.55	2.58	2.60	2.63	2.65	2.68	2.70	2.73
11	2.75	2.78	2.80	2.83	2.85	2.88	2.90	2.93	2.95	2.98
12	3.00	3.03	3.05	3.08	3.10	3.13	3.15	3.18	3.20	3.23
13	3.25	3.28	3.30	3.33	3.35	3.38	3.40	3.43	3.45	3.48
14	3.50	3.53	3.55	3.58	3.60	3.63	3.65	3.68	3.70	3.73
15	3.75	3.78	3.80	3.83	3.85	3.88	3.90	3.93	3.95	3.98
16	4.00	4.03	4.05	4.08	4.10	4.13	4.15	4.18	4.20	4.23
17	4.25	4.28	4.30	4.33	4.35	4.38	4.40	4.43	4.45	4.48
18	4.50	4.53	4.55	4.58	4.60	4.63	4.65	4.68	4.70	4.73
19	4.75	4.78	4.80	4.83	4.85	4.88	4.90	4.93	4.95	4.98
20	5.00	5.03	5.05	5.08	5.10	5.13	5.15	5.18	5.20	5.23
21	5.25	5.28	5.30	5.33	5.35	5.38	5.40	5.43	5.45	5.48
22	5.50	5.53	5.55	5.58	5.60	5.63	5.65	5.68	5.70	5.73
23	5.75	5.78	5.80	5.83	5.85	5.88	5.90	5.93	5.95	5.98
24	6.00	6.03	6.05	6.08	6.10	6.13	6.15	6.18	6.20	6.23
25	6.25	6.28	6.30	6.33	6.35	6.38	6.40	6.43	6.45	6.48
26	6.50	6.53	6.55	6.58	6.60	6.63	6.65	6.68	6.70	6.73
27	6.75	6.78	6.80	6.83	6.85	6.88	6.90	6.93	6.95	6.98
28	7.00	7.03	7.05	7.08	7.10	7.13	7.15	7.18	7.20	7.23
29	7.25	7.28	7.30	7.33	7.35	7.38	7.40	7.43	7.45	7.48
30	7.50	7.53	7.55	7.58	7.60	7.63	7.65	7.68	7.70	7.73
31	7.75	7.78	7.80	7.83	7.85	7.88	7.90	7.93	7.95	7.98
32	8.00	8.03	8.05	8.08	8.10	8.13	8.15	8.18	8.20	8.23
33	8.25	8.28	8.30	8.33	8.35	8.38	8.40	8.43	8.45	8.48
34	8.50	8.53	8.55	8.58	8.60	8.63	8.65	8.68	8.70	8.73
35	8.75	8.78	8.80	8.83	8.85	8.88	8.90	8.93	8.95	8.98
36	9.00	9.03	9.05	9.08	9.10	9.13	9.15	9.18	9.20	9.23
37	9.25	9.28	9.30	9.33	9.35	9.38	9.40	9.43	9.45	9.48
38	9.50	9.53	9.55	9.58	9.60	9.63	9.65	9.68	9.70	9.73
39	9.75	9.78	9.80	9.83	9.85	9.88	9.90	9.93	9.95	9.98
40	10.00	10.03	10.05	10.08	10.10	10.13	10.15	10.18	10.20	10.23

注： 1. 边长 b、c 见表 2-3，可以互换。

2. 体积（m^3）＝施工总高度 $\frac{\sum h(m)}{0.1}$ ×查表值。

2.2.7 方格网距 30m 施工高度总和 $\sum h$ 按 0.1m 时底面梯形的体积

表 2-7 方格网距 30m 施工高度总和 $\sum h$ 按 0.1m 时底面为梯形的体积（m^3）

$(b+c)$ /m	0.0	0.1	0.2	0.3	0.4	0.5	0.6	0.7	0.8	0.9
2	0.750	0.787	0.825	0.867	0.900	0.937	0.975	1.012	1.050	1.087
3	1.125	1.163	1.200	1.237	1.275	1.312	1.350	1.387	1.425	1.462
4	1.500	1.530	1.575	1.613	1.650	1.687	1.725	1.762	1.800	1.837
5	1.875	1.912	1.950	1.987	2.025	2.062	2.100	2.137	2.175	2.212
6	2.250	2.288	2.325	2.362	2.400	2.437	2.475	2.512	2.550	2.587
7	2.625	2.663	2.700	2.737	2.775	2.812	2.850	2.887	2.925	2.962
8	3.000	3.038	3.075	3.113	3.150	3.188	3.225	3.263	3.300	3.338
9	3.375	3.413	3.450	3.488	3.525	3.563	3.600	3.638	3.675	3.713
10	3.750	3.788	3.825	3.863	3.900	3.938	3.975	4.013	4.050	4.088
11	4.125	4.163	4.200	4.238	4.275	4.313	4.350	4.388	4.425	4.463
12	4.500	4.538	4.575	4.613	4.650	4.688	4.725	4.763	4.800	4.838
13	4.875	4.913	4.950	4.988	5.025	5.063	5.100	5.138	5.175	5.213
14	5.250	5.288	5.325	5.363	5.400	5.438	5.475	5.513	5.550	5.588
15	5.625	5.663	5.700	5.738	5.775	5.813	5.850	5.888	5.925	5.963
16	6.000	6.038	6.075	6.113	6.150	6.188	6.225	6.263	6.300	6.338
17	6.375	6.413	6.450	6.488	6.525	6.563	6.600	6.638	6.675	6.713
18	6.750	6.788	6.825	6.863	6.900	6.938	6.975	7.013	7.050	7.088
19	7.125	7.163	7.200	7.238	7.275	7.313	7.350	7.388	7.425	7.463
20	7.500	7.538	7.575	7.613	7.650	7.688	7.725	7.763	7.800	7.838
21	7.875	7.913	7.950	7.988	8.025	8.063	8.100	8.138	8.175	8.213
22	8.250	8.287	8.325	8.363	8.400	8.438	8.475	8.513	8.550	8.588
23	8.625	8.662	8.700	8.738	8.775	8.813	8.850	8.888	8.925	8.963
24	9.000	9.037	9.075	9.113	9.150	9.188	9.225	9.263	9.300	9.338
25	9.375	9.412	9.450	9.488	9.525	9.563	9.600	9.638	9.675	9.713
26	9.750	9.787	9.825	9.863	9.900	9.938	9.975	10.013	10.050	10.088
27	10.125	10.162	10.200	10.238	10.275	10.313	10.350	10.388	10.425	10.463
28	10.500	10.537	10.575	10.613	10.650	10.688	10.725	10.763	10.800	10.838
29	10.875	10.912	10.950	10.988	11.025	11.063	11.100	11.138	11.175	11.213
30	11.250	11.287	11.325	11.363	11.400	11.438	11.475	11.513	11.550	11.588

续表

(b+c) /m	0.0	0.1	0.2	0.3	0.4	0.5	0.6	0.7	0.8	0.9
31	11.625	11.662	11.700	11.738	11.775	11.813	11.850	11.888	11.925	11.963
32	12.000	12.037	12.075	12.112	12.150	12.187	12.225	12.262	12.300	12.337
33	12.375	12.412	12.450	12.487	12.525	12.562	12.600	12.637	12.675	12.712
34	12.750	12.787	12.825	12.862	12.900	12.937	12.975	13.012	13.050	13.087
35	13.125	13.162	13.200	13.237	13.275	13.312	13.350	13.387	13.425	13.462
36	13.500	13.537	13.575	13.612	13.650	13.687	13.725	13.762	13.800	13.837
37	13.875	13.912	13.950	13.987	14.025	14.062	14.100	14.137	14.175	14.212
38	14.250	14.287	14.325	14.362	14.400	14.437	14.475	14.512	14.550	14.587
39	14.625	14.662	14.700	14.737	14.775	14.812	14.850	14.887	14.925	14.962
40	15.000	15.037	15.075	15.112	15.150	15.187	15.225	15.262	15.300	15.337
41	15.375	15.412	15.450	15.487	15.525	15.562	15.600	15.637	15.675	15.712
42	15.750	15.787	15.825	15.862	15.900	15.937	15.975	16.012	16.050	16.087
43	16.125	16.163	16.200	16.237	16.275	16.312	16.350	16.387	16.425	16.462
44	16.500	16.538	16.575	16.612	16.650	16.687	16.725	16.762	16.800	16.837
45	16.875	16.913	16.950	16.987	17.025	17.062	17.100	17.137	17.175	17.212
46	17.250	17.288	17.325	17.362	17.400	17.437	17.475	17.512	17.550	17.587
47	17.625	17.663	17.700	17.737	17.775	17.812	17.850	17.887	17.925	17.962
48	18.000	18.038	18.075	18.112	18.150	18.187	18.225	18.262	18.300	18.337
49	18.375	18.413	18.450	18.487	18.525	18.562	18.600	18.637	18.675	18.712
50	18.750	18.788	18.825	18.862	18.900	18.937	18.975	19.012	19.050	19.087
51	19.125	19.163	19.200	19.237	19.275	19.312	19.350	19.387	19.425	19.462
52	19.500	19.538	19.575	19.612	19.650	19.687	19.725	19.762	19.800	19.837
53	19.875	19.913	19.950	19.987	20.025	20.062	20.100	20.137	20.175	20.212
54	20.250	20.288	20.325	20.362	20.400	20.437	20.475	20.512	20.550	20.587
55	20.625	20.663	20.700	20.737	20.775	20.812	20.850	20.887	20.925	20.962
56	21.000	21.038	21.075	21.112	21.150	21.187	21.225	21.262	21.300	21.337
57	21.375	21.413	21.450	21.487	21.525	21.562	21.600	21.637	21.675	21.712
58	21.750	21.788	21.825	21.862	21.900	21.937	21.975	22.012	22.050	22.087
59	22.125	22.163	22.200	22.237	22.275	22.312	22.350	22.387	22.425	22.462
60	22.500	22.538	22.575	22.612	22.650	22.687	22.725	22.762	22.800	22.837

注：1. 边长 b、c 见表 2-3，可以互换。

2. 体积（m^3）＝施工总高度$\frac{\sum h(m)}{0.1}$×查表值。

2.2.8 地坑放坡宽度 KH 及角锥体积 $\frac{1}{3}K^2H^3$

表 2－8　　地坑放坡宽度 KH(m) 及角锥体积 $\frac{1}{3}K^2H^3$

坑深 H/m	放坡系数 K															
	0.10		0.25		0.30		0.33		0.50		0.67		0.75		1.00	
	KH	$\frac{1}{3}K^2H^3$	KH	$\frac{1}{3}K^2H^3$	KH	$\frac{1}{3}K^2H^3$	KH	$\frac{1}{3}K^2H^3$	KH	$\frac{1}{3}K^2H^3$	KH	$\frac{1}{3}K^2H^3$	KH	$\frac{1}{3}K^2H^3$	KH	$\frac{1}{3}K^2H^3$
1.5	0.15	0.01	0.38	0.07	0.45	0.10	0.50	0.12	0.75	0.28	1.01	0.51	1.13	0.63	1.50	1.13
1.6	0.16	0.01	0.40	0.09	0.48	0.12	0.53	0.15	0.80	0.34	1.07	0.61	1.20	0.77	1.60	1.37
1.7	0.17	0.02	0.43	0.10	0.51	0.15	0.56	0.18	0.85	0.41	1.14	0.74	1.28	0.92	1.70	1.64
1.8	0.18	0.02	0.45	0.12	0.54	0.18	0.59	0.21	0.90	0.49	1.21	0.87	1.35	1.09	1.80	1.94
1.9	0.19	0.02	0.48	0.14	0.57	0.21	0.63	0.25	0.95	0.57	1.27	1.03	1.43	1.29	1.90	2.29
2.0	0.20	0.03	0.50	0.17	0.60	0.24	0.66	0.29	1.00	0.67	1.34	1.20	1.50	1.50	2.00	2.67
2.1	0.21	0.03	0.53	0.19	0.63	0.28	0.69	0.34	1.05	0.77	1.41	1.39	1.58	1.74	2.10	3.09
2.2	0.22	0.04	0.55	0.22	0.66	0.32	0.73	0.39	1.10	0.89	1.47	1.59	1.65	2.00	2.20	3.55
2.3	0.23	0.04	0.58	0.25	0.69	0.37	0.76	0.44	1.15	1.01	1.54	1.82	1.73	2.28	2.30	4.06
2.4	0.24	0.05	0.60	0.29	0.72	0.42	0.79	0.50	1.20	1.15	1.61	2.07	1.80	2.59	2.40	4.61
2.5	0.25	0.05	0.63	0.33	0.75	0.47	0.83	0.57	1.25	1.30	1.68	2.34	1.88	2.93	2.50	5.21
2.6	0.26	0.06	0.65	0.37	0.78	0.53	0.86	0.64	1.30	1.46	1.74	2.63	1.95	3.30	2.60	5.86
2.7	0.27	0.07	0.68	0.41	0.81	0.59	0.89	0.71	1.35	1.64	1.81	2.95	2.03	3.69	2.70	6.56
2.8	0.28	0.07	0.70	0.46	0.84	0.66	0.92	0.80	1.40	1.83	1.88	3.28	2.10	4.12	2.80	7.31
2.9	0.29	0.08	0.73	0.51	0.87	0.73	0.96	0.89	1.45	2.03	1.94	3.65	2.18	4.57	2.90	8.13
3.0	0.30	0.09	0.75	0.56	0.90	0.81	0.99	0.98	1.50	2.25	2.01	4.04	2.25	5.06	3.00	9.00
3.1	0.31	0.10	0.78	0.62	0.93	0.89	1.02	1.08	1.55	2.48	2.08	4.46	2.33	5.59	3.10	9.93
3.2	0.32	0.11	0.80	0.68	0.96	0.98	1.06	1.19	1.60	2.73	2.14	4.90	2.40	6.14	3.20	10.92
3.3	0.33	0.12	0.83	0.75	0.99	1.08	1.09	1.30	1.65	2.99	2.21	5.38	2.48	6.74	3.30	11.98
3.4	0.34	0.13	0.85	0.82	1.02	1.18	1.12	1.43	1.70	3.28	2.28	5.88	2.55	7.37	3.40	13.10
3.5	0.35	0.14	0.88	0.89	1.05	1.29	1.16	1.56	1.75	3.57	2.35	6.42	2.63	8.04	3.50	14.29
3.6	0.36	0.16	0.90	0.97	1.08	1.40	1.19	1.69	1.80	3.89	2.41	6.98	2.70	8.75	3.60	15.55
3.7	0.37	0.17	0.93	1.06	1.11	1.52	1.22	1.84	1.85	4.22	2.48	7.58	2.78	9.50	3.70	16.88
3.8	0.38	0.18	0.95	1.14	1.14	1.65	1.25	1.99	1.90	4.57	2.55	8.21	2.85	10.29	3.80	18.29
3.9	0.39	0.20	0.98	1.24	1.17	1.78	1.29	2.15	1.95	4.94	2.61	8.88	2.93	11.12	3.90	19.77
4.0	0.40	0.21	1.00	1.33	1.20	1.92	1.32	2.32	2.00	5.33	2.68	9.58	3.00	12.00	4.00	21.33
4.1	0.41	0.23	1.03	1.44	1.23	2.07	1.35	2.50	2.05	5.74	2.75	10.31	3.08	12.92	4.10	22.97

续表

坑深 H/m	放坡系数 K															
	0.10		0.25		0.30		0.33		0.50		0.67		0.75		1.00	
	KH	$\frac{1}{3}K^2H^3$	KH	$\frac{1}{3}K^2H^3$	KH	$\frac{1}{3}K^2H^3$	KH	$\frac{1}{3}K^2H^3$	KH	$\frac{1}{3}K^2H^3$	KH	$\frac{1}{3}K^2H^3$	KH	$\frac{1}{3}K^2H^3$	KH	$\frac{1}{3}K^2H^3$
4.2	0.42	0.25	1.05	1.54	1.26	2.22	1.39	2.69	2.10	6.17	2.81	11.09	3.15	13.89	4.20	24.69
4.3	0.43	0.27	1.08	1.66	1.29	2.39	1.42	2.89	2.15	6.63	2.88	11.90	3.23	14.91	4.30	26.50
4.4	0.44	0.28	1.10	1.78	1.32	2.56	1.45	3.09	2.20	7.10	2.95	12.75	3.30	15.97	4.40	28.39
4.5	0.45	0.30	1.13	1.90	1.35	2.73	1.49	3.31	2.25	7.59	3.02	13.64	3.38	17.09	4.50	30.38
4.6	0.46	0.32	1.15	2.03	1.38	2.92	1.52	3.53	2.30	8.11	3.08	14.56	3.45	18.25	4.60	32.45
4.7	0.47	0.35	1.18	2.16	1.41	3.12	1.55	3.77	2.35	8.65	3.15	15.54	3.53	19.47	4.70	34.61
4.8	0.48	0.37	1.20	2.30	1.44	3.32	1.58	4.01	2.40	9.22	3.22	16.55	3.60	20.74	4.80	36.86
4.9	0.49	0.39	1.23	2.45	1.47	3.53	1.62	4.27	2.45	9.80	3.28	17.60	3.68	22.06	4.90	39.21
5.0	0.50	0.42	1.25	2.60	1.50	3.75	1.65	4.54	2.50	10.42	3.35	18.70	3.75	23.44	5.00	41.67
5.1	0.51	0.44	1.28	2.76	1.53	3.98	1.68	4.82	2.55	11.05	3.42	19.85	3.83	24.87	5.10	44.22
5.2	0.52	0.47	1.30	2.93	1.56	4.22	1.72	5.10	2.60	11.72	3.48	21.04	3.90	26.36	5.20	46.87
5.3	0.53	0.50	1.33	3.10	1.59	4.47	1.75	5.40	2.65	12.41	3.55	22.28	3.98	27.91	5.30	49.63
5.4	0.54	0.52	1.35	3.28	1.62	4.72	1.78	5.72	2.70	13.12	3.62	23.56	4.05	29.52	5.40	52.49
5.5	0.55	0.55	1.38	3.47	1.65	4.99	1.82	6.04	2.75	13.86	3.69	24.90	4.13	31.20	5.50	55.46
5.6	0.56	0.59	1.40	3.66	1.68	5.27	1.85	6.37	2.80	14.63	3.75	26.28	4.20	32.93	5.60	58.54
5.7	0.57	0.62	1.43	3.86	1.71	5.56	1.88	6.72	2.85	15.43	3.82	27.71	4.28	34.72	5.70	61.73
5.8	0.58	0.65	1.45	4.06	1.74	5.85	1.91	7.08	2.90	16.26	3.89	29.20	4.35	36.58	5.80	65.04
5.9	0.59	0.68	1.48	4.28	1.77	6.16	1.95	7.46	2.95	17.11	3.95	30.73	4.43	38.51	5.90	68.46
6.0	0.60	0.72	1.50	4.50	1.80	6.48	1.98	7.84	3.00	18.00	4.02	32.32	4.50	40.50	6.00	72.00
6.1	0.61	0.76	1.53	4.73	1.83	6.81	2.01	8.24	3.05	18.92	4.09	33.96	4.58	42.56	6.10	75.66
6.2	0.62	0.79	1.55	4.97	1.86	7.15	2.05	8.65	3.10	19.86	4.15	35.66	4.65	44.69	6.20	79.44
6.3	0.63	0.83	1.58	5.21	1.89	7.50	2.08	9.08	3.15	20.84	4.22	37.42	4.73	46.88	6.30	83.35
6.4	0.64	0.87	1.60	5.46	1.92	7.86	2.11	9.52	3.20	21.85	4.29	39.23	4.80	49.15	6.40	87.38
6.5	0.65	0.92	1.63	5.72	1.95	8.24	2.15	9.97	3.25	22.89	4.36	41.09	4.88	51.49	6.50	91.54
6.6	0.66	0.96	1.65	5.99	1.98	8.62	2.18	10.44	3.30	23.96	4.42	43.02	4.95	53.91	6.60	95.83
6.7	0.67	1.00	1.68	6.27	2.01	9.02	2.21	10.92	3.35	25.06	4.49	45.00	5.03	56.39	6.70	100.25
6.8	0.68	1.05	1.70	6.55	2.04	9.43	2.24	11.41	3.40	26.20	4.56	47.05	5.10	58.96	6.80	104.81
6.9	0.69	1.10	1.73	6.84	2.07	9.86	2.28	11.92	3.45	27.38	4.62	49.16	5.18	61.60	6.90	109.50
7.0	0.70	1.14	1.75	7.15	2.10	10.29	2.31	12.45	3.50	28.58	4.69	51.32	5.25	64.31	7.00	114.33
7.1	0.71	1.19	1.78	7.46	2.13	10.74	2.34	12.99	3.55	29.83	4.76	53.56	5.33	67.11	7.10	119.30

续表

坑深 H/m	放坡系数 K															
	0.10		0.25		0.30		0.33		0.50		0.67		0.75		1.00	
	KH	$\frac{1}{3}K^2H^3$	KH	$\frac{1}{3}K^2H^3$	KH	$\frac{1}{3}K^2H^3$	KH	$\frac{1}{3}K^2H^3$	KH	$\frac{1}{3}K^2H^3$	KH	$\frac{1}{3}K^2H^3$	KH	$\frac{1}{3}K^2H^3$	KH	$\frac{1}{3}K^2H^3$
7.2	0.72	1.24	1.80	7.78	2.16	11.20	2.38	13.55	3.60	31.10	4.82	55.85	5.40	69.98	7.20	124.42
7.3	0.73	1.30	1.83	8.10	2.19	11.67	2.41	14.12	3.65	32.42	4.89	58.21	5.48	72.94	7.30	129.67
7.4	0.74	1.35	1.85	8.44	2.22	12.16	2.44	14.71	3.70	33.77	4.96	60.64	5.55	75.98	7.40	135.08
7.5	0.75	1.41	1.88	8.79	2.25	12.66	2.48	15.31	3.75	35.16	5.03	63.13	5.63	79.10	7.50	14.063
7.6	0.76	1.46	1.90	9.15	2.28	13.17	2.51	15.93	3.80	36.58	5.09	65.69	5.70	82.31	7.60	146.33
7.7	0.77	1.52	1.93	9.51	2.31	13.70	2.54	16.57	3.85	38.04	5.16	68.31	5.78	85.60	7.70	152.18
7.8	0.78	1.58	1.95	9.89	2.34	14.24	2.57	17.23	3.90	39.55	5.23	71.01	5.85	88.98	7.80	158.18
7.9	0.79	1.64	1.98	10.27	2.37	14.79	2.61	17.90	3.95	41.09	5.29	73.78	5.93	92.44	7.90	164.35
8.0	0.80	1.71	2.00	10.67	2.40	15.36	2.64	18.59	4.00	42.67	5.36	76.61	6.00	96.00	8.00	170.67
8.1	0.81	1.77	2.03	11.07	2.43	15.94	2.67	19.29	4.05	44.29	5.43	79.52	6.08	99.65	8.10	177.15
8.2	0.82	1.84	2.05	11.49	2.46	16.54	2.71	20.01	4.10	45.95	5.49	82.50	6.15	103.38	8.20	183.79
8.3	0.83	1.91	2.08	11.91	2.49	17.15	2.74	20.76	4.15	47.65	5.56	85.56	6.23	107.21	8.30	190.60
8.4	0.84	1.98	2.10	12.35	2.52	17.78	2.77	21.52	4.20	49.39	5.63	88.69	6.30	111.13	8.40	197.57
8.5	0.85	2.05	2.13	12.79	2.55	18.42	2.81	22.29	4.25	51.18	5.70	91.89	6.38	115.15	8.50	204.71
8.6	0.86	2.12	2.15	13.25	2.58	19.08	2.84	23.09	4.30	53.00	5.76	95.18	6.45	119.26	8.60	212.02
8.7	0.87	2.20	2.18	13.72	2.61	19.76	2.87	23.90	4.35	54.88	5.83	98.53	6.53	123.47	8.70	219.50
8.8	0.88	2.27	2.20	14.20	2.64	20.44	2.90	24.74	4.40	56.79	5.90	101.97	6.60	127.78	8.80	227.16
8.9	0.89	2.35	2.23	14.69	2.67	21.15	2.94	25.59	4.45	58.75	5.96	105.49	6.68	132.18	8.90	234.99
9.0	0.90	2.43	2.25	15.19	2.70	21.87	2.97	26.46	4.50	60.75	6.03	109.08	6.75	136.69	9.00	243.00
9.1	0.91	2.51	2.28	15.70	2.73	22.61	3.00	27.35	4.55	62.80	6.10	112.76	6.83	141.29	9.10	251.19
9.2	0.92	2.60	2.30	16.22	2.76	23.36	3.04	28.27	4.60	64.89	6.16	116.52	6.90	146.00	9.20	259.56
9.3	0.93	2.68	2.33	16.76	2.79	24.13	3.07	29.20	4.65	67.03	6.23	120.36	6.98	150.82	9.30	268.12
9.4	0.94	2.77	2.35	17.30	2.82	24.92	3.10	30.15	4.70	69.22	6.30	124.28	7.05	155.73	9.40	276.86
9.5	0.95	2.86	2.38	17.86	2.85	25.72	3.14	31.12	4.75	74.45	6.37	128.29	7.13	160.76	9.50	285.79
9.6	0.96	2.95	2.40	18.43	2.88	26.54	3.17	32.12	4.80	73.73	6.43	132.39	7.20	165.89	9.60	294.91
9.7	0.97	3.04	2.43	19.01	2.91	27.38	3.20	33.13	4.85	76.06	6.50	136.57	7.28	171.13	9.70	304.22
9.8	0.98	3.14	2.45	19.61	2.94	28.24	3.23	34.17	4.90	78.43	6.57	140.83	7.35	176.47	9.80	313.73
9.9	0.99	3.23	2.48	20.21	2.97	29.11	3.27	35.22	4.95	80.86	6.63	145.19	7.43	181.93	9.90	323.43
10.0	1.00	3.33	2.50	20.83	3.00	30.00	3.30	36.30	5.00	83.33	6.70	149.63	7.50	187.50	10.00	333.33

注：本表是据地抗挖方公式 $V=(a+KH)(b+KH)H+\frac{1}{3}K^2H^3$ 编制的，其中 a、b 为坑底长、宽（均包括工作面），H 为坑深，单位皆为 m；体积 V 的单位为 m^3。

2.2.9 地槽放坡断面积（双面 KH^2）表

表 2-9　　地槽放坡断面积（双面 KH^2）

槽深 H /m	断面积/m^2							
	k=0.10	k=0.25	k=0.30	k=0.33	k=0.50	k=0.67	k=0.75	k=1.00
1.5	0.225	0.563	0.675	0.743	1.125	1.508	1.688	2.250
1.6	0.256	0.640	0.768	0.845	1.280	1.715	1.920	2.560
1.7	0.289	0.723	0.867	0.954	1.445	1.936	2.168	2.890
1.8	0.324	0.810	0.972	1.069	1.620	2.171	2.430	3.240
1.9	0.361	0.903	1.083	1.191	1.805	2.419	2.708	3.610
2.0	0.400	1.000	1.200	1.320	2.000	2.680	3.000	4.000
2.1	0.441	1.103	1.323	1.455	2.205	2.955	3.308	4.410
2.2	0.484	1.210	1.452	1.597	2.420	3.243	3.630	4.840
2.3	0.529	1.323	1.587	1.746	2.645	3.544	3.968	5.290
2.4	0.576	1.440	1.728	1.901	2.880	3.859	4.320	5.760
2.5	0.625	1.563	1.875	2.063	3.125	4.188	4.688	6.250
2.6	0.676	1.690	2.028	2.231	3.380	4.529	5.070	6.760
2.7	0.729	1.823	2.187	2.406	3.645	4.884	5.468	7.290
2.8	0.784	1.960	2.352	2.587	3.920	2.253	5.880	7.840
2.9	0.841	2.103	2.523	2.775	4.205	5.635	6.308	8.410
3.0	0.900	2.250	2.700	2.970	4.500	6.030	6.750	9.000
3.1	0.961	2.403	2.883	3.171	4.805	6.439	7.208	9.610
3.2	1.024	2.560	3.072	3.379	5.120	6.861	7.680	10.240
3.3	1.089	2.723	3.267	3.594	5.445	7.296	8.168	10.890
3.4	1.156	2.890	3.468	3.815	5.780	7.745	8.670	11.560
3.5	1.225	3.063	3.675	4.043	6.125	8.208	9.188	12.250
3.6	1.296	3.240	3.888	4.277	6.480	8.683	9.720	12.960
3.7	1.369	3.423	4.107	4.518	6.845	9.172	10.268	13.690
3.8	1.444	3.610	4.332	4.765	7.220	9.675	10.830	14.440
3.9	1.521	3.803	4.563	5.019	7.605	10.191	11.408	15.210
4.0	1.600	4.000	4.800	5.280	8.000	10.720	12.000	16.000
4.1	1.681	4.203	5.043	5.547	8.405	11.263	12.608	16.810
4.2	1.764	4.410	5.292	5.821	8.820	11.819	13.230	17.640
4.3	1.849	4.623	5.547	6.102	9.245	12.388	13.868	18.490
4.4	1.936	4.840	5.808	6.389	9.680	12.971	14.520	19.360

续表

槽深 H /m	断面积/m²							
	k=0.10	k=0.25	k=0.30	k=0.33	k=0.50	k=0.67	k=0.75	k=1.00
4.5	2.025	5.063	6.075	6.683	10.125	13.568	15.188	20.250
4.6	2.116	5.290	6.348	6.983	10.580	14.177	15.870	21.160
4.7	2.209	5.523	6.627	7.290	11.045	14.800	16.568	22.090
4.8	2.304	5.760	6.912	7.603	11.520	15.437	17.280	23.040
4.9	2.401	6.003	7.203	7.923	12.005	16.087	18.008	24.010
5.0	2.500	6.250	7.500	8.250	12.500	16.750	18.750	25.000
5.1	2.601	6.503	7.803	8.583	13.005	17.427	19.508	26.010
5.2	2.704	6.760	8.112	8.923	13.520	18.117	20.280	27.040
5.3	2.809	7.023	8.427	9.270	14.045	18.820	21.068	28.090
5.4	2.916	7.290	8.748	9.623	14.580	19.537	21.870	29.160
5.5	3.025	7.563	9.075	9.983	15.125	20.268	22.688	30.250
5.6	3.136	7.840	9.408	10.349	15.680	21.011	23.520	31.360
5.7	3.249	8.123	9.747	10.722	16.245	21.768	24.368	32.490
5.8	3.364	8.410	10.092	11.101	16.820	22.539	25.230	33.640
5.9	3.481	8.703	10.443	11.487	17.405	23.323	26.108	34.810
6.0	3.600	9.000	10.800	11.880	18.000	24.120	27.000	36.000
6.1	3.721	9.303	11.163	12.279	18.605	24.931	27.908	37.210
6.2	3.844	9.610	11.532	12.685	19.220	25.755	28.830	38.440
6.3	3.969	9.923	11.907	13.098	19.845	26.592	29.768	39.690
6.4	4.096	10.240	12.288	13.517	20.480	27.443	30.720	40.960
6.5	4.225	10.563	12.675	13.943	21.125	28.308	31.688	42.250
6.6	4.356	10.890	13.068	14.375	21.780	29.185	32.670	43.560
6.7	4.489	11.223	13.467	14.814	22.445	30.076	33.668	44.890
6.8	4.624	11.560	13.872	15.259	23.120	30.981	34.680	46.240
6.9	4.761	11.903	14.283	15.711	23.805	31.899	35.708	47.610
7.0	4.900	12.250	14.700	16.170	24.500	32.830	36.750	49.000
7.1	5.041	12.603	15.123	16.635	25.205	33.775	37.808	50.410
7.2	5.184	12.960	15.552	17.107	25.920	34.733	38.880	51.840
7.3	5.329	13.323	15.987	17.586	26.645	35.704	39.968	53.290

续表

槽深 H /m	断面积/m^2							
	k=0.10	k=0.25	k=0.30	k=0.33	k=0.50	k=0.67	k=0.75	k=1.00
7.4	5.476	13.690	16.428	18.071	27.380	36.689	41.070	54.760
7.5	5.625	14.063	16.875	18.563	28.125	37.688	42.188	56.250
7.6	5.776	14.440	17.328	19.061	28.880	38.699	43.320	57.760
7.7	5.929	14.823	17.787	19.566	29.645	39.724	44.468	59.290
7.8	6.084	15.210	18.252	20.077	30.420	40.763	45.630	60.840
7.9	6.241	15.603	18.723	20.595	31.205	41.815	46.808	62.410
8.0	6.400	16.000	19.200	21.120	32.000	42.880	48.000	64.000
8.1	6.561	16.403	19.683	21.651	32.805	43.959	49.208	65.610
8.2	6.724	16.810	20.172	22.189	33.620	45.051	50.430	67.240
8.3	6.889	17.223	20.667	22.734	34.445	46.156	51.668	68.890
8.4	7.056	17.640	21.168	23.285	35.280	47.275	52.920	70.560
8.5	7.225	18.063	21.675	23.843	36.125	48.408	54.188	72.250
8.6	7.396	18.490	22.188	24.407	36.980	49.553	55.470	73.960
8.7	7.569	18.923	22.707	24.978	37.845	50.712	56.768	75.690
8.8	7.744	19.360	23.232	25.555	38.720	51.885	58.080	77.440
8.9	7.921	19.803	23.763	26.139	39.605	53.071	59.408	79.210
9.0	8.100	20.250	24.300	26.730	40.500	54.270	60.750	81.000
9.1	8.281	20.703	24.843	27.327	41.405	55.483	62.108	82.810
9.2	8.464	21.160	25.392	27.931	42.320	56.709	63.480	84.640
9.3	8.649	21.623	25.947	28.542	43.245	57.948	64.868	86.490
9.4	8.836	22.090	26.508	29.159	44.180	59.201	66.270	88.360
9.5	9.025	22.563	27.075	29.783	45.125	60.468	67.688	90.250
9.6	9.216	23.040	27.648	30.413	46.080	61.747	69.120	92.160
9.7	9.409	23.523	28.227	31.050	47.045	63.040	70.568	94.090
9.8	9.604	24.010	28.812	31.693	48.020	64.347	72.030	96.040
9.9	9.801	24.503	29.403	32.343	49.005	65.667	73.508	98.010
10.0	10.000	25.000	30.000	33.000	50.000	67.000	75.000	100.000

注： 地槽挖土体积 V=[地槽矩形断面积+放坡断面积(KH^2)]×地槽长度。K 为放坡系统数；面积单位，m^2；体积单位，m^3。

2.2.10 常用放坡圆坑挖方量表（K=0.10 时）

表 2-10　　常用放坡圆坑挖方量表（K=0.10 时）

H/m	挖方量/（m^3/个）										
	r=0.5	r=0.6	r=0.7	r=0.8	r=0.9	r=1.0	r=1.1	r=1.2	r=1.3	r=1.4	r=1.5
1.2	1.19	1.65	2.18	2.79	3.48	4.24	5.08	5.99	6.98	8.04	9.18
1.3	1.31	1.81	2.40	3.06	3.81	4.64	5.55	6.54	7.62	8.77	10.01
1.4	1.44	1.98	2.61	3.34	4.15	5.04	6.03	7.10	8.26	9.51	10.85
1.5	1.57	2.16	2.84	3.62	4.49	5.45	6.51	7.67	8.92	10.26	11.70
1.6	1.70	2.33	3.07	3.90	4.84	5.87	7.01	8.25	9.58	11.02	12.56
1.7	1.84	2.52	3.30	4.20	5.19	6.30	7.51	8.83	10.26	11.79	13.43
1.8	1.98	2.71	3.54	4.49	5.56	6.73	8.02	9.43	10.94	12.57	14.31
1.9	2.13	2.90	3.79	4.80	5.93	7.17	8.54	10.03	11.63	13.36	15.20
2.0	2.28	3.10	4.04	5.11	6.30	7.62	9.07	10.64	12.34	14.16	16.11
2.1	2.44	3.30	4.30	5.43	6.69	8.08	9.60	11.26	13.05	14.97	17.02
2.2	2.60	3.51	4.56	5.75	7.08	8.54	10.15	11.89	13.77	15.79	17.94
2.3	2.76	3.73	4.83	6.08	7.48	9.01	10.70	12.53	14.50	16.62	18.88
2.4	2.93	3.94	5.11	6.42	7.88	9.49	11.26	13.17	15.24	17.46	19.82
2.5	3.11	4.17	5.39	6.76	8.29	9.98	11.83	13.83	15.99	18.31	20.78
2.6	3.29	4.40	5.67	7.11	8.71	10.48	12.40	14.49	16.75	19.17	21.75
2.7	3.47	4.63	5.97	7.47	9.14	10.98	12.99	15.17	17.52	20.04	22.73
2.8	3.66	4.87	6.26	7.83	9.57	11.49	13.58	15.85	18.30	20.92	23.72
2.9	3.85	5.12	6.57	8.20	10.01	12.01	14.19	16.55	19.09	21.81	24.72
3.0	4.05	5.37	6.88	8.58	10.46	12.53	14.80	17.25	19.89	22.71	25.73
3.1	4.26	5.63	7.20	8.96	10.92	13.07	15.42	17.96	20.70	23.63	26.75
3.2	4.46	5.89	7.52	9.35	11.38	13.61	16.05	18.68	21.51	24.55	27.79
3.3	4.68	6.16	7.85	9.75	11.85	14.16	16.68	19.41	22.34	25.49	28.83
3.4	4.90	6.44	8.19	10.15	12.33	14.72	17.33	20.15	23.18	26.43	29.89
3.5	5.12	6.72	8.53	10.56	12.82	15.29	17.99	20.90	24.03	27.39	30.96
3.6	5.35	7.00	8.88	10.98	13.31	15.87	18.65	21.66	24.89	28.36	32.04
3.7	5.59	7.30	9.24	11.41	13.82	16.46	19.33	22.43	25.77	29.33	33.14
3.8	5.83	7.59	9.60	11.84	14.33	17.05	20.01	23.21	26.65	30.32	34.24
3.9	6.07	7.90	9.97	12.29	14.85	17.65	20.70	24.00	27.54	31.33	35.36
4.0	6.33	8.21	10.35	12.73	15.37	18.26	21.40	24.80	28.44	32.34	36.48
4.1	6.58	8.53	10.73	13.19	15.91	18.88	22.12	25.61	29.36	33.36	37.62
4.2	6.85	8.85	11.12	13.65	16.45	19.51	22.84	26.43	30.28	34.40	38.78
4.3	7.11	9.18	11.52	14.13	17.00	20.15	23.57	27.26	31.21	35.44	39.94
4.4	7.39	9.52	11.92	14.60	17.56	20.80	24.31	28.10	32.16	36.50	41.12
4.5	7.67	9.86	12.33	15.09	18.13	21.45	25.06	28.95	33.12	37.57	42.31
4.6	7.96	10.21	12.75	15.59	18.71	22.12	25.82	29.81	34.08	38.65	43.51
4.7	8.25	10.57	13.18	16.09	19.29	22.79	26.59	30.68	35.06	39.74	44.72
4.8	8.55	10.93	13.61	16.60	19.89	23.48	27.37	31.56	36.05	40.85	45.94
4.9	8.85	11.30	14.06	17.12	20.49	24.17	28.16	32.45	37.05	41.96	47.18
5.0	9.16	11.68	14.50	17.65	21.10	24.87	28.96	33.35	38.07	43.09	48.43

续表

H/m	挖方量/（m^3/个）									
	r=0.5	r=0.6	r=0.7	r=0.8	r=0.9	r=1.0	r=1.1	r=1.2	r=1.3	r=1.4
1.2	10.39	11.68	13.05	14.49	16.00	17.59	19.26	21.00	22.82	24.71
1.3	11.33	12.73	14.21	15.78	17.42	19.15	20.96	22.85	24.82	26.88
1.4	12.27	13.79	15.39	17.08	18.85	20.72	22.67	24.71	26.84	29.06
1.5	13.23	14.86	16.58	18.39	20.30	22.30	24.40	26.59	28.88	31.25
1.6	14.20	15.94	17.78	19.72	21.76	23.90	26.14	28.48	30.93	33.47
1.7	15.18	17.03	18.99	21.06	23.23	25.51	27.90	30.39	32.99	35.70
1.8	16.17	18.13	20.22	22.41	24.72	27.14	29.67	32.32	35.08	37.95
1.9	17.17	19.25	21.45	23.77	26.22	28.78	31.46	34.26	37.18	40.21
2.0	18.18	20.38	22.70	25.15	27.73	30.43	33.26	36.21	39.29	42.50
2.1	19.20	21.52	23.97	26.55	29.26	32.10	35.08	38.18	41.42	44.79
2.2	20.24	22.67	25.24	27.95	30.80	33.78	36.91	40.17	43.57	47.11
2.3	21.28	23.83	26.53	29.37	32.35	35.48	38.76	42.17	45.74	49.44
2.4	22.34	25.01	27.83	30.80	33.92	37.20	40.62	44.19	47.92	51.79
2.5	23.41	26.20	29.14	32.25	35.51	38.92	42.50	46.23	50.11	54.16
2.6	24.49	27.40	30.47	33.71	37.10	40.67	44.39	48.28	52.33	56.54
2.7	25.59	28.61	31.81	35.18	38.72	42.42	46.30	50.34	54.56	58.95
2.8	26.69	29.84	33.16	36.66	40.34	44.19	48.22	52.43	56.81	61.37
2.9	27.81	31.08	34.53	38.16	41.98	45.98	50.16	54.53	59.07	63.80
3.0	28.93	32.33	35.91	39.68	43.64	47.78	52.12	56.64	61.36	66.26
3.1	30.07	33.59	37.30	41.21	45.31	49.60	54.09	58.77	63.65	68.73
3.2	31.23	34.87	38.71	42.75	46.99	51.43	56.08	60.92	65.97	71.22
3.3	32.39	36.15	40.12	44.30	48.69	53.28	58.08	63.09	68.30	73.72
3.4	33.57	37.45	41.56	45.87	50.40	55.14	60.10	65.27	70.65	76.25
3.5	34.76	38.77	43.00	47.46	52.13	57.02	62.13	67.47	73.02	78.79
3.6	35.96	40.10	44.46	49.05	53.87	58.91	64.18	69.68	75.40	81.35
3.7	37.17	41.43	45.93	50.66	55.63	60.82	66.25	71.91	77.81	89.93
3.8	38.39	42.79	47.42	52.29	57.40	62.75	68.34	74.16	80.23	86.53
3.9	39.63	44.15	48.92	53.93	59.19	64.69	70.43	76.43	82.66	89.14
4.0	40.88	45.53	50.43	55.59	60.99	66.64	72.55	78.71	85.12	91.78
4.1	42.15	46.92	51.96	57.25	62.81	68.62	74.68	81.01	87.59	94.43
4.2	43.42	48.33	53.50	58.94	64.64	70.60	76.83	83.32	90.08	97.10
4.3	44.71	49.75	55.06	60.64	66.49	72.61	78.99	85.65	92.58	99.78
4.4	46.01	51.18	56.63	62.35	68.35	74.62	81.18	88.00	95.11	102.49
4.5	47.32	52.63	58.21	64.08	70.23	76.66	83.37	90.37	97.65	105.22
4.6	48.65	54.08	59.81	65.82	72.12	78.71	85.59	92.76	100.21	107.96
4.7	49.99	55.56	61.42	67.58	74.03	80.78	87.82	95.16	102.79	110.72
4.8	51.34	57.04	63.04	69.35	75.95	82.86	90.07	97.58	105.39	113.50
4.9	52.71	58.54	64.69	71.14	77.89	84.96	92.33	100.01	108.00	116.30
5.0	54.09	60.06	66.34	72.94	79.85	87.07	94.61	102.47	110.64	119.12

注： 放坡圆形地坑挖方量（m^3/个）$=\frac{1}{3}H(\pi r^2+\sqrt{\pi r^2\cdot\pi R^2}+\pi R^2)$

$$=\pi\left(r^2\cdot H+r\cdot KH^2+\frac{1}{3}K^2H^3\right)$$

式中 r——圆形地坑（含工作面）下底半径（m）；

K——放坡系数；

H——圆形地坑挖方深度（m）；

R——圆形地抗上底半径（m），$R=r+KH$。

2.2.11 常用放坡圆坑挖方量表（K=0.25 时）

表 2－11　　常用放坡圆坑挖方量表（K=0.25 时）

H/m	挖方量/（m^3/个）										
	r=0.5	r=0.6	r=0.7	r=0.8	r=0.9	r=1.0	r=1.1	r=1.2	r=1.3	r=1.4	r=1.5
1.2	1.62	2.15	2.75	3.43	4.18	5.01	5.92	6.90	7.95	9.09	10.29
1.3	1.83	2.41	3.07	3.82	4.65	5.56	6.55	7.62	8.77	10.01	11.32
1.4	2.05	2.69	3.41	4.23	5.13	6.12	7.19	8.36	9.61	10.96	12.38
1.5	2.28	2.98	3.77	4.65	5.63	6.70	7.87	9.13	10.48	11.93	13.47
1.6	2.53	3.28	4.14	5.09	6.15	7.31	8.56	9.92	11.38	12.93	14.59
1.7	2.79	3.61	4.53	5.56	6.69	7.93	9.28	10.74	12.30	13.97	15.74
1.8	3.07	3.94	4.93	6.04	7.25	8.58	10.02	11.58	13.25	15.03	16.92
1.9	3.36	4.30	5.36	6.54	7.84	9.25	10.79	12.45	14.22	16.12	18.13
2.0	3.67	4.67	5.80	7.06	8.44	9.95	11.58	13.34	15.23	17.24	19.37
2.1	3.99	5.06	6.26	7.60	9.07	10.67	12.40	14.26	16.26	18.39	20.65
2.2	4.33	5.47	6.74	8.16	9.72	11.41	13.24	15.21	17.32	19.57	21.95
2.3	4.68	5.89	7.25	8.74	10.39	12.18	14.11	16.19	18.41	20.78	23.29
2.4	5.05	6.33	7.77	9.35	11.08	12.97	15.00	17.19	19.53	22.02	24.66
2.5	5.44	6.80	8.31	9.98	11.80	13.79	15.93	18.22	20.68	23.29	26.06
2.6	5.85	7.28	8.87	10.63	12.54	14.63	16.87	19.28	21.86	24.59	27.49
2.7	6.27	7.78	9.45	11.30	13.31	15.50	17.85	20.37	23.07	25.93	28.96
2.8	6.71	8.30	10.06	11.99	14.10	16.39	18.85	21.49	24.31	27.30	30.47
2.9	7.18	8.84	10.68	12.71	14.92	17.31	19.89	22.64	25.58	28.70	32.00
3.0	7.66	9.40	11.33	13.45	15.76	18.26	20.95	23.82	26.88	30.14	33.58
3.1	8.16	9.98	12.01	14.22	16.63	19.24	22.04	25.03	28.22	31.60	35.18
3.2	8.68	10.59	12.70	15.01	17.53	20.24	23.16	26.27	29.59	33.11	36.83
3.3	9.22	11.22	13.42	15.83	18.45	21.27	24.30	27.54	30.99	34.65	38.51
3.4	9.78	11.87	14.16	16.67	19.40	22.33	25.48	28.85	32.43	36.22	40.22
3.5	10.37	12.54	14.93	17.54	20.37	23.42	26.69	30.19	33.90	37.83	41.98
3.6	10.97	13.23	15.72	18.43	21.38	24.54	27.94	31.55	35.40	39.47	43.77
3.7	11.60	13.95	16.54	19.36	22.41	25.69	29.21	32.96	36.94	41.15	45.60
3.8	12.25	14.69	17.38	20.30	23.47	26.87	30.51	34.39	38.51	42.87	47.46
3.9	12.92	15.46	18.25	21.28	24.56	28.08	31.85	35.86	40.12	44.62	49.37
4.0	13.61	16.25	19.14	22.28	25.68	29.32	33.22	37.36	41.76	46.41	51.31
4.1	14.33	17.07	20.06	23.32	26.83	30.59	34.62	38.90	43.44	48.24	53.30
4.2	15.07	17.91	21.01	24.38	28.01	31.90	36.05	40.47	45.16	50.11	55.32
4.3	15.84	18.78	21.99	25.47	29.22	33.23	37.52	43.08	46.91	52.01	57.38
4.4	16.63	19.67	22.99	26.59	30.46	34.60	39.03	43.73	48.70	53.96	59.49
4.5	17.45	20.60	24.02	27.74	31.73	36.01	40.56	45.41	50.53	55.94	61.63
4.6	18.29	21.54	25.09	28.91	33.03	37.44	42.14	47.12	52.40	57.96	63.81
4.7	19.16	22.52	26.17	30.12	34.37	38.91	43.75	48.88	54.30	60.02	66.04
4.8	20.06	23.52	27.29	31.37	35.74	40.41	45.39	50.67	56.25	62.13	68.31
4.9	20.98	24.56	28.44	32.64	37.14	41.95	47.07	52.50	58.23	64.27	70.62
5.0	21.93	25.62	29.62	33.94	38.58	43.52	48.79	54.36	60.25	66.46	72.98

续表

H/m	挖方量/（m^3/个）									
	r=1.6	r=1.7	r=1.8	r=1.9	r=2.0	r=2.1	r=2.2	r=2.3	r=2.4	r=2.5
1.2	11.57	12.93	14.36	15.87	17.45	19.11	20.85	22.66	24.54	26.50
1.3	12.72	14.20	15.77	17.41	19.13	20.94	22.83	24.80	26.85	28.99
1.4	13.90	15.51	17.20	18.98	20.85	22.81	24.85	26.99	29.21	31.52
1.5	15.11	16.84	18.67	20.59	22.60	24.71	26.92	29.21	31.61	34.09
1.6	16.35	18.21	20.17	22.23	24.40	26.66	29.02	31.48	34.05	36.71
1.7	17.63	19.61	21.71	23.91	26.22	28.64	31.16	33.79	36.53	39.38
1.8	18.93	21.05	23.28	25.63	28.09	30.66	33.35	36.15	39.06	42.09
1.9	20.27	22.52	24.89	27.38	30.00	32.73	35.58	38.55	41.64	44.84
2.0	21.64	24.02	26.54	29.17	31.94	34.83	37.85	40.99	44.25	47.65
2.1	23.04	25.56	28.22	31.00	33.92	36.97	40.16	43.47	46.92	50.50
2.2	24.47	27.13	29.93	32.87	35.95	39.16	42.51	46.00	49.63	53.40
2.3	25.94	28.74	31.69	34.78	38.01	41.39	44.91	48.58	52.39	56.34
2.4	27.44	30.39	33.48	36.72	40.11	43.66	47.35	51.20	55.19	59.34
2.5	28.98	32.07	35.31	38.70	42.26	45.97	49.84	53.86	58.04	62.38
2.6	30.56	33.78	37.17	40.72	44.44	48.32	52.36	56.57	60.94	65.47
2.7	32.16	35.54	39.08	42.79	46.67	50.72	54.94	59.33	63.89	68.62
2.8	33.81	37.33	41.02	44.89	48.94	53.16	57.56	62.13	66.88	71.81
2.9	35.49	39.15	43.00	47.04	51.25	55.65	60.22	64.98	69.93	75.05
3.0	37.20	41.02	45.03	49.22	53.60	58.17	62.93	67.88	73.02	78.34
3.1	38.96	42.93	47.09	51.45	56.00	60.75	65.69	70.83	76.16	81.69
3.2	40.75	44.87	49.19	53.72	58.44	63.37	68.50	73.82	79.35	85.08
3.3	42.58	46.85	51.34	56.03	60.93	66.03	71.35	76.87	82.59	88.53
3.4	44.44	48.88	53.52	58.38	63.46	68.74	74.24	79.96	85.89	92.03
3.5	46.35	50.94	55.75	60.78	66.03	71.50	77.19	83.10	89.23	95.58
3.6	48.29	53.04	58.02	63.22	68.65	74.30	80.19	86.29	92.63	99.19
3.7	50.28	55.19	60.33	65.71	71.32	77.16	83.23	89.54	96.07	102.84
3.8	52.30	57.37	62.68	68.24	74.03	80.05	86.32	92.83	99.57	106.56
3.9	54.36	59.60	65.08	70.81	76.78	83.00	89.46	96.17	103.13	110.32
4.0	56.46	61.87	67.52	73.43	79.59	86.00	92.66	99.57	106.73	114.14
4.1	58.61	64.18	70.01	76.09	82.44	89.04	95.90	103.01	110.39	118.02
4.2	60.79	66.53	72.54	78.81	85.34	92.13	99.19	106.51	114.10	121.95
4.3	63.02	68.93	75.11	81.56	88.28	95.27	102.53	110.07	117.87	125.94
4.4	65.29	71.37	77.73	84.37	91.28	98.47	105.93	113.67	121.69	129.98
4.5	67.60	73.86	80.40	87.22	94.32	101.71	109.38	117.33	125.56	134.08
4.6	69.96	76.39	83.11	90.12	97.41	105.00	112.88	121.04	129.50	138.24
4.7	72.35	78.96	85.86	93.06	100.56	108.34	116.43	124.81	133.48	142.45
4.8	74.80	81.58	88.67	96.06	103.75	111.74	120.03	128.63	137.53	146.72
4.9	77.28	84.25	91.52	99.10	106.99	115.19	123.69	132.51	141.63	151.05
5.0	79.81	86.96	94.42	102.19	110.28	118.69	127.40	136.44	145.78	155.44

注：放坡圆形地坑挖方量（m^3/个）$=\frac{1}{3}H(\pi r^2+\sqrt{\pi r^2\cdot\pi R^2}+\pi R^2)$

$$=\pi\left(r^2\cdot H+r\cdot KH^2+\frac{1}{3}K^2H^3\right)$$

式中 r——圆形地坑（含工作面）下底半径（m）；

K——放坡系数；

H——圆形地坑挖方深度（m）；

R——圆形地抗上底半径（m），$R=r+KH$。

2.2.12 常用放坡圆坑挖方量表（$K=0.30$时）

表 2-12　　常用放坡圆坑挖方量表（$K=0.30$时）

H/m	挖方量/（m^3/个）										
	$r=0.5$	$r=0.6$	$r=0.7$	$r=0.8$	$r=0.9$	$r=1.0$	$r=1.1$	$r=1.2$	$r=1.3$	$r=1.4$	$r=1.5$
1.2	1.78	2.33	2.96	3.66	4.44	5.29	6.22	7.22	8.30	9.45	10.68
1.3	2.02	2.63	3.32	4.10	4.95	5.88	6.90	8.00	9.18	10.44	11.79
1.4	2.28	2.95	3.71	4.55	5.48	6.50	7.61	8.81	10.09	11.47	12.93
1.5	2.56	3.29	4.11	5.03	6.04	7.15	8.35	9.65	11.04	12.52	14.10
1.6	2.85	3.64	4.54	5.53	6.63	7.83	9.12	10.52	12.02	13.62	15.31
1.7	3.16	4.02	4.99	6.06	7.24	8.53	9.92	11.42	13.03	14.74	16.57
1.8	3.49	4.42	5.46	6.61	7.88	9.26	10.75	12.36	14.08	15.91	17.85
1.9	3.84	4.84	5.95	7.19	8.54	10.02	11.61	13.32	15.16	17.11	19.18
2.0	4.21	5.28	6.47	7.79	9.24	10.81	12.50	14.33	16.27	18.35	20.55
2.1	4.60	5.74	7.01	8.42	9.96	11.63	13.43	15.36	17.43	19.62	21.95
2.2	5.01	6.23	7.58	9.08	10.71	12.48	14.38	16.43	18.61	20.94	23.40
2.3	5.45	6.74	8.18	9.76	11.49	13.36	15.37	17.53	19.84	22.29	24.88
2.4	5.90	7.27	8.80	10.47	12.30	14.27	16.40	18.67	21.10	23.68	26.41
2.5	6.38	7.83	9.44	11.21	13.14	15.22	17.46	19.85	22.40	25.11	27.98
2.6	6.88	8.42	10.12	11.98	14.01	16.20	18.55	21.06	23.74	26.59	29.59
2.7	7.41	9.03	10.82	12.78	14.91	17.21	19.68	22.31	25.12	28.10	31.25
2.8	7.96	9.67	11.55	13.61	15.84	18.25	20.84	23.60	26.54	29.65	32.94
2.9	8.54	10.33	12.31	14.47	16.81	19.34	22.04	24.93	28.00	31.25	34.69
3.0	9.14	11.03	13.10	15.36	17.81	20.45	23.28	26.30	29.50	32.89	36.47
3.1	9.77	11.75	13.92	16.29	18.85	21.60	24.55	27.70	31.04	34.58	38.31
3.2	10.43	12.50	14.77	17.24	19.92	22.79	25.87	29.15	32.62	36.30	40.18
3.3	11.11	13.28	15.65	18.23	21.02	24.02	27.22	30.63	34.25	38.08	42.11
3.4	11.82	14.09	16.56	19.26	22.16	25.28	28.61	32.16	35.92	39.89	44.08
3.5	12.56	14.93	17.51	20.31	23.34	26.58	30.05	33.73	37.63	41.76	46.10
3.6	13.33	15.80	18.49	21.41	24.55	27.92	31.52	35.34	39.39	43.66	48.17
3.7	14.13	16.70	19.50	22.54	25.80	29.30	33.03	37.00	41.19	45.62	50.28
3.8	14.96	17.63	20.55	23.70	27.09	30.72	34.59	38.69	43.04	47.62	52.45
3.9	15.82	18.60	21.63	24.90	28.42	32.18	36.18	40.44	44.93	49.67	54.66
4.0	16.71	19.60	22.75	26.14	29.78	33.68	37.82	42.22	46.87	51.77	56.93
4.1	17.64	20.64	23.90	27.41	31.19	35.22	39.51	44.06	48.86	53.92	59.24
4.2	18.59	21.71	25.09	28.73	32.63	36.80	41.24	45.93	50.89	56.12	61.61
4.3	19.58	22.81	26.31	30.08	34.12	38.43	43.01	47.86	52.98	58.37	64.03
4.4	20.61	23.95	27.57	31.47	36.65	40.10	44.83	49.83	55.11	60.67	66.50
4.5	21.67	25.13	28.88	32.90	37.22	41.81	46.69	51.85	57.29	63.02	69.02
4.6	22.76	26.34	30.21	34.38	38.83	43.57	48.60	53.92	59.52	65.42	71.60
4.7	23.89	27.59	31.59	35.89	40.48	45.37	50.55	56.03	61.80	67.87	74.24
4.8	25.05	28.88	33.01	37.45	42.18	47.22	52.56	58.20	64.14	70.38	76.92
4.9	26.25	30.21	34.47	39.04	43.92	49.11	54.61	60.41	66.52	72.94	79.67
5.0	27.49	31.57	35.97	40.68	45.71	51.05	56.71	62.67	68.96	75.56	82.47

续表

H/m	挖方量/（m^3/个）									
	r=1.6	r=1.7	r=1.8	r=1.9	r=2.0	r=2.1	r=2.2	r=2.3	r=2.4	r=2.5
1.2	11.99	13.37	14.82	16.35	17.96	19.64	21.39	23.23	25.13	27.12
1.3	13.21	14.72	16.31	17.98	19.73	21.56	23.48	25.48	27.55	29.17
1.4	14.47	16.11	17.83	19.65	21.55	23.53	25.61	27.77	30.03	32.37
1.5	15.77	17.54	19.40	21.36	23.41	25.55	27.79	30.12	32.55	35.07
1.6	17.11	19.01	21.01	23.12	25.32	27.62	30.02	32.53	35.13	37.83
1.7	18.49	20.53	22.67	24.92	27.27	29.74	32.30	34.98	37.76	40.65
1.8	19.91	22.08	24.37	26.77	29.28	31.90	34.64	37.49	40.45	43.53
1.9	21.37	23.68	26.11	28.66	31.33	34.11	37.02	40.05	43.19	46.46
2.0	22.87	25.32	27.90	36.60	33.43	36.38	39.46	42.66	45.99	49.45
2.1	24.41	27.00	29.73	32.59	35.57	38.70	41.95	45.33	48.85	52.50
2.2	26.00	28.73	31.61	34.62	37.77	41.06	44.49	48.06	51.76	55.60
2.3	27.62	30.50	33.53	36.70	40.02	43.48	47.09	50.84	54.73	58.77
2.4	29.29	32.32	35.50	38.84	42.32	45.95	49.74	53.67	57.76	62.00
2.5	31.00	34.18	37.52	41.02	44.67	48.48	52.44	56.57	60.85	65.29
2.6	32.76	36.09	39.59	43.25	47.07	51.06	55.21	59.52	64.00	68.64
2.7	34.56	38.05	41.70	45.53	49.53	53.69	58.02	62.53	67.20	72.05
2.8	36.41	40.05	43.87	47.86	52.03	56.38	60.90	65.60	70.47	75.52
2.9	38.30	42.10	46.08	50.25	54.59	59.12	63.83	68.72	73.80	79.06
3.0	40.24	44.20	48.35	52.68	57.21	61.92	66.82	71.91	77.19	82.66
3.1	42.23	46.35	50.66	55.17	59.88	64.78	69.87	75.16	80.64	86.32
3.2	44.27	48.55	53.03	57.72	62.60	67.69	72.98	78.47	84.16	90.05
3.3	46.35	50.80	55.45	60.31	65.38	70.66	76.14	81.84	87.73	93.84
3.4	48.48	53.10	57.92	62.96	68.22	73.69	79.37	85.27	91.38	97.70
3.5	50.66	55.45	60.45	65.67	71.11	76.78	82.66	88.76	95.08	101.63
3.6	52.89	57.85	63.03	68.43	74.07	79.92	86.01	92.32	98.86	105.62
3.7	55.18	60.30	65.66	71.25	77.07	83.13	89.42	95.94	102.69	109.68
3.8	57.51	62.81	62.35	74.13	80.14	86.40	92.89	99.63	106.60	113.81
3.9	59.89	65.37	71.09	77.06	83.27	89.73	96.43	103.38	110.57	118.00
4.0	62.33	67.98	73.89	80.05	86.46	93.12	100.03	107.19	114.61	122.27
4.1	64.82	70.65	76.75	83.10	89.70	96.57	103.69	111.07	118.71	126.61
4.2	67.36	73.38	79.66	86.20	93.01	100.08	107.42	115.02	122.88	131.01
4.3	69.96	76.16	82.63	89.37	96.38	103.66	111.21	119.04	127.13	135.49
4.4	72.61	79.00	85.66	92.60	99.81	107.31	115.07	123.12	131.44	140.04
4.5	75.32	81.89	88.75	95.89	103.31	111.01	119.00	127.27	135.82	144.66
4.6	78.08	84.84	91.89	99.23	106.86	114.78	122.99	131.49	140.28	149.35
4.7	80.90	87.85	95.10	102.65	110.49	118.62	127.05	135.78	144.80	154.12
4.8	83.77	90.92	98.37	106.12	114.17	122.53	131.18	140.14	149.40	158.96
4.9	86.70	94.05	101.70	109.65	117.92	126.50	135.38	144.57	154.07	163.87
5.0	89.69	97.23	105.09	113.25	121.74	130.53	139.64	149.07	158.81	168.86

注：放坡圆形地坑挖方量（m^3/个）$=\frac{1}{3}H(\pi r^2+\sqrt{\pi r^2\cdot\pi R^2}+\pi R^2)$

$$=\pi\left(r^2\cdot H+r\cdot KH^2+\frac{1}{3}K^2H^3\right)$$

式中　r——圆形地坑（含工作面）下底半径（m）；

K——放坡系数；

H——圆形地坑挖方深度（m）；

R——圆形地抗上底半径（m）$R=r+KH$。

2.2.13 常用放坡圆坑挖方量表（K=0.33 时）

表 2-13 常用放坡圆坑挖方量表（K=0.33 时）

H/m	挖方量/（m^3/个）										
	r=0.5	r=0.6	r=0.7	r=0.8	r=0.9	r=1.0	r=1.1	r=1.2	r=1.3	r=1.4	r=1.5
1.2	1.89	2.45	3.09	3.80	4.59	5.46	6.40	7.42	8.51	9.68	10.92
1.3	2.15	2.77	3.48	4.27	5.14	6.09	7.12	8.23	9.43	10.71	12.07
1.4	2.43	3.12	3.89	4.75	5.70	6.74	7.87	9.08	10.39	11.78	13.26
1.5	2.73	3.48	4.33	5.27	6.30	7.43	8.65	9.97	11.38	12.89	14.49
1.6	3.05	3.87	4.79	5.81	6.93	8.15	9.47	10.89	12.41	14.03	15.76
1.7	3.39	4.28	5.27	6.38	7.58	8.90	10.32	11.85	13.48	15.22	17.07
1.8	3.76	4.72	5.79	6.97	8.27	9.68	11.20	12.84	14.59	16.45	18.43
1.9	4.15	5.18	6.33	7.60	8.99	10.49	12.12	13.87	15.74	17.72	19.83
2.0	4.56	5.66	6.89	8.25	9.73	11.34	13.08	14.94	16.92	19.03	21.27
2.1	4.99	6.17	7.49	8.94	10.51	12.23	14.07	16.04	18.15	20.39	22.76
2.2	5.45	6.71	8.11	9.65	11.33	13.14	15.10	17.19	19.42	21.79	24.29
2.3	5.94	7.28	8.77	10.40	12.18	14.10	16.16	18.37	20.73	23.23	25.87
2.4	6.45	7.87	9.45	11.18	13.06	15.09	17.27	19.60	22.08	24.71	27.50
2.5	6.99	8.50	10.17	11.99	13.98	16.12	18.41	20.87	23.48	26.25	29.17
2.6	7.55	9.15	10.91	12.84	14.93	17.18	19.60	22.18	24.92	27.83	30.90
2.7	8.14	9.83	11.69	13.72	15.92	18.28	20.82	23.53	26.40	29.45	32.67
2.8	8.77	10.55	12.50	14.64	16.94	19.43	22.09	24.92	27.94	31.12	34.49
2.9	9.42	11.29	13.35	15.59	18.01	20.61	23.40	26.36	29.51	32.84	36.36
3.0	10.10	12.07	14.23	16.58	19.11	21.83	24.75	27.85	31.14	34.61	38.28
3.1	10.81	12.88	15.14	17.60	20.25	23.10	26.14	29.38	32.81	36.43	40.25
3.2	11.56	13.73	16.09	18.66	21.43	24.41	27.58	30.95	34.53	38.30	42.28
3.3	12.34	14.60	17.08	19.77	22.66	25.76	29.06	32.58	36.30	40.22	44.36
3.4	13.14	15.52	18.11	20.91	23.92	27.15	30.59	34.24	38.11	42.20	46.49
3.5	13.99	16.47	19.17	22.09	25.23	28.58	32.16	35.96	39.98	44.22	48.68
3.6	14.87	17.45	20.27	23.31	26.57	30.07	33.78	37.73	41.90	46.30	50.92
3.7	15.78	18.48	21.41	24.57	27.97	31.59	35.45	39.55	43.87	48.43	53.22
3.8	16.73	19.54	22.59	25.87	29.40	33.17	37.17	41.41	45.89	50.61	55.57
3.9	17.71	20.64	23.81	27.22	30.88	34.79	38.94	43.33	47.97	52.86	57.99
4.0	18.73	21.78	25.07	28.61	32.41	36.45	40.75	45.30	50.10	55.15	60.45
4.1	19.79	22.95	26.37	30.05	33.98	38.17	42.62	47.32	52.28	57.50	62.98
4.2	20.89	24.17	27.72	31.52	35.60	39.93	44.53	49.39	54.52	59.91	65.57
4.3	22.03	25.43	29.10	33.05	37.26	41.74	46.50	51.52	56.82	62.38	68.22
4.4	23.21	26.73	30.54	34.62	38.97	43.61	48.52	53.70	59.17	64.91	70.92
4.5	24.42	28.08	32.01	36.23	40.74	45.52	50.59	55.94	61.58	67.49	73.69
4.6	25.68	29.46	33.54	37.90	42.55	47.49	52.72	58.23	64.04	70.14	76.52
4.7	26.98	30.90	35.11	39.61	44.41	49.51	54.90	60.58	66.57	72.84	79.41
4.8	28.32	32.37	36.72	41.37	46.32	51.58	57.13	62.99	69.15	75.61	82.37
4.9	29.71	33.89	38.38	43.18	48.29	53.70	59.42	65.45	71.79	78.44	85.39
5.0	31.14	35.46	40.09	45.04	50.30	55.88	61.77	67.98	74.50	81.33	88.48

续表

H/m	挖方量/（m^3/个）									
	r=1.6	r=1.7	r=1.8	r=1.9	r=2.0	r=2.1	r=2.2	r=2.3	r=2.4	r=2.5
1.2	12.24	13.63	15.10	16.64	18.26	19.96	21.73	23.57	25.49	27.49
1.3	13.51	15.03	16.64	18.32	20.09	21.94	23.87	25.89	27.98	30.16
1.4	14.83	16.48	18.22	20.05	21.97	23.98	26.07	28.25	30.52	32.88
1.5	16.18	17.97	19.85	21.83	23.90	26.07	28.32	30.68	33.13	35.67
1.6	17.58	19.51	21.53	23.66	25.88	28.21	30.63	33.16	35.79	38.52
1.7	19.03	21.09	23.26	25.53	27.92	30.40	33.00	35.70	38.51	41.43
1.8	20.52	22.72	25.03	27.46	30.00	32.66	35.42	38.31	41.30	44.41
1.9	22.05	24.40	26.86	29.44	32.14	34.97	37.91	40.97	44.15	47.45
2.0	23.63	26.12	28.73	31.47	34.34	37.33	40.45	43.69	47.06	50.55
2.1	25.26	27.89	30.66	33.56	36.59	39.75	43.05	46.47	50.03	53.72
2.2	26.94	29.72	32.64	35.70	38.90	42.23	45.71	49.32	53.07	56.96
2.3	28.66	31.59	34.67	37.89	41.26	44.77	48.43	52.23	56.17	60.26
2.4	30.43	33.52	36.75	40.14	43.68	47.37	51.21	55.20	59.34	63.63
2.5	32.26	35.50	38.89	42.45	46.16	50.02	54.05	58.23	62.57	67.07
2.6	34.13	37.52	41.08	44.81	48.69	52.74	56.96	61.33	65.87	70.58
2.7	36.05	39.61	43.33	47.23	51.29	55.52	59.93	64.50	69.24	74.15
2.8	38.03	41.74	45.63	49.70	53.95	58.36	62.96	67.73	72.68	77.80
2.9	40.05	43.93	47.99	52.24	56.66	61.27	66.06	71.03	76.18	81.52
3.0	42.14	46.18	50.41	54.83	59.44	64.24	69.22	74.40	79.76	85.31
3.1	44.27	48.48	52.88	57.48	62.28	67.27	72.45	77.83	83.40	89.17
3.2	46.46	50.84	55.42	60.20	65.18	70.36	75.75	81.33	87.12	93.11
3.3	48.70	53.25	58.01	62.97	68.15	73.53	79.11	84.91	90.91	97.12
3.4	51.00	55.73	60.66	65.81	71.18	76.75	82.55	88.55	94.77	101.20
3.5	53.36	58.26	63.37	68.71	74.27	80.05	86.05	92.27	98.70	105.36
3.6	55.77	60.85	66.15	71.68	77.43	83.41	89.62	96.05	102.71	109.60
3.7	58.24	63.50	68.98	74.70	80.66	86.84	93.26	99.91	106.79	113.91
3.8	60.77	66.21	71.80	77.80	83.95	90.34	96.97	103.84	110.95	118.30
3.9	63.36	68.98	74.85	80.96	87.31	93.91	100.76	107.85	115.18	122.76
4.0	66.01	71.81	77.87	84.18	90.74	97.55	104.61	111.93	119.49	127.31
4.1	68.72	74.71	80.96	87.47	94.24	101.26	108.54	116.08	123.88	131.93
4.2	71.49	77.67	84.12	90.83	97.80	105.04	112.54	120.31	128.34	136.64
4.3	74.32	80.69	87.34	94.26	101.44	108.90	116.62	124.62	132.88	141.42
4.4	77.21	83.78	90.63	97.75	105.15	112.82	120.77	129.00	137.51	146.29
4.5	80.17	86.94	93.98	101.32	108.93	116.82	125.00	133.46	142.21	151.23
4.6	83.19	90.16	97.41	104.95	112.78	120.90	129.31	138.00	146.99	156.26
4.7	86.28	93.44	100.90	108.66	116.70	125.05	133.69	142.62	151.85	161.38
4.8	89.43	96.80	104.47	112.43	120.70	129.27	138.15	147.32	156.80	166.58
4.9	92.65	100.22	108.10	116.28	124.78	133.58	142.68	152.10	161.83	171.86
5.0	95.94	103.71	111.80	120.21	128.92	137.96	147.30	156.96	166.94	177.23

注： 放坡圆形地坑挖方量（m^3/个）$=\frac{1}{3}H(\pi r^2+\sqrt{\pi r^2\cdot\pi R^2}+\pi R^2)$

$$=\pi\left(r^2\cdot H+r\cdot KH^2+\frac{1}{3}K^2H^3\right)$$

式中　r——圆形地坑下底半径（含工作面）(m)；

K——放坡系数；

H——圆形地坑挖方深度（m）；

R——圆形地抗上底半径（m），$R=r+KH$（m）。

2.2.14 常用放坡圆坑挖方量表（K=0.50 时）

表 2-14　　常用放坡圆坑挖方量表（K=0.50 时）

H/m	挖方量/（m^3/个）										
	r=0.5	r=0.6	r=0.7	r=0.8	r=0.9	r=1.0	r=1.1	r=1.2	r=1.3	r=1.4	r=1.5
1.2	2.53	3.17	3.88	4.67	5.54	6.48	7.50	8.60	9.76	11.01	12.33
1.3	2.92	3.64	4.43	5.31	6.27	7.31	8.44	9.64	10.93	12.30	13.75
1.4	3.36	4.15	5.03	6.00	7.05	8.20	9.43	10.75	12.15	13.65	15.23
1.5	3.83	4.70	5.67	6.73	7.88	9.13	10.47	11.91	13.44	15.07	16.79
1.6	4.34	5.29	6.35	7.51	8.76	10.12	11.58	13.14	14.79	16.55	18.41
1.7	4.89	5.93	7.08	8.34	9.70	11.17	12.74	14.42	16.21	18.11	20.11
1.8	5.49	6.62	7.86	9.22	10.69	12.27	13.97	15.78	17.70	19.74	21.88
1.9	6.12	7.35	8.69	10.15	11.73	13.44	15.26	17.20	19.26	21.43	23.73
2.0	6.81	8.13	9.57	11.14	12.84	14.66	16.61	18.68	20.88	23.21	25.66
2.1	7.54	8.96	10.51	12.19	14.00	15.95	18.03	20.24	22.58	25.05	27.66
2.2	8.32	9.84	11.50	13.29	15.23	17.30	19.51	21.86	24.35	26.98	29.74
2.3	9.15	10.77	12.54	14.46	16.52	18.72	21.07	23.56	26.20	28.98	31.19
2.4	10.03	11.76	13.65	15.68	17.87	20.21	22.69	25.33	28.12	31.06	34.16
2.5	10.96	12.81	14.81	16.97	19.29	21.76	24.39	27.18	30.13	33.23	36.49
2.6	11.95	13.91	16.04	18.32	20.77	23.39	26.17	29.11	32.21	35.48	38.91
2.7	13.00	15.08	17.33	19.74	22.33	25.09	28.01	31.11	34.37	37.81	41.41
2.8	14.10	16.30	18.68	21.23	23.96	26.86	29.94	33.19	36.62	40.23	44.01
2.9	15.27	17.59	20.10	22.78	25.65	28.71	31.94	35.36	38.96	42.74	46.70
3.0	16.49	18.94	21.58	24.41	27.43	30.63	34.02	37.60	41.37	45.33	49.48
3.1	17.78	20.36	23.14	26.11	29.27	32.63	36.19	39.94	43.88	48.02	52.35
3.2	19.13	21.85	24.76	27.88	31.20	34.72	38.44	42.36	46.48	50.80	55.33
3.3	20.55	23.40	26.46	29.73	33.20	36.88	40.77	44.86	49.17	53.68	58.39
3.4	22.04	25.03	28.23	31.65	35.28	39.13	43.19	47.46	51.95	56.65	61.56
3.5	23.59	26.73	30.08	33.66	37.45	41.46	45.70	50.15	54.82	59.72	64.83
3.6	25.22	28.50	32.01	35.74	39.70	43.88	48.29	52.93	57.79	62.88	68.20
3.7	26.92	30.35	34.01	37.90	42.03	46.39	50.98	55.80	60.86	66.15	71.67
3.8	28.69	32.27	36.09	40.15	44.45	48.99	53.76	58.78	64.03	69.52	75.25
3.9	30.54	34.28	38.26	42.48	46.96	51.67	56.64	61.84	67.30	72.99	78.93
4.0	32.46	36.36	40.51	44.90	49.55	54.45	59.61	65.01	70.66	76.57	82.73
4.1	34.47	38.52	43.84	47.41	52.24	57.33	62.67	68.28	74.14	80.26	86.63
4.2	36.55	40.77	45.26	50.01	55.02	60.30	65.84	71.65	77.72	84.05	90.65
4.3	38.71	43.10	47.77	52.70	57.90	63.37	69.11	75.12	81.40	87.95	94.78
4.4	40.96	45.52	50.36	55.48	60.87	66.53	72.48	78.70	85.20	91.97	99.02
4.5	43.30	48.03	53.05	58.35	63.94	69.80	75.95	82.38	89.10	96.10	103.38
4.6	45.71	50.63	55.83	61.32	67.10	73.17	79.53	86.18	93.11	100.34	107.86
4.7	48.22	53.32	58.71	64.39	70.37	76.65	83.22	90.08	97.24	104.70	112.45
4.8	50.82	56.10	61.68	67.56	73.74	80.22	87.01	94.10	101.49	109.18	117.17
4.9	53.51	58.97	64.74	70.82	77.21	83.91	90.91	98.23	105.85	113.77	122.01
5.0	56.29	61.94	67.91	74.19	80.79	87.70	94.93	102.47	110.32	118.49	126.97

续表

H/m	挖方量/（m^3/个）									
	r=1.6	r=1.7	r=1.8	r=1.9	r=2.0	r=2.1	r=2.2	r=2.3	r=2.4	r=2.5
1.2	13.72	15.19	16.74	18.36	20.06	21.83	23.68	25.60	27.60	29.67
1.3	15.28	16.89	18.59	20.36	22.22	24.16	26.18	28.29	30.47	32.74
1.4	16.90	18.66	20.51	22.45	24.47	26.58	28.78	31.07	33.44	35.90
1.5	18.60	20.51	22.51	24.61	26.80	29.09	31.47	33.94	36.51	39.17
1.6	20.37	22.44	24.60	26.86	29.22	31.68	34.25	36.91	39.68	42.54
1.7	22.22	24.44	26.76	29.19	31.73	34.37	37.12	39.98	42.94	46.01
1.8	24.15	26.52	29.01	31.61	34.33	37.15	40.09	43.15	46.31	49.59
1.9	26.15	28.69	31.34	34.12	37.01	40.03	43.16	46.41	49.79	53.28
2.0	28.23	30.93	33.76	36.71	39.79	43.00	46.33	49.78	53.37	57.07
2.1	30.40	33.27	36.27	39.40	42.67	46.07	49.60	53.26	57.05	60.98
2.2	32.65	35.69	38.87	42.18	45.64	49.23	52.97	56.84	60.84	64.99
2.3	34.98	38.19	41.55	45.06	48.71	52.50	56.44	60.52	64.75	69.12
2.4	37.40	40.79	44.33	48.03	51.87	55.87	60.02	64.31	68.76	73.36
2.5	39.90	43.48	47.21	51.10	55.14	59.34	63.70	68.22	72.89	77.72
2.6	42.50	46.26	50.18	54.26	58.51	62.92	67.50	72.23	77.13	82.20
2.7	45.19	49.13	53.25	57.53	61.98	66.61	71.40	76.36	81.49	86.80
2.8	47.97	52.10	56.41	60.90	65.56	70.40	75.41	80.60	85.97	91.51
2.9	50.84	55.17	59.68	64.37	69.25	74.30	79.54	84.96	90.57	96.35
3.0	53.82	58.34	63.05	67.95	73.04	78.32	83.79	89.44	95.28	101.32
3.1	56.88	61.61	66.53	71.64	76.95	82.45	88.15	94.04	100.12	106.41
3.2	60.05	64.98	70.10	75.43	80.96	86.69	92.62	98.75	105.09	111.62
3.3	63.32	68.45	73.79	79.34	85.09	91.05	97.22	103.59	110.18	116.97
3.4	66.69	72.03	77.58	83.35	89.33	95.53	101.94	108.56	115.39	122.44
3.5	70.16	75.71	81.49	87.48	93.69	100.12	106.78	113.65	120.74	128.05
3.6	73.74	79.51	85.50	91.72	98.17	104.84	111.74	118.87	126.22	133.79
3.7	77.42	83.41	89.63	96.08	102.76	109.68	116.83	124.21	131.82	139.67
3.8	81.22	87.43	93.87	100.56	107.48	114.65	122.05	129.69	137.57	145.68
3.9	85.12	91.55	98.23	105.15	112.32	119.73	127.39	135.30	143.44	151.84
4.0	89.14	95.80	102.71	109.87	117.29	124.95	132.87	141.04	149.46	158.13
4.1	93.27	100.16	107.31	114.71	122.38	130.30	138.48	146.91	155.61	164.56
4.2	97.51	104.63	112.02	119.68	127.59	135.77	144.22	152.93	161.90	171.14
4.3	101.87	109.23	116.86	124.77	132.94	141.38	150.09	159.08	168.33	177.86
4.4	106.35	113.95	121.83	129.98	138.41	147.12	156.11	165.37	174.91	184.72
4.5	110.94	118.79	126.92	135.33	144.02	153.00	162.26	171.80	181.63	191.74
4.6	115.66	123.75	132.13	140.80	149.76	159.01	168.55	178.38	188.49	198.90
4.7	120.50	128.84	137.48	146.41	155.64	165.16	174.98	185.10	195.51	206.21
4.8	125.46	134.06	142.96	152.15	161.65	171.46	181.56	191.96	202.67	213.68
4.9	130.55	139.40	148.56	158.03	167.81	177.89	188.28	198.98	209.98	221.30
5.0	135.77	144.88	154.30	164.04	174.10	184.46	195.15	206.14	217.45	229.07

注： 放坡圆形地坑挖方量（m^3/个）$=\frac{1}{3}H(\pi r^2+\sqrt{\pi r^2\cdot\pi R^2}+\pi R^2)$

$$=\pi\left(r^2\cdot H+r\cdot KH^2+\frac{1}{3}K^2H^3\right)$$

式中 r——圆形地坑（含工作面）下底半径（m）；

K——放坡系数；

H——圆形地坑挖方深度（m）；

R——圆形地抗上底半径（m），$R=r+KH$。

2.2.15 常用放坡圆坑挖方量表（K=0.67 时）

表 2-15　　常用放坡圆坑挖方量表（K=0.67 时）

H/m	挖方量/（m³/个）										
	r=0.5	r=0.6	r=0.7	r=0.8	r=0.9	r=1.0	r=1.1	r=1.2	r=1.3	r=1.4	r=1.5
1.2	3.27	3.99	4.78	5.65	6.59	7.61	8.71	9.88	11.12	12.44	13.84
1.3	3.83	4.64	5.52	6.49	7.54	8.67	9.89	11.18	12.56	14.02	15.56
1.4	4.45	5.35	6.33	7.41	8.57	9.81	11.15	12.57	14.09	15.69	17.37
1.5	5.13	6.12	7.21	8.39	9.67	11.03	12.50	14.06	15.71	17.45	19.29
1.6	5.88	6.97	8.16	9.45	10.85	12.34	13.93	15.63	17.43	19.32	21.32
1.7	6.69	7.88	9.18	10.59	12.11	13.73	15.46	17.30	19.24	21.29	23.45
1.8	7.57	8.87	10.29	11.82	13.46	15.22	17.09	19.07	21.16	23.37	25.69
1.9	8.52	9.93	11.47	13.12	14.90	16.79	18.81	20.94	23.19	25.56	28.05
2.0	9.54	11.07	12.73	14.52	16.43	18.46	20.62	22.91	25.32	27.86	30.53
2.1	10.64	12.30	14.08	16.00	18.05	20.23	22.55	24.99	27.57	30.28	33.12
2.2	11.83	13.61	15.52	17.58	19.77	22.10	24.57	27.18	29.93	32.81	35.84
2.3	13.09	15.00	17.05	19.25	21.59	24.08	26.71	29.49	32.41	35.47	38.68
2.4	14.45	16.49	18.68	21.02	23.52	26.16	28.96	31.90	35.00	38.25	41.65
2.5	15.89	18.07	20.40	22.90	25.55	28.35	31.32	34.44	37.72	41.16	44.75
2.6	17.42	19.72	22.22	24.87	27.68	30.66	33.80	37.10	40.56	44.19	47.98
2.7	19.05	21.51	24.15	26.96	29.93	33.08	36.40	39.88	43.54	47.36	51.35
2.8	20.77	23.39	26.18	29.15	32.30	35.62	39.12	42.79	46.64	50.66	54.86
2.9	22.59	25.37	28.32	31.46	34.78	38.28	41.96	45.83	49.87	54.10	58.52
3.0	24.52	27.45	30.57	33.88	37.38	41.06	44.93	49.00	53.25	57.69	63.31
3.1	26.55	29.65	32.94	36.42	40.10	43.97	48.04	52.30	56.76	61.41	66.26
3.2	28.69	31.96	35.42	39.08	42.95	47.01	51.28	55.74	60.41	65.28	70.35
3.3	30.95	34.38	38.02	41.87	45.92	50.18	54.65	59.33	64.21	69.30	74.60
3.4	33.31	36.92	40.72	44.78	49.03	53.49	58.17	63.06	68.16	73.48	79.01
3.5	35.80	39.58	43.59	47.82	52.27	56.94	61.82	66.93	72.26	77.80	83.57
3.6	38.40	42.37	46.57	50.99	55.64	60.52	65.62	70.95	76.51	82.29	88.30
3.7	41.13	45.29	49.68	54.30	59.16	64.25	69.57	75.13	80.92	86.94	93.19
3.8	43.98	48.33	52.92	57.75	62.82	68.13	73.67	79.46	85.48	91.75	98.25
3.9	46.96	51.50	56.30	61.34	66.62	72.15	77.93	83.95	90.21	96.72	103.48
4.0	50.07	54.82	59.82	65.07	70.57	76.33	82.34	88.59	95.10	101.86	108.88
4.1	53.31	58.27	63.48	68.95	74.68	80.66	86.91	93.41	100.16	107.18	114.45
4.2	56.69	61.86	67.28	72.98	78.93	85.15	91.64	98.38	105.40	112.67	120.21
4.3	60.21	65.59	71.24	77.16	83.34	89.80	96.53	103.53	110.80	118.34	126.15
4.4	63.87	69.47	75.34	81.49	87.92	94.62	101.59	108.85	116.38	124.19	132.27
4.5	67.68	73.50	79.60	85.98	92.65	99.60	106.83	114.34	122.14	130.22	138.58
4.6	71.64	77.68	84.01	90.64	97.55	104.75	112.24	120.01	128.08	136.44	145.08
4.7	75.75	82.02	88.59	95.45	102.61	110.07	117.82	125.86	134.20	142.84	151.77
4.8	80.01	86.51	93.32	100.44	107.85	115.56	123.58	131.90	140.52	149.44	158.66
4.9	84.42	91.17	98.22	105.59	113.26	121.24	129.52	138.12	147.02	156.23	165.75
5.0	89.00	95.99	103.29	110.91	118.84	127.09	135.65	144.53	153.72	163.22	173.04

续表

H/m	挖方量/（m^3/个）									
	r=1.6	r=1.7	r=1.8	r=1.9	r=2.0	r=2.1	r=2.2	r=2.3	r=2.4	r=2.5
1.2	15.31	16.86	18.48	20.18	21.95	23.80	25.73	27.73	29.80	31.95
1.3	17.18	18.88	20.67	22.54	24.48	26.51	28.63	30.82	33.09	35.45
1.4	19.15	21.01	22.97	25.01	27.13	29.35	31.65	34.05	36.53	39.09
1.5	21.23	23.26	25.38	27.60	29.91	32.31	34.81	37.41	40.10	42.88
1.6	23.41	25.61	27.91	30.31	32.81	35.41	38.11	40.91	43.81	46.81
1.7	25.71	28.09	30.56	33.15	35.84	38.64	41.54	44.55	47.67	50.90
1.8	28.13	30.68	33.34	34.11	39.00	42.00	45.11	48.34	51.68	55.13
1.9	30.66	33.39	36.24	39.21	42.30	45.50	48.83	52.28	55.84	59.53
2.0	33.32	36.23	39.27	42.44	45.73	49.15	52.69	56.36	60.16	64.08
2.1	36.09	39.20	42.44	45.81	49.31	52.94	56.71	60.60	64.63	68.79
2.2	39.00	42.30	45.74	49.31	53.03	56.88	60.87	65.00	69.27	73.67
2.3	42.03	45.53	49.17	52.96	56.89	60.97	65.19	69.55	74.06	78.72
2.4	46.20	48.90	52.75	56.75	60.91	65.21	69.66	74.27	79.03	83.93
2.5	48.50	52.41	56.47	60.69	65.07	69.61	74.30	79.15	84.16	89.32
2.6	51.94	56.06	60.34	64.78	69.39	74.16	79.10	84.20	89.46	94.89
2.7	55.52	59.85	64.36	69.03	73.87	78.88	84.06	89.42	94.94	100.63
2.8	59.24	63.79	68.52	73.43	78.51	83.77	89.20	94.81	100.59	106.55
2.9	63.11	67.89	72.85	77.99	83.31	88.82	94.50	100.37	106.43	112.66
3.0	67.13	72.13	77.33	82.71	88.28	94.04	99.98	106.12	112.44	118.96
3.1	71.30	76.54	81.97	87.59	93.42	99.43	105.64	112.05	118.65	125.44
3.2	75.63	81.10	86.77	92.65	98.72	105.00	111.48	118.16	125.04	132.12
3.3	80.11	85.82	91.74	97.87	104.21	110.75	117.50	124.46	131.62	138.99
3.4	84.75	90.71	96.88	103.27	109.87	116.68	123.71	130.95	138.40	146.07
3.5	89.56	95.77	102.19	108.84	115.71	122.79	130.10	137.63	145.37	153.34
3.6	94.53	100.99	107.68	114.59	121.73	129.09	136.69	144.50	152.55	160.82
3.7	99.67	106.39	113.34	120.52	127.94	135.59	143.47	151.58	159.92	168.50
3.8	104.99	111.97	119.18	126.64	134.34	142.27	150.44	158.85	167.50	176.39
3.9	110.47	117.72	125.21	132.94	140.92	149.15	157.62	166.33	175.29	184.50
4.0	116.14	123.65	131.42	139.44	147.71	156.23	165.00	174.02	183.29	192.82
4.1	121.99	129.77	137.82	146.12	154.69	163.51	172.58	181.92	191.51	201.36
4.2	128.01	136.08	144.41	153.01	161.87	170.99	180.38	190.03	199.94	210.12
4.3	134.23	142.58	151.20	160.09	169.25	178.68	188.38	198.35	208.59	219.10
4.4	140.63	149.27	158.18	167.37	176.84	186.58	196.60	206.89	217.46	228.31
4.5	147.23	156.15	165.36	174.86	184.63	194.69	205.03	215.66	226.56	237.75
4.6	154.01	163.24	172.75	182.055	192.64	203.02	213.69	224.64	235.89	247.42
4.7	161.00	170.52	180.34	190.45	200.86	211.56	222.56	233.86	245.45	257.33
4.8	168.19	178.12	188.14	198.57	209.30	220.33	231.66	243.30	255.24	267.48
4.9	175.57	185.71	196.15	206.90	217.96	229.32	240.99	252.98	265.26	277.86
5.0	183.17	193.61	204.37	215.45	226.84	238.54	250.56	262.89	275.53	288.49

注： 放坡圆形地坑挖方量（m^3/个）$=\frac{1}{3}H(\pi r^2+\sqrt{\pi r^2\cdot\pi R^2}+\pi R^2)$

$$=\pi\left(r^2\cdot H+r\cdot KH^2+\frac{1}{3}K^2H^3\right)$$

式中 r——圆形地坑（含工作面）下底半径（m）；

K——放坡系数；

H——圆形地坑挖方深度（m）；

R——圆形地抗上底半径（m），$R=r+KH$。

2.2.16 常用放坡圆坑挖方量表（$K=0.75$ 时）

表 2-16　　常用放坡圆坑挖方量表（$K=0.75$ 时）

H/m	挖方量/（m^3/个）										
	$r=0.5$	$r=0.6$	$r=0.7$	$r=0.8$	$r=0.9$	$r=1.0$	$r=1.1$	$r=1.2$	$r=1.3$	$r=1.4$	$r=1.5$
1.2	3.66	4.41	5.24	6.14	7.13	8.18	9.31	10.52	11.80	13.16	14.59
1.3	4.31	5.15	6.08	7.09	8.19	9.36	10.62	11.95	13.37	14.87	16.46
1.4	5.02	5.97	7.00	8.13	9.34	10.63	12.02	13.49	15.05	16.70	18.44
1.5	5.82	6.87	8.01	9.25	10.58	12.00	13.52	15.14	16.84	18.65	20.54
1.6	6.69	7.84	9.10	10.46	11.91	13.47	15.13	16.89	18.75	20.71	22.77
1.7	7.63	8.90	10.28	11.76	13.35	15.04	16.85	18.76	20.77	22.89	25.12
1.8	8.67	10.05	11.55	13.16	14.89	16.72	18.68	20.74	22.92	25.21	27.61
1.9	9.79	11.29	12.92	14.67	16.53	18.52	20.62	22.84	25.19	27.65	30.23
2.0	11.00	12.63	14.39	16.27	18.28	20.42	22.68	25.07	27.58	30.22	32.99
2.1	12.30	14.06	15.96	17.99	20.15	22.44	24.87	27.42	30.11	32.93	35.89
2.2	13.70	15.60	17.64	19.82	22.13	24.59	27.18	29.91	32.78	35.78	38.93
2.3	15.21	17.25	19.43	21.76	24.24	26.86	29.62	32.53	35.58	38.78	42.12
2.4	16.81	19.00	21.34	23.83	26.46	29.25	32.20	35.29	38.53	41.92	45.47
2.5	18.53	20.87	23.36	26.01	28.82	31.78	34.91	38.19	41.62	45.21	48.96
2.6	20.36	22.85	25.51	28.32	31.30	34.45	37.76	41.23	44.86	48.66	52.62
2.7	22.30	24.95	27.77	30.76	33.92	37.25	40.75	44.42	48.26	52.27	56.44
2.8	24.37	27.18	30.17	33.34	36.68	40.20	43.89	47.76	51.81	56.03	60.43
2.9	26.55	29.54	32.70	36.05	39.58	43.29	47.19	51.26	55.52	59.96	64.59
3.0	28.86	32.02	35.37	38.90	42.62	46.53	50.63	54.92	59.40	64.06	68.92
3.1	31.30	34.64	38.17	41.90	45.82	49.93	54.24	58.74	63.44	68.34	73.43
3.2	33.88	37.40	41.12	45.04	49.16	53.48	58.01	62.73	67.66	72.78	78.11
3.3	36.59	40.30	44.21	48.33	52.66	57.19	61.94	66.89	72.05	77.41	82.98
3.4	39.44	43.34	47.45	51.78	56.32	61.07	66.04	71.22	76.61	82.22	88.04
3.5	42.44	46.53	50.85	55.38	60.14	65.11	70.31	75.73	81.36	87.22	93.29
3.6	45.58	49.88	54.40	59.15	64.13	69.33	74.76	80.41	86.29	92.40	98.73
3.7	48.87	53.38	58.11	63.08	68.28	73.72	79.38	85.28	91.41	97.78	104.38
3.8	52.32	57.03	61.99	67.18	72.61	78.28	84.19	90.34	96.73	103.35	110.22
3.9	55.92	60.86	66.03	71.45	77.12	83.03	89.19	95.59	102.24	109.13	116.27
4.0	59.69	64.84	70.25	75.90	81.81	87.96	94.37	101.03	107.95	115.11	122.52
4.1	63.62	69.00	74.63	80.53	86.68	93.09	99.75	106.67	113.86	121.29	128.99
4.2	67.72	73.33	79.20	85.34	91.74	98.40	105.33	112.52	119.97	127.69	135.67
4.3	71.99	77.84	83.95	90.33	96.99	103.91	111.10	118.57	126.30	134.30	142.58
4.4	76.44	82.52	88.88	95.52	102.43	109.62	117.08	124.82	132.84	141.13	149.70
4.5	81.07	87.39	94.00	100.90	108.07	115.53	123.27	131.29	139.60	148.18	157.06
4.6	85.88	92.45	99.32	106.47	113.91	121.64	129.66	137.97	146.57	155.46	164.64
4.7	90.87	97.70	104.83	112.25	119.96	127.97	136.28	144.88	153.77	162.96	172.45
4.8	96.06	103.14	110.53	118.22	126.22	134.51	143.11	152.00	161.20	170.70	180.50
4.9	101.44	108.79	116.44	124.41	132.68	141.27	150.16	159.35	168.86	178.67	188.80
5.0	107.01	114.63	122.56	130.81	139.37	148.24	157.43	166.94	176.75	186.89	197.33

续表

H/m	挖方量/（m^3/个）									
	r=1.6	r=1.7	r=1.8	r=1.9	r=2.0	r=2.1	r=2.2	r=2.3	r=2.4	r=2.5
1.2	16.10	17.68	19.34	21.07	22.88	24.77	26.73	28.76	30.88	33.06
1.3	18.12	19.87	21.69	23.60	25.59	27.67	29.82	32.06	34.38	36.77
1.4	20.26	22.18	24.18	26.27	28.45	30.71	33.06	35.50	38.03	40.65
1.5	22.53	24.62	26.80	29.07	31.44	33.90	36.46	39.11	41.85	44.69
1.6	24.93	27.19	29.56	32.02	34.58	37.25	40.01	42.88	45.84	48.91
1.7	27.46	29.90	32.45	35.11	37.88	40.75	43.72	46.81	50.00	53.30
1.8	30.13	32.76	35.50	38.35	41.32	44.40	47.60	50.91	54.33	57.86
1.9	32.93	35.75	38.69	41.75	44.93	48.23	51.64	55.18	58.84	62.61
2.0	35.88	38.89	42.03	45.30	48.69	52.21	55.86	59.63	63.52	67.54
2.1	38.97	42.19	45.53	49.01	52.63	56.37	60.25	64.25	68.39	72.67
2.2	42.21	45.63	49.19	52.89	56.73	60.70	64.81	69.06	73.45	77.98
2.3	45.61	49.24	53.01	56.93	61.00	65.21	69.56	74.06	78.70	83.49
2.4	49.16	53.00	57.00	61.15	65.45	69.89	74.49	79.24	84.14	89.20
2.5	52.87	56.94	61.16	65.54	70.07	74.76	79.61	84.62	89.79	95.11
2.6	56.75	61.04	65.49	70.10	74.88	79.82	84.93	90.20	95.63	101.22
2.7	60.79	65.31	69.99	74.85	79.88	85.07	90.44	95.97	101.68	107.55
2.8	65.01	69.76	74.68	79.78	85.06	90.52	96.15	101.95	107.93	114.09
2.9	69.39	74.38	79.55	84.91	90.44	96.16	102.06	108.14	114.40	120.85
3.0	73.96	79.19	84.61	90.22	96.01	102.00	108.17	114.53	121.08	127.82
3.1	78.71	84.19	89.86	95.73	101.79	108.05	114.50	121.15	127.99	135.02
3.2	83.64	89.37	95.30	101.44	107.77	114.30	121.04	127.98	135.11	142.45
3.3	88.76	94.75	100.94	107.35	113.96	120.77	127.80	135.03	142.47	150.11
3.4	94.08	100.33	106.79	113.46	120.35	127.46	134.77	142.30	150.05	158.00
3.5	99.59	106.10	112.84	119.79	126.96	134.36	141.97	149.81	157.86	166.14
3.6	105.29	112.08	119.09	126.33	133.79	141.48	149.40	157.54	165.91	174.51
3.7	111.20	118.27	125.56	133.09	140.85	148.84	157.06	165.52	174.21	183.13
3.8	117.32	124.66	132.24	140.06	148.12	156.42	164.95	173.73	182.74	191.99
3.9	123.65	131.27	139.15	147.26	155.63	164.23	173.09	182.18	191.53	201.11
4.0	130.19	138.10	146.27	154.69	163.36	172.28	181.46	190.88	200.56	210.49
4.1	136.94	145.16	153.62	162.35	171.34	180.58	190.08	199.83	209.85	220.12
4.2	143.92	152.43	161.21	170.24	179.55	189.11	198.94	209.04	219.39	230.02
4.3	151.12	159.94	169.02	178.38	188.00	197.90	208.06	218.50	229.20	240.18
4.4	158.55	167.67	177.07	186.75	196.70	206.93	217.44	228.22	239.28	250.61
4.5	166.21	175.65	185.36	195.37	205.65	216.22	227.07	238.20	249.62	261.32
4.6	174.10	183.86	193.90	204.23	214.86	225.77	236.97	248.45	260.23	272.30
4.7	182.23	192.31	202.68	213.35	224.32	235.57	247.13	258.98	271.12	283.56
4.8	190.61	201.01	211.72	222.73	234.04	245.65	257.56	269.77	282.29	295.11
4.9	199.22	209.96	221.01	232.36	244.02	255.99	268.27	280.85	293.74	306.94
5.0	208.09	219.17	230.55	242.26	254.27	266.60	279.25	292.21	305.48	319.07

注：放坡圆形地坑挖方量（m^3/个）$=\frac{1}{3}H(\pi r^2+\sqrt{\pi r^2\cdot\pi R^2}+\pi R^2)$

$$=\pi\left(r^2\cdot H+r\cdot KH^2+\frac{1}{3}K^2H^3\right)$$

式中 r——圆形地坑（含工作面）下底半径（m）；

K——放坡系数；

H——圆形地坑挖方深度（m）；

R——圆形地抗上底半径（m），$R=r+KH$。

2.2.17 常用放坡圆坑挖方量表（K=1.00 时）

表 2-17　　常用放坡圆坑挖方量表（K=1.00 时）

H/m	挖方量/（m^3/个）										
	r=0.5	r=0.6	r=0.7	r=0.8	r=0.9	r=1.0	r=1.1	r=1.2	r=1.3	r=1.4	r=1.5
1.2	5.01	5.88	6.82	7.84	8.93	10.10	11.35	12.67	14.06	15.53	17.08
1.3	5.98	6.96	8.02	9.16	10.39	11.69	13.08	14.55	16.10	17.74	19.45
1.4	7.05	8.15	9.34	10.61	11.98	13.43	14.97	16.60	18.31	20.11	22.01
1.5	8.25	9.47	10.79	12.21	13.71	15.32	17.01	18.80	20.69	22.67	24.74
1.6	9.57	10.92	12.38	13.94	15.60	17.36	19.22	21.18	23.24	25.40	27.66
1.7	11.02	12.52	14.12	15.83	17.64	19.56	21.59	23.73	25.97	28.32	30.78
1.8	12.61	14.25	16.00	17.87	19.85	21.94	24.15	26.46	28.90	31.44	34.10
1.9	14.35	16.14	18.05	20.08	22.22	24.49	26.88	29.39	32.01	34.76	37.62
2.0	16.23	18.18	20.25	22.45	24.78	27.23	29.80	32.51	35.33	38.29	41.36
2.1	18.27	20.39	22.63	25.00	27.51	30.15	32.92	35.82	38.86	42.03	45.32
2.2	20.48	22.76	25.18	27.74	30.43	33.27	36.24	39.35	42.60	45.98	49.51
2.3	22.86	25.31	27.92	30.66	33.55	36.59	39.77	43.09	46.56	50.17	53.93
2.4	25.41	28.05	30.84	33.78	36.87	40.11	43.50	47.05	50.74	54.59	58.58
2.5	28.14	30.97	33.96	37.10	40.40	43.85	47.46	51.23	55.16	59.25	63.49
2.6	31.07	34.09	37.27	40.62	44.14	47.81	51.65	55.65	59.82	64.15	68.64
2.7	34.18	37.41	40.80	44.36	48.09	52.00	56.07	60.31	64.72	69.30	74.05
2.8	37.50	40.93	44.54	48.32	52.28	56.41	60.72	65.21	68.87	74.71	79.73
2.9	41.03	44.67	48.50	52.51	56.70	61.07	65.63	70.36	75.28	80.39	85.67
3.0	44.77	48.63	52.68	56.93	61.36	65.97	70.78	75.78	80.96	86.33	91.89
3.1	48.73	52.82	57.10	61.58	66.26	71.13	76.19	81.45	86.90	92.55	98.40
3.2	52.91	57.24	61.76	66.48	71.41	76.54	81.87	87.39	93.13	99.06	105.19
3.3	57.33	61.89	66.66	71.64	76.82	82.21	87.81	93.62	99.63	105.85	112.28
3.4	61.99	66.79	71.81	77.05	82.50	88.16	94.03	100.12	106.42	112.94	119.67
3.5	66.89	71.95	77.23	82.72	88.44	94.38	100.54	106.91	113.51	120.33	127.37
3.6	72.04	77.36	82.90	88.67	94.66	100.88	107.33	114.00	120.90	128.03	135.38
3.7	77.45	83.03	88.85	94.89	101.17	107.68	114.42	121.39	128.60	136.04	143.71
3.8	83.13	88.98	95.07	101.39	107.96	114.76	121.81	129.09	136.61	144.37	152.37
3.9	89.07	95.20	101.57	108.19	115.05	122.15	129.51	137.10	144.94	153.03	161.36
4.0	95.29	101.70	108.36	115.28	122.44	129.85	137.52	145.43	153.60	162.02	170.69
4.1	101.80	108.50	115.45	122.67	130.14	137.86	145.85	154.09	162.60	171.35	180.37
4.2	108.59	115.59	122.84	130.36	138.15	146.20	154.51	163.09	171.93	181.03	190.40
4.3	115.68	122.98	130.54	138.38	146.48	154.86	163.50	172.42	181.60	191.06	200.79
4.4	123.07	130.67	138.55	146.71	155.14	163.85	172.83	182.10	191.63	201.45	211.54
4.5	130.77	138.69	146.89	155.37	164.13	173.18	182.51	192.12	202.02	212.20	222.66
4.6	138.78	147.02	155.54	164.36	173.46	182.86	192.54	202.51	212.77	223.32	234.16
4.7	147.11	155.68	164.54	173.69	183.14	192.89	202.93	213.26	223.89	234.82	246.04
4.8	155.77	164.67	173.87	183.37	193.17	203.27	213.68	224.39	235.39	246.70	258.31
4.9	164.77	174.00	183.55	193.40	203.56	214.03	224.80	235.88	247.28	258.98	270.98
5.0	174.10	183.68	193.57	203.78	214.31	225.15	236.30	247.77	259.55	271.64	284.05

H/m	挖方量/（m^3/个）									
	$r=1.6$	$r=1.7$	$r=1.8$	$r=1.9$	$r=2.0$	$r=2.1$	$r=2.2$	$r=2.3$	$r=2.4$	$r=2.5$
1.2	18.70	20.40	22.17	24.01	25.94	27.94	30.01	32.16	34.38	36.68
1.3	21.25	23.13	25.09	27.13	29.26	31.46	33.75	36.12	38.57	41.10
1.4	23.99	26.05	28.21	30.45	32.78	35.20	37.71	40.30	42.99	45.76
1.5	26.91	29.17	31.53	33.98	36.52	39.16	41.89	44.72	47.64	50.66
1.6	30.03	32.49	35.05	37.72	40.48	43.35	46.31	49.38	52.54	55.81
1.7	33.34	36.01	38.79	41.68	44.67	47.76	50.97	54.28	57.70	61.22
1.8	36.87	39.75	42.75	45.86	49.08	52.42	55.87	59.43	63.11	66.90
1.9	40.61	43.71	46.94	50.28	53.74	57.32	61.02	64.84	68.78	72.84
2.0	44.57	47.90	51.35	54.94	58.64	62.48	66.43	70.52	74.73	79.06
2.1	48.75	52.32	56.01	59.84	63.80	67.89	72.11	76.46	80.95	85.57
2.2	53.17	56.97	60.91	64.99	69.21	73.56	78.05	82.68	87.45	92.36
2.3	57.83	61.88	66.07	70.40	74.88	79.51	84.28	89.19	94.25	99.45
2.4	62.73	67.03	71.48	76.08	80.83	85.73	90.78	95.98	101.34	106.84
2.5	67.88	72.44	77.15	82.02	87.05	92.23	97.57	103.07	108.73	114.54
2.6	73.30	78.11	83.10	88.24	93.35	99.03	104.66	110.66	116.42	122.55
2.7	78.97	84.06	89.32	94.75	100.35	106.11	112.05	118.16	124.44	130.88
2.8	84.92	90.28	95.82	101.54	107.43	113.50	119.75	126.17	132.77	139.54
2.9	91.14	96.79	102.62	108.63	114.82	121.20	127.76	134.50	141.43	148.53
3.0	97.64	103.58	109.70	116.02	122.52	129.21	136.09	143.16	150.42	157.87
3.1	104.43	110.67	117.09	123.72	130.53	137.55	144.75	152.15	159.75	167.54
3.2	111.52	118.06	124.79	131.73	138.87	146.21	153.75	161.49	169.43	177.59
3.3	118.91	125.75	132.80	140.06	147.53	155.20	163.08	171.16	179.46	187.96
3.4	126.61	133.77	141.14	148.72	156.52	164.53	172.75	181.19	189.84	198.71
3.5	134.62	142.10	149.80	157.71	165.85	174.21	182.78	191.58	200.60	209.83
3.6	142.96	150.76	158.79	167.04	175.53	184.24	193.17	202.33	211.72	221.33
3.7	151.61	159.75	168.12	176.72	185.56	194.62	203.92	213.45	223.22	233.21
3.8	160.61	169.08	177.80	186.75	195.94	205.37	215.04	224.95	235.10	245.49
3.9	169.94	178.76	187.83	197.14	206.69	216.50	226.54	236.84	247.37	258.15
4.0	179.62	188.79	198.21	207.89	217.82	228.00	238.43	249.11	260.04	271.22
4.1	189.64	199.18	208.97	219.01	229.32	239.88	250.70	261.78	273.11	284.70
4.2	200.03	209.93	220.09	230.51	241.20	252.15	263.37	274.85	286.59	298.60
4.3	210.78	221.05	231.59	242.39	253.47	264.82	276.44	288.32	300.48	312.91
4.4	221.91	232.55	243.47	254.67	266.14	277.89	289.91	302.22	314.80	327.65
4.5	233.40	244.43	255.74	267.33	279.21	291.37	303.81	316.53	329.54	342.83
4.6	245.29	256.70	268.41	280.40	292.69	305.26	318.12	331.27	344.71	358.44
4.7	257.56	269.37	281.48	293.88	306.58	310.57	332.86	346.45	360.33	374.50
4.8	270.23	282.44	294.96	307.78	320.89	334.32	348.04	362.06	376.39	391.02
4.9	283.30	295.92	308.85	322.09	335.64	349.49	363.65	378.12	392.90	407.99
5.0	296.78	309.81	323.17	336.83	350.81	365.11	379.71	394.64	409.87	425.42

注： 放坡圆形地坑挖方量（m^3/个）$=\frac{1}{3}H(\pi r^2+\sqrt{\pi r^2\cdot\pi R^2}+\pi R^2)$

$$=\pi\left(r^2\cdot H+r\cdot KH^2+\frac{1}{3}K^2H^3\right)$$

式中 r——圆形地坑（含工作面）下底半径（m）；

K——放坡系数；

H——圆形地坑挖方深度（m）；

R——圆形地抗上底（m），半径 $R=r+KH$。

2.2.18 土方体积折算系数表

表 2－18　　土方体积折算系数表

天然密实度体积	虚方体积	夯实后体积	松填体积
0.77	1.00	0.67	0.83
1.00	1.30	0.87	1.08
1.15	1.50	1.00	1.25
0.92	1.20	0.80	1.00

注： 1. 虚方指未经碾压、堆积时间达到或超过 1 年的土壤。

2. 设计密实度超过规定的，填方体积按工程设计要求执行；无设计要求按各省、自治区、直辖市或行业建设行政主管部门规定的系数执行。

2.2.19 石方体积折算系数表

表 2－19　　石方体积折算系数表

石方类别	天然密实度体积	虚方体积	松填体积	码　方
石方	1.0	1.54	1.31	—
块石	1.0	1.75	1.43	1.67
砂夹石	1.0	1.07	0.94	—

2.2.20 管沟施工每侧所需工作面宽度计算表

表 2－20　　管沟施工每侧所需工作面宽度计算表

管道结构宽/mm 管沟材料	≤500	≤1000	≤2500	>2500
混凝土及钢筋混凝土管道/mm	400	500	600	700
其他材质管道/mm	300	400	500	600

注： 管道结构宽：有管座的按基础外缘，无管座的按管道外径。

3

桩基工程

3.1　公式速查

3.1.1　预制钢筋混凝土方桩的工程量计算

预制钢筋混凝土方桩的工程量计算公式如下：

$$V=A\times B\times L\times N$$

式中　A——预制方桩的截面宽（m）；

B——预制方桩的截面高（m）；

L——预制方桩的设计长度（m）（包括桩尖，不扣除桩尖虚体积）；

N——预制方桩的根数。

3.1.2　预制钢筋混凝土管桩的工程量计算

预制钢筋混凝土管桩的工程量计算公式如下：

$$V=\pi(R^2-r^2)\times L\times N$$

式中　R——管桩的外径（m）；

r——管桩的内径（m）；

L——管桩的长度（m）；

N——管桩的根数（m）。

3.1.3　送桩的工程量计算

送桩的工程量计算公式如下：

V＝送桩深×桩截面面积×桩根数

＝(桩顶面标高－自然地坪标高＋0.5)×桩截面面积×桩根数

计算规则：

按各类预制桩截面面积乘以送桩长度（即打桩架底至桩顶面高度或自桩顶面至自然地坪面另加0.5m），以立方米计算。送桩后孔洞如需回填时，按土石方工程相应项目计算。

3.1.4　现浇混凝土灌注桩的工程量计算

现浇混凝土灌注桩的工程量计算公式如下：

$$V=\frac{1}{4}\pi D^2\times L=\pi r^2\times L$$

式中　D——桩外直径（m）；

r——桩外半径（m）；

L——桩长（含桩尖在内）（m）。

3.1.5　套管成孔灌注桩的工程量计算

套管成孔灌注桩的工程量计算公式如下：

$$V=\frac{1}{4}\pi D^2\times L\times N$$

式中　D——按设计或套管箍外径（m）；

L——桩长（m）（采用预制钢筋混凝土桩尖时，桩长不包括桩尖长度，当采用活瓣桩尖时，桩长应包括桩尖长度）；

N——桩的根数。

3.1.6　螺旋钻孔灌注桩的工程量计算

螺旋钻孔灌注桩的工程量计算公式如下：

$$V_{钻}=\frac{1}{4}\pi D^2\times L\times N$$

$$V_{混凝土}=\frac{1}{4}\pi D^2\times(L+0.25)\times N$$

式中　D——按设计或钻孔外径（m）；

L——桩长（m）；

N——桩的根数。

3.2　数据速查

3.2.1　预制钢筋混凝土方桩体积表

表 3-1　　预制钢筋混凝土方桩体积（m³）表

桩长/m	桩断面面积/mm²			
	250×250	300×300	350×350	400×400
5.0	0.3125	0.4500	0.6125	0.8000
5.5	0.3437	0.4950	0.6737	0.8800
6.0	0.3750	0.5400	0.7350	0.9600
6.5	0.4062	0.5850	0.7962	1.0400
7.0	0.4375	0.6300	0.8575	1.1200
7.5	0.4687	0.6750	0.9187	1.2000
8.0	0.5000	0.7200	0.9800	1.2800
8.5	0.5312	0.7650	1.0412	1.3600
9.0	0.5625	0.8100	1.1025	1.4400
9.5	0.5937	0.8550	1.1637	1.5200
10.0	0.6250	0.9000	1.2250	1.6000

注：方桩体积（m³）＝桩断面面积×桩长。

3.2.2 钢筋混凝土圆桩体积表

表 3-2　　钢筋混凝土圆桩体积（m^3）表

桩长/m	圆桩断面直径/mm			
	250	300	350	400
5.0	0.2453	0.3532	0.4808	0.6280
5.5	0.2698	0.3886	0.5289	0.6908
6.0	0.2944	0.4239	0.5770	0.7536
6.5	0.3189	0.4592	0.6250	0.8164
7.0	0.3434	0.4945	0.6731	0.8792
7.5	0.3684	0.5299	0.7212	0.9420
8.0	0.3925	0.5652	0.7693	1.0048
8.5	0.4170	0.6005	0.8173	1.0676
9.0	0.4416	0.6358	0.8655	1.1304
9.5	0.4661	0.6712	0.9135	1.1932
10.0	0.4906	0.7065	0.9616	1.2560

注：圆桩体积（m^3）$=\pi\times\left(\frac{\text{圆桩直径}}{2}\right)^2\times$桩长。

3.2.3 常用人工挖孔桩标准段护壁和桩芯混凝土量表

表 3-3　　常用人工挖孔桩标准段护壁和桩芯混凝土量表

（壁厚 0.10m，高度 1.00m）

标准段上口外径/m	护壁混凝土量/m^3	桩芯混凝土量/m^3	合计混凝土量/m^3	备　注
0.80	0.2513	0.3875	0.6388	合计混凝土量即为人工挖孔土石方量（桩芯直径等于外径减去两倍护壁厚度）
0.90	0.2827	0.5053	0.7880	
1.00	0.3142	0.6388	0.9530	
1.10	0.3456	0.7880	1.1336	
1.20	0.3770	0.9530	1.3300	
1.30	0.4084	1.1336	1.5420	
1.40	0.4398	1.3299	1.7697	
1.50	0.4712	1.5420	2.0132	
1.60	0.5026	1.7698	2.2724	
1.70	0.5340	2.0132	2.5472	
1.80	0.5654	2.2724	2.8378	
1.90	0.5968	2.5473	3.1441	
2.00	0.6282	2.8379	3.4661	

续表

标准段上口外径/m	护壁混凝土量/m³	桩芯混凝土量/m³	合计混凝土量/m³	备　　注
2.10	0.6596	3.1442	3.8038	合计混凝土量即为人工挖孔土石方量
2.20	0.6910	3.4662	4.1572	
2.30	0.7224	3.8040	4.5264	
2.40	0.7538	4.1574	4.9112	
2.50	0.7852	4.5265	5.3117	
2.60	0.8166	4.9114	5.7280	
2.70	0.8480	5.3119	6.1599	
2.80	0.8794	5.7282	6.6076	
2.90	0.9108	6.1602	7.0710	
3.00	0.9422	6.6078	7.5500	

3.2.4 土质鉴别表

表 3-4　　土质鉴别表

内　　容		土壤级别	
		一级土	二级土
砂夹层	砂层连续厚度	<1m	>1m
	砂层中卵石含量	—	<15%
物理性能	压缩系数	>0.02	<0.02
	孔隙比	>0.7	<0.7
力学性能	静力触探值	<50	>50
	动力触探系数	<12	>12
每米纯沉桩时间平均值		<2min	>2min
说明		桩经外力作用较易沉入的土，土壤中夹有较薄的砂层	桩经外力作用较难沉入的土，土壤中夹有不超过3m的连续厚度砂层

4

砌筑工程

4.1 公式速查

4.1.1 砖墙体工程量计算

砖墙体工程量计算公式如下：

墙长($L_{中}$)×墙高(H)＝____m^2(外墙毛面积)
扣门窗洞口面积：－____m^2
扣 0.3m^2 以上其他洞口面积：－____m^2
＝m^2(外墙净面积)

m^2(外墙净面积)×墙厚＝____m^3

扣除墙体内部：

柱体积(来自于钢筋混凝土柱的体积工程量)　－____m^3

圈梁体积(来自于钢筋混凝土圈梁的体积工程量)　－____m^3

过梁体积(来自于钢筋混凝土圈梁的体积工程量)　－____m^3

增加下列体积：

女儿墙、垃圾道、砖垛、三皮以上砖挑檐、腰线体积　＋____m^3

工程量合计：____m^3

式中　墙长（$L_{中}$）——外墙中心线的长度（m）；

墙高（H）——按定额计算规则规定计算（m）。

4.1.2 条形砖基础工程量计算

条形砖基础（如图 4－1 所示）工程量计算公式如下：

$$V_{砖基}＝(基础高×基础墙厚＋大放脚增加断面积)×墙长$$

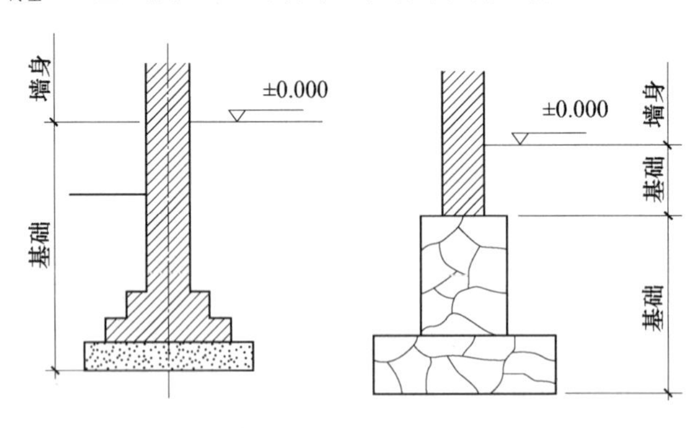

图 4－1　条形砖基础

若设：

$$拆加高度＝大放脚增加断面积/基础墙厚$$

则

$$V_{砖基}=(基础高+折加高度)\times 基础墙厚\times 墙长$$

计算规则：

折加高度可预先算好，制成表格，用时查表求得（见表 4-1）。

砌筑弧形砖墙、砖基础按相应项目每 $10m^3$ 砌体增加人工 1.43 工日。

基础与墙身的划分以设计室内地坪为界，设计室内地坪以下为基础，以上为墙身。基础与墙身使用不同材料时，位于设计室内地坪±300mm 以内时，以不同材料为分界线；超过±300mm 时，以设计室内地坪为分界线。砖、石围墙，以设计室外地坪为分界线，以下为基础，以上为墙身。

4.1.3 砖基础大放脚工程量计算

砖基础大放脚工程量计算公式如下：

1）等高式

$$S_{增}=0.007\ 875n\times(n+1)$$

式中 $S_{增}$——砖基础大放脚折加的截面增加面积；

n——砖基础大放脚的层数。

2）不等高式（底层为 126mm）

当 n 为奇数时，

$$S_{增}=0.001\ 969\times(n+1)\times(3n+1)$$

式中 $S_{增}$——砖基础大放脚折加的截面增加面积；

n——砖基础大放脚的层数。

当 n 为偶数时，

$$S_{增}=0.001\ 969\times n\times(3n+4)$$

式中 $S_{增}$——砖基础大放脚折加的截面增加面积；

n——砖基础大放脚的层数。

3）不等高式（底层为 63mm）

当 n 为奇数时，

$$S_{增}=0.001\ 969\times(n+1)\times(3n-1)$$

式中 $S_{增}$——砖基础大放脚折加的截面增加面积；

n——砖基础大放脚的层数。

当 n 为偶数时，

$$S_{增}=0.001\ 969\times n\times(3n+2)$$

式中 $S_{增}$——砖基础大放脚折加的截面增加面积；

n——砖基础大放脚的层数。

4.1.4 砖柱工程量计算

砖柱工程量计算公式如下：

$$V=A\times B\times H+V_{大放脚}$$

式中　A，B——砖柱的截面尺寸（m）；

H——砖柱的计算高度（m）。

4.1.5　砖柱大放脚工程量计算

砖柱大放脚（如图 4-2 所示）工程量计算公式如下：

柱的尺寸$a \times b$

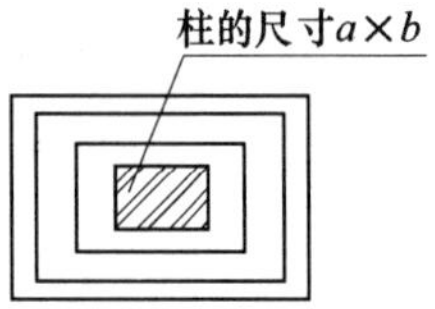

图 4-2　砖柱大放脚

1）等高式柱基放脚（柱尺寸：$a \times b$）

$$V_{大放脚}=0.007\,875n(n+1)[a+b+(2n+1)^2/4]$$

式中　n——砖柱大放脚的层数。

2）不等高式（底层为 126mm）

n 为奇数，

$$V_{大放脚}=0.007\,875(n+1)[(3n+1)(a+b)+n(n+1)/4]$$

式中　n——砖柱大放脚的层数。

n 为偶数，

$$V_{大放脚}=0.001\,969n[(3n+4)(a+b)+(n+1)^2/4]$$

式中　n——砖柱大放脚的层数。

3）不等高式（底层为 63mm）

n 为奇数时，

$$V_{大放脚}=0.001\,969(n+1)[(3n-1)(a+b)+n^2/4]$$

式中　n——砖柱大放脚的层数。

n 为偶数时，

$$V_{大放脚}=0.001\,969n[(3n+2)(a+b)+n(n+1)/4]$$

式中　n——砖柱大放脚的层数。

4.1.6　附墙砖垛基础大放脚工程量计算

附墙砖垛基础大放脚工程量计算公式如下：

砖垛体积=(砖垛横断面积×高度)+砖垛基础大放脚增加体积

计算规则：

砖垛基础大放脚增加体积见表 4-2 所示。

附墙砖垛基础大放脚工程量合并计入砖垛基础工程量。

4.1.7　墙面勾缝工程量计算

墙面勾缝工程量计算公式如下：

$$S=S_1-S_2-S_3$$

式中　S_1——墙面垂直投影面积（m^2）；

S_2——墙裙抹灰所占的面积（m^2）；

S_3——墙面抹灰所占的面积（m^2）。

4.1.8　钢筋砖过梁工程量计算

钢筋砖过梁（如图 4-3 所示）工程量计算公式如下：

$$V=0.44\times 墙厚\times(洞口宽+0.5)$$

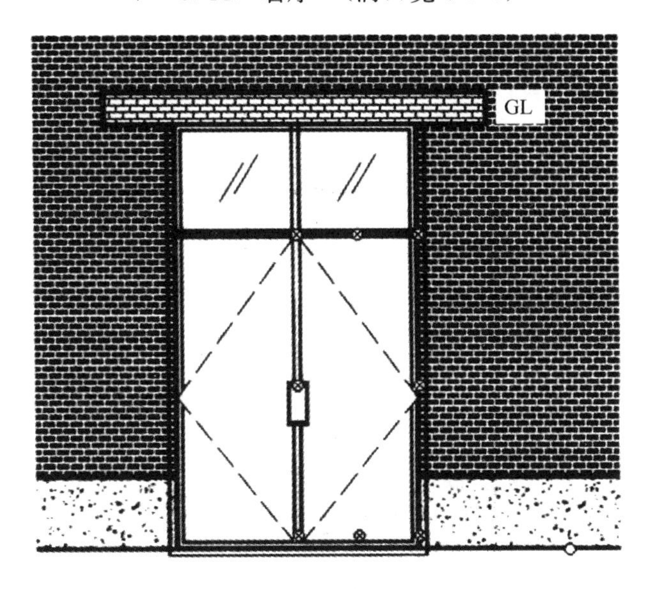

图 4-3 钢筋砖过梁

计算规则：

此公式是在设计没规定尺寸时的参考公式，若设计有规定则按设计尺寸计算工程量。

钢筋砖过梁体积 V 按图示尺寸（设计长度和设计高度）以立方米计算，如设计无规定时按门窗洞口宽度两端共加 500mm，高度按 440mm 计算。

4.1.9 砖平碹工程量计算

砖平碹工程量计算公式如下：

1）洞口宽小于 1500mm 时

$$V=0.24\times 墙厚\times(洞口宽+0.1)$$

2）洞口宽大于 1500mm 时

$$V=0.365\times 墙厚\times(洞口宽+0.1)$$

计算规则：

砖平碹体积 V 按设计长度和设计高度计算。

4.1.10 外墙墙体工程量计算

外墙墙体工程量计算公式如下：

$$V_{外}=(H_{外}\times L_{中}-F_{洞})\times b+V_{增减}$$

式中 $H_{外}$——外墙高度；

$L_{中}$——外墙中心线长度；

$F_{洞}$——门窗洞口、过人洞、空圈面积；

$V_{增减}$——相应的增减体积，其中 $V_{增}$ 是指有墙垛时增加的墙垛体积；

b——墙体厚度。

4.1.11 内墙墙体工程量计算

内墙墙体工程量计算公式如下：

$$V_{内}=(H_{内}\times L_{净}-F_{洞})\times b+V_{增减}$$

式中 $H_{内}$——内墙高度；

$L_{净}$——内墙净长度；

$F_{洞}$——门窗洞口、过人洞、空圈面积；

$V_{增减}$——计算墙体时相应的增减体积；

b——墙体厚度。

4.1.12 女儿墙墙体工程量计算

女儿墙墙体工程量计算公式如下：

$$V_{女}=H_{女}\times L_{中}\times b+V_{增减}$$

式中 $H_{女}$——女儿墙高度；

$L_{中}$——女儿墙中心线长度；

b——女儿墙厚度；

$V_{增减}$——相应的增减体积。

4.1.13 砖砌山墙工程量计算

山墙（尖）工程量计算公式如下：

$$坡度\ 1:2(26°34')=L^2\times 0.125$$

$$坡度\ 1:4(14°02')=L^2\times 0.0625$$

$$坡度\ 1:12(4°45')=L^2\times 0.02083$$

式中 L——山墙（尖）长度。

4.1.14 烟囱环形砖基础工程量计算

1）砖基身断面面积：

$$砖基身断面积=b\times h_c$$

式中 b——砖基身顶面宽度（m）；

h_c——砖基身高度（m）。

2）砖基础体积：

$$V_{hj}=(b\times h_c+V_f)\times l_c$$

式中 V_{hj}——烟囱环形砖基础体积（m^3）；

V_f——烟囱基础放脚增加断面面积（m^2）；

$l_c=2\pi r_0$——烟囱砖基础计算长度，其中 r_0 是烟囱中心至环形砖基扩大面中心的半径。

4.1.15 圆形整体式烟囱砖基础工程量计算

圆形整体式烟囱砖基础（如图 4－4 所示）的体积 V_{yj} 可按下式计算：

$$V_{yj}=V_s+V_f$$

$$V_s=\pi r_s^2 h_c$$

$$r_s=r_w-0.0625$$

$$V_f=2\pi r_0 n \text{ 层放脚单面断面面积}$$

$$r_0=r_s+\frac{\sum_{i=1}^{n}S_i d_i}{\sum S_i}=r_s+\frac{\sum_{i=1}^{n}i^2}{n\text{ 层放脚单面断面面积}}\times 2.04\times 10^{-4}$$

式中 V_s——砖基身体积（m^3）；

V_f——圆形砖基大放脚增加体积（m^3）；

r_s——圆形基身半径（m）；

r_w——圆形基础扩大面半径（m）；

r_0——单面放脚增加断面相对于基础中心线的平均半径（m）；

h_c——基身高度（m）；

i——从上向下计数的大放脚层数。

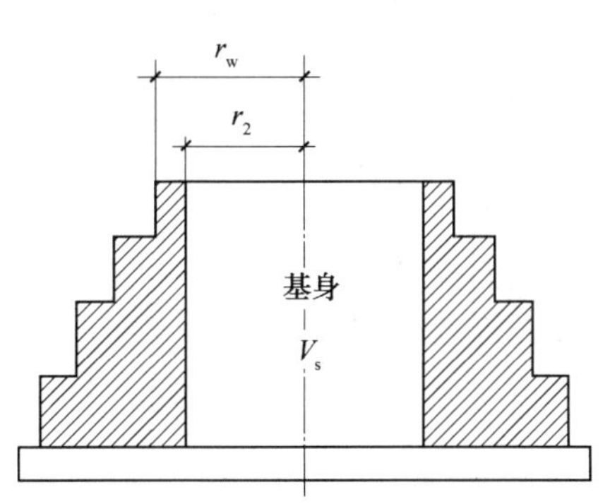

图 4－4 圆形整体式烟囱砖基础

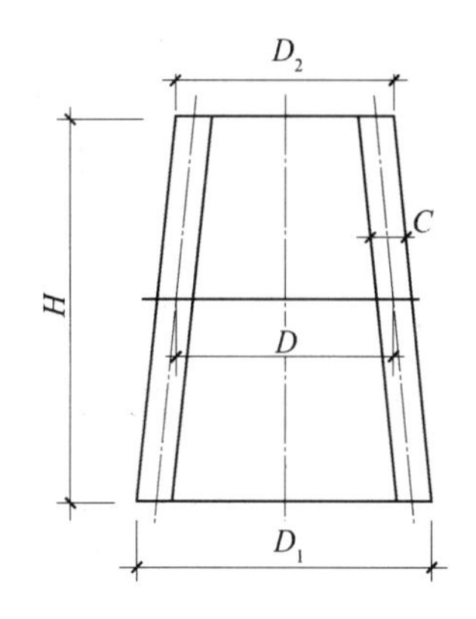

图 4－5 烟囱筒身工程量计算示意图

4.1.16 烟囱筒身工程量计算

烟囱筒身工程量计算公式如下：

$$V=\sum HC\pi D-\text{应扣除体积}$$

$$D=\frac{(D_1-C)+(D_2-C)}{2}=\frac{D_1+D_2}{2}-C$$

式中 V——烟囱筒身体积（m^3）；

H——每段筒身垂直高度（m）；

C——每段筒壁厚度（m）；

D——每段筒壁中心线的平均直径（如图 4－5 所示）。

4.1.17 烟道砌块工程量计算

烟道与炉体的划分以第一道闸门为界，属炉体内的烟道部分列入炉体工程量计算。烟道砌砖工程量按图示尺寸以实砌工程量计算，如图 4－6 所示。

$$V=C\times\left[2H+\pi\left(R-\frac{C}{2}\right)\right]\times L$$

式中 V——砖砌烟道工程量（m^3）；

C——烟道墙厚（m）；

H——烟道墙垂直部分高度（m）；

R——烟道拱形部分外半径（m）；

L——烟道长度（m），自炉体第一道闸门至烟囱筒身外表面相交处。

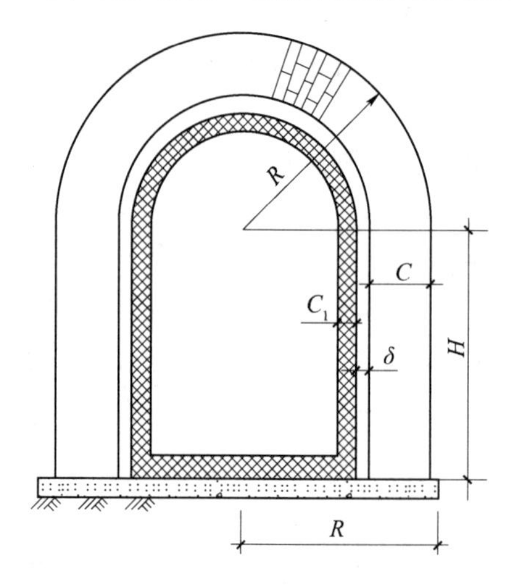

图 4－6 烟道工程量计算图

参照图 4－6，即可写出烟道内衬工程量计算公式为：

$$V=C_1\times\left[2H+\pi\left(R-C-\delta-\frac{C_1}{2}\right)+(R-C-\delta-C_1)\times 2\right]$$

式中 V——烟道内衬体积（m^3）；

C_1——烟道内衬厚度（m）。

H——烟道墙垂直部分高度（m）；

R——烟道拱形部分外半径（m）；

δ——烟道内衬与烟道墙之间的间隙值（m）。

4.2 数据速查

4.2.1 砖基础大放脚折加高度

表 4-1　　砖基础大放脚折加高度

基础类别	放脚层数	砖墙厚度/mm			
		115	240	365	490
		折加高度/m			
等高式	1	0.137	0.066	0.043	0.032
	2	0.411	0.197	0.129	0.096
	3	0.822	0.394	0.259	0.193
	4	1.369	0.656	0.432	0.321
	5	2.054	0.984	0.647	0.482
	6	2.876	1.378	0.906	0.675
不等高式	1	0.137	0.066	0.043	0.032
	2	0.274	0.131	0.086	0.064
	3	0.685	0.328	0.216	0.161
	4	0.959	0.459	0.302	0.225
	5	1.643	0.788	0.518	0.386
	6	2.055	0.984	0.647	0.707

4.2.2 砖垛基础大放脚增加体积

表 4-2　　砖垛基础大放脚增加体积

放脚层数	凸出墙面宽							
	1/2 砖		1 砖		1 砖半		2 砖	
	放脚形式							
	等高式	间隔式	等高式	间隔式	等高式	间隔式	等高式	间隔式
1	0.002	0.002	0.004	0.004	0.006	0.006	0.008	0.008
2	0.006	0.005	0.012	0.010	0.018	0.015	0.023	0.020
3	0.012	0.010	0.023	0.020	0.035	0.029	0.047	0.039
4	0.020	0.016	0.031	0.024	0.059	0.047	0.078	0.063
5	0.029	0.024	0.059	0.047	0.088	0.070	0.117	0.094
6	0.041	0.032	0.082	0.065	0.123	0.097	0.164	0.129
7	0.055	0.043	0.19	0.086	0.164	0.129	0.216	0.172
8	0.07	0.055	0.141	0.109	0.211	0.164	0.281	0.219

注：体积单位 m^3。

4.2.3 标准砖等高式砖墙基大放脚折加高度表

表 4-3　　标准砖等高式砖墙基大放脚折加高度表

放脚层数	折加高度/m						增加断面积/m²
	1/2 砖 (0.115)	2 砖 (0.24)	$1\frac{1}{2}$砖 (0.365)	2 砖 (0.49)	$2\frac{1}{2}$砖 (0.615)	3 砖 (0.74)	
一	0.137	0.066	0.043	0.032	0.026	0.021	0.01575
二	0.411	0.197	0.129	0.096	0.077	0.064	0.04725
三	0.822	0.394	0.259	0.193	0.154	0.128	0.0945
四	1.369	0.656	0.432	0.321	0.259	0.213	0.1575
五	2.054	0.984	0.647	0.482	0.384	0.319	0.2363
六	2.876	1.378	0.906	0.675	0.538	0.447	0.3308
七	—	1.838	1.208	0.900	0.717	0.596	0.4410
八	—	2.363	1.553	1.157	0.922	0.766	0.5670
九	—	2.953	1.942	1.447	1.153	0.958	0.7088
十	—	3.609	2.373	1.768	1.409	1.171	0.8663

注：1. 本表按标准砖双面放脚，每层等高 12.6cm（二皮砖，二灰缝）砌出 6.25cm 计算。

2. 本表折加墙基高度的计算，以 240(mm)×115(mm)×53(mm) 标准砖，1cm 灰缝及双面大放脚为准。

3. 折加高度 $(\text{m})=\dfrac{\text{放脚断面积}(\text{m}^2)}{\text{墙厚}(\text{m})}$。

4. 采用折加高度数字时，取两位小数，第三位以后四舍五入。采用增加断面数字时，取三位小数，第四位以后四舍五入。

4.2.4 等高式砖基础断面面积表

表 4-4　　等高式砖基础断面面积表

一　层　放　脚				
砖基深度/mm	砖基厚度/mm			
	115	240	365	490
150	0.0330	0.0518	0.0714	0.0892
200	0.0388	0.0638	0.0887	0.1137
250	0.0445	0.0758	0.1069	0.1382
300	0.0503	0.0878	0.1252	0.1627
350	0.0560	0.0998	0.1434	0.1872
400	0.0618	0.1118	0.1617	0.2117
450	0.0675	0.1238	0.1799	0.2362
500	0.0733	0.1358	0.1982	0.2607
550	0.0790	0.1478	0.2164	0.2852
600	0.0848	0.1598	0.2347	0.3097
650	0.0905	0.1718	0.2529	0.3342
700	0.0963	0.1838	0.2712	0.3587
750	0.1021	0.1958	0.2896	0.3833

续表

二层放脚				
砖基深度/mm	砖基厚度/mm			
	115	240	365	490
300	0.0818	0.1195	0.1566	0.1940
350	0.0875	0.1313	0.1748	0.2185
400	0.0933	0.1433	0.1931	0.2430
450	0.0990	0.1553	0.2113	0.2675
500	0.1048	0.1673	0.2296	0.2920
550	0.1105	0.1793	0.2478	0.3165
600	0.1163	0.1913	0.2661	0.3410
650	0.1220	0.2033	0.2843	0.3655
700	0.1278	0.2153	0.3026	0.3900
750	0.1335	0.2273	0.3208	0.4145
800	0.1393	0.2393	0.3391	0.4390
850	0.1450	0.2513	0.3573	0.4635
900	0.1508	0.2633	0.3456	0.4880

三层放脚			
砖基深度/mm	砖基厚度/mm		
	240	365	490
400	0.1906	0.2405	0.2906
450	0.2026	0.2588	0.3151
500	0.2146	0.2770	0.3396
550	0.2266	0.2953	0.3641
600	0.2386	0.3135	0.3886
650	0.2506	0.3318	0.4131
700	0.2626	0.3500	0.4367
750	0.2746	0.3683	0.4621
800	0.2866	0.3865	0.4866
850	0.2986	0.4048	0.5111
900	0.3106	0.4230	0.5356
950	0.3226	0.4413	0.5601
1000	0.3346	0.4595	0.5846
1050	0.3466	0.4778	0.6091
1100	0.3586	0.4960	0.6336
1150	0.3706	0.5143	0.6581
1200	0.3826	0.5325	0.6826
1250	0.3946	0.5508	0.7071
1300	0.4066	0.5690	0.7316
1350	0.4186	0.5873	0.7561
1400	0.4306	0.6055	0.7806
1450	0.4426	0.6238	0.8051
1500	0.4546	0.6420	0.8296

续表

四　层　放　脚			
砖基深度/mm	砖基厚度/mm		
	240	365	490
500	0.2774	0.3402	0.4023
550	0.2894	0.3584	0.4268
600	0.3014	0.3767	0.4513
650	0.3134	0.3949	0.4758
700	0.3254	0.4132	0.5033
750	0.3374	0.4314	0.5248
800	0.3494	0.4497	0.5493
850	0.3614	0.4639	0.5738
900	0.3734	0.4862	0.5983
950	0.3854	0.5044	0.6228
1000	0.3974	0.5227	0.6473
1050	0.4094	0.5408	0.6718
1100	0.4214	0.5592	0.6963
1150	0.4334	0.5774	0.7028
1200	0.4454	0.5957	0.7452
1250	0.4574	0.6139	0.7698
1300	0.4694	0.6322	0.7943
1350	0.4814	0.6504	0.8188
1400	0.4934	0.6687	0.8433
1450	0.5054	0.6869	0.9678
1500	0.5174	0.7052	0.8923

五　层　放　脚			
砖基深度/mm	砖基厚度/mm		
	240	365	490
600	0.3804	0.4552	0.5302
650	0.3924	0.4764	0.5547
700	0.4044	0.4917	0.5792
750	0.4164	0.5099	0.6037
800	0.4284	0.5282	0.6282
850	0.4404	0.5464	0.6527
900	0.4524	0.5647	0.6772
950	0.4644	0.5829	0.7017
1000	0.4762	0.6012	0.7262
1050	0.4884	0.6194	0.7507
1100	0.5004	0.6377	0.7752
1150	0.5124	0.6559	0.7997
1200	0.5244	0.6742	0.8242
1250	0.5364	0.6924	0.8487
1300	0.5484	0.7107	0.8732
1350	0.5604	0.7289	0.8977
1400	0.5724	0.7472	0.9222
1450	0.5844	0.7654	0.9467
1500	0.5964	0.7837	0.9712

续表

六 层 放 脚			
砖基深度/mm	砖基厚度/mm		
	240	365	490
700	0.4987	0.5862	0.6738
750	0.5107	0.6044	0.6983
800	0.5227	0.6227	0.7228
850	0.5347	0.6409	0.7473
900	0.5467	0.6529	0.7718
950	0.5587	0.6774	0.7963
1000	0.5707	0.6957	0.8208
1050	0.5827	0.7139	0.8453
1100	0.5947	0.7322	0.8698
1150	0.6067	0.7504	0.8943
1200	0.6187	0.7687	0.9188
1250	0.6307	0.7869	0.9433
1300	0.6427	0.8052	0.9678
1350	0.6547	0.8239	0.9923
1400	0.6667	0.8417	1.0168
1450	0.6787	0.8599	1.0413
1500	0.6907	0.8782	1.0658

注：面积单位 m^2。

4.2.5 等高式砖柱基础体积表

表 4－5　　等高式砖柱基础体积表

砖基深度/mm		柱断面尺寸/mm^2									
		240×240	365×365	490×490	615×615	240×365	365×490	490×615	615×740	365×615	490×740
放脚二层	300	0.0498	0.843	0.1282	0.1814	0.0647	0.1039	0.1525	0.2104	0.1235	0.1767
	400	0.0556	0.0976	0.1522	0.2193	0.0735	0.1218	0.1826	0.2559	0.1459	0.2130
	500	0.0613	0.1109	0.1762	0.2571	0.0822	0.1397	0.2127	0.3014	0.1684	0.2493
	600	0.0671	0.1243	0.2002	0.2949	0.0910	0.1576	0.2429	0.3469	0.1908	0.2855
	700	0.0728	0.1376	0.2242	0.3327	0.0997	0.1754	0.2730	0.3924	0.2133	0.3218
	800	0.0786	0.1509	0.2482	0.3705	0.1085	0.1933	0.3031	0.4379	0.2357	0.3580
	900	0.0844	0.1642	0.2722	0.4084	0.1173	0.2112	0.3333	0.4835	0.2582	0.3943
	1000	0.0901	0.1776	0.2962	0.4462	0.1260	0.2291	0.3634	0.5290	0.2806	0.4306
	1100	0.0959	0.1909	0.3203	0.4840	0.1348	0.2470	0.3935	0.5745	0.3031	0.4668
	1200	0.1016	0.2042	0.3443	0.5218	0.1435	0.2649	0.4237	0.6200	0.3255	0.5031

续表

砖基深度/mm		柱断面尺寸/mm²									
		240×240	365×365	490×490	615×615	240×365	365×490	490×615	615×740	365×615	490×740
放脚三层	400	0.0960	0.1498	0.2162	0.2951	0.1198	0.1799	0.2525	0.3377	0.2100	0.2883
	500	0.1017	0.1632	0.2402	0.3329	0.1285	0.1978	0.2827	0.3832	0.2324	0.3245
	600	0.1075	0.1765	0.2642	0.3707	0.1373	0.2157	0.3128	0.4287	0.2549	0.3608
	700	0.1132	0.1898	0.2882	0.4086	0.1461	0.2336	0.3428	0.4742	0.2773	0.3971
	800	0.1190	0.2031	0.3123	0.4464	0.1548	0.2514	0.3731	0.5197	0.2998	0.4333
	900	0.1248	0.2165	0.3363	0.4842	0.1636	0.2693	0.4032	0.5652	0.3222	0.4696
	1000	0.1305	0.2298	0.3603	0.5220	0.1723	0.2872	0.4333	0.6107	0.3446	0.5058
	1100	0.1363	0.2431	0.3843	0.5598	0.1811	0.3051	0.4635	0.6562	0.3671	0.5421
	1200	0.1420	0.2564	0.4083	0.5977	0.1899	0.3230	0.4936	0.7017	0.3895	0.5784
	1300	0.1478	0.2697	0.4323	0.6355	0.1986	0.3409	0.5237	0.7472	0.4120	0.6146
	1400	0.1536	0.2831	0.4563	0.6733	0.2074	0.3588	0.5539	0.7929	0.4344	0.6509
放脚四层	600	0.1692	0.2540	0.3575	0.4797	0.2069	0.3010	0.4139	0.5455	0.3475	0.4698
	700	0.1750	0.2673	0.3815	0.5175	0.2157	0.3189	0.4440	0.5910	0.3700	0.5060
	800	0.1807	0.2806	0.4055	0.5554	0.2244	0.3368	0.4742	0.6366	0.3924	0.5423
	900	0.1865	0.2939	0.4295	0.5932	0.2332	0.3547	0.5043	0.6821	0.4149	0.5786
	1000	0.1923	0.3073	0.4535	0.6310	0.2420	0.3726	0.5345	0.7276	0.4373	0.6148
	1100	0.1980	0.3206	0.4775	0.6688	0.2507	0.3905	0.5646	0.7731	0.4598	0.6511
	1200	0.2038	0.3339	0.5015	0.7067	0.2595	0.4083	0.5947	0.8186	0.4822	0.6873
	1300	0.2095	0.3472	0.5255	0.7445	0.2682	0.4262	0.6247	0.8641	0.5047	0.7236
	1400	0.2153	0.3606	0.5496	0.7823	0.2770	0.4441	0.6550	0.9096	0.5271	0.7599
	1500	0.2211	0.3739	0.5736	0.8201	0.2858	0.4620	0.6851	0.9551	0.5496	0.7961
放脚五层	700	0.2620	0.3740	0.5079	0.6636	0.3125	0.4354	0.5803	0.7470	0.4965	0.6521
	800	0.2678	0.3873	0.5319	0.7014	0.3213	0.4534	0.6104	0.7925	0.5188	0.6884
	900	0.2735	0.4006	0.5559	0.7393	0.3301	0.4712	0.6406	0.8380	0.5413	0.7246
	1000	0.2793	0.4140	0.5799	0.7771	0.3388	0.4891	0.6707	0.8835	0.5637	0.7609
	1100	0.2850	0.4273	0.6039	0.8149	0.3476	0.5070	0.7008	0.9290	0.5862	0.7972
	1200	0.2908	0.4406	0.6279	0.8527	0.3563	0.5249	0.7310	0.9745	0.6086	0.8334
	1300	0.2966	0.4539	0.6519	0.8706	0.3651	0.5428	0.7611	1.0200	0.6311	0.8697
	1400	0.3023	0.4673	0.6759	0.9284	0.3739	0.5607	0.7912	1.0655	0.6535	0.9059
	1500	0.3081	0.4806	0.7000	0.9662	0.3826	0.5786	0.8214	1.1111	0.6760	0.9422
	1600	0.3138	0.4939	0.7240	1.0040	0.3914	0.5964	0.8515	1.1566	0.6984	0.9785

续表

砖基深度/mm		柱断面尺寸/mm²									
		240×240	365×365	490×490	615×615	240×365	365×490	490×615	615×740	365×615	490×740
放脚六层	800	0.3840	0.5272	0.6954	0.8886	0.4493	0.6050	0.7857	0.9914	0.6823	0.8755
	900	0.3898	0.5405	0.7194	0.9264	0.4581	0.6229	0.8159	1.0369	0.7048	0.9188
	1000	0.3955	0.5538	0.7434	0.9642	0.4669	0.6408	0.8460	1.0824	0.7272	0.9480
	1100	0.4013	0.5672	0.7674	1.0020	0.4756	0.6587	0.8761	1.1279	0.7497	0.9843
	1200	0.4070	0.5805	0.7914	1.0398	0.4844	0.6766	0.9063	1.1734	0.7721	1.0205
	1300	0.4128	0.5938	0.5154	1.0777	0.4931	0.6945	0.9364	1.2190	0.7945	1.0568
	1400	0.4186	0.6071	0.8394	1.1155	0.5019	0.7123	0.9665	1.2645	0.8170	1.0931
	1500	0.4243	0.6204	0.8634	1.5333	0.5107	0.7302	0.9667	1.3100	0.8394	1.1293
	1600	0.4301	0.6338	0.8875	1.1911	0.5190	0.7481	1.0268	1.3555	0.8619	1.1656
	1700	0.4358	0.6471	0.9115	1.2290	0.5282	0.7660	1.0569	1.4010	0.8843	1.2018

注： 体积单位 m³。

4.2.6 附墙砖垛等高式基础体积

表 4-6　　附墙砖垛等高式基础体积（凸出部分）

砖基深度/mm	放脚二层			放脚三层			放脚四层				
	垛断面尺寸/mm²										
	125×365	125×490	250×490	125×365	125×490	250×490	250×615	125×490	250×490	250×615	375×490
300	0.0196	0.0243	0.0485	—	—	—	—	—	—	—	—
400	0.0241	0.0304	0.0608	0.0301	0.0363	0.0726	0.0852	—	—	—	—
500	0.0287	0.0365	0.0730	0.0346	0.0424	0.0849	0.1006	0.0503	0.1006	0.1162	0.1509
600	0.0333	0.0426	0.0853	0.0392	0.0486	0.0971	0.1159	0.0564	0.1128	0.1316	0.1692
700	0.0378	0.0488	0.0975	0.0438	0.0547	0.1094	0.1313	0.0625	0.1251	0.1470	0.1876
800	0.0424	0.0549	0.1098	0.0483	0.0608	0.1216	0.1467	0.0687	0.1373	0.1624	0.2060
900	0.0469	0.0610	0.1220	0.0529	0.0669	0.1339	0.1621	0.0748	0.1496	0.1777	0.2244
1000	—	—	—	0.0574	0.0731	0.1461	0.1774	0.0809	0.1618	0.1931	0.2427
1100	—	—	—	0.0620	0.0792	0.1584	0.1928	0.0870	0.1741	0.2085	0.2611
1200	—	—	—	0.0666	0.0853	0.1706	0.2082	0.0932	0.1863	0.2239	0.2795
1300	—	—	—	0.0711	0.0914	0.1829	0.2236	0.0993	0.1986	0.2392	0.2979
1400	—	—	—	0.0757	0.0976	0.1951	0.2389	0.1054	0.2108	0.2546	0.3162
1500	—	—	—	0.0803	0.1037	0.2074	0.2543	0.1115	0.2231	0.2700	0.3346

砖基深度/mm	放脚五层				放脚六层			
	垛断面尺寸/mm							
	125×490	250×490	250×615	375×490	125×490	250×490	250×615	375×490
600	0.0663	0.1325	0.1513	0.1988	—	—	—	—
700	0.0724	0.1448	0.1667	0.2172	0.0842	0.1684	0.1903	0.2527
800	0.0785	0.1570	0.1820	0.2356	0.0903	0.1807	0.2057	0.2710
900	0.0846	0.1693	0.1974	0.2539	0.0965	0.1929	0.2211	0.2894
1000	0.0908	0.1815	0.2128	0.2723	0.1026	0.2052	0.2365	0.3078
1100	0.0969	0.1938	0.2282	0.2907	0.1087	0.2174	0.2518	0.3262
1200	0.1030	0.2060	0.2435	0.3091	0.1148	0.2297	0.2672	0.3445
1300	0.1091	0.2183	0.2589	0.3274	0.1210	0.2419	0.2826	0.3639
1400	0.1153	0.2305	0.2743	0.3458	0.1271	0.2542	0.2980	0.3813
1500	0.1214	0.2428	0.2897	0.3642	0.1332	0.2664	0.3133	0.3997

注：体积单位 m^3。

4.2.7 标准砖间隔式（不等高式）墙基大放脚折加高度表

表 4－7　　标准砖间隔式墙基大放脚折加高度表

放脚层数	折加高度/m						增加断面积/m^2
	1/2 砖 (0.115)	1 砖 (0.24)	$1\frac{1}{2}$砖 (0.365)	2 砖 (0.49)	$2\frac{1}{2}$砖 (0.615)	3 砖 (0.74)	
一	0.137	0.066	0.043	0.032	0.026	0.021	0.0158
二	0.343	0.164	0.108	0.080	0.064	0.053	0.0394
三	0.685	0.320	0.216	0.161	0.128	0.106	0.0788
四	1.096	0.525	0.345	0.257	0.205	0.170	0.1260
五	1.643	0.788	0.518	0.386	0.307	0.255	0.1890
六	2.260	1.083	0.712	0.530	0.423	0.331	0.2597
七	—	1.444	0.949	0.707	0.563	0.468	0.3465
八	—	—	1.208	0.900	0.717	0.596	0.4410
九	—	—	—	1.125	0.896	0.745	0.5513
十	—	—	—	—	1.088	0.905	0.6694

注：1. 本表适用于间隔式砖墙基大放脚（即底层为二皮开始高 12.6cm，上层为一皮砖高 6.3cm，每边每层砌出 6.25cm）。
2. 本表折加墙基高度的计算，以 240(mm)×115(mm)×53(mm)标准砖，1cm 灰缝及双面大放脚为准。

4.2.8 不等高式砖基础断面面积表

表 4-8　不等高式砖基础断面面积表

二层放脚				
砖基深度/mm	砖基厚度/mm			
	115	240	365	490
300	0.0739	0.1114	0.1489	0.1862
350	0.0797	0.1234	0.1672	0.2107
400	0.0854	0.1354	0.1854	0.2352
450	0.0912	0.1474	0.2037	0.2597
500	0.0969	0.1594	0.2219	0.2842
550	0.1027	0.1714	0.2402	0.3087
600	0.1084	0.1834	0.2584	0.3332
650	0.1142	0.1954	0.2767	0.3577
700	0.1199	0.2074	0.2949	0.3822
750	0.1257	0.2194	0.3132	0.4067
800	0.1314	0.2314	0.3314	0.4312
850	0.1372	0.2434	0.3497	0.4557
900	0.1429	0.2554	0.3679	0.4802

三层放脚				
砖基深度/mm	砖基厚度/mm			
	115	240	365	490
350	0.1190	0.1627	0.2066	0.2504
400	0.1248	0.1747	0.2248	0.2749
450	0.1305	0.1867	0.2431	0.2994
500	0.1363	0.1987	0.2613	0.3239
550	0.1420	0.2107	0.2796	0.3484
600	0.1478	0.2227	0.2978	0.3729
650	0.1535	0.2347	0.3161	0.3974
700	0.1593	0.2467	0.3343	0.4219
750	0.1650	0.2587	0.3526	0.4464
800	0.1708	0.2707	0.3708	0.4709
850	0.1765	0.2827	0.3891	0.4954
900	0.1823	0.2947	0.4073	0.5199
950	—	0.3067	0.4256	0.5444
1000	—	0.3187	0.4438	0.5689
1050	—	0.3307	0.4621	0.5934
1100	—	0.3427	0.4803	0.6179
1150	—	0.3547	0.4986	0.6424
1200	—	0.3667	0.5168	0.6669

续表

四 层 放 脚			
砖基深度/mm	砖基厚度/mm		
	240	365	490
400	0.2220	0.2719	0.3219
450	0.2340	0.2902	0.3464
500	0.2460	0.3084	0.3709
550	0.2580	0.3267	0.3954
600	0.2700	0.3449	0.4199
650	0.2820	0.3632	0.4444
700	0.2940	0.3814	0.4689
750	0.3060	0.3997	0.4934
800	0.3180	0.4179	0.5179
850	0.3300	0.4362	0.5424
900	0.3420	0.4544	0.5669
950	0.3540	0.4727	0.5914
1000	0.3660	0.4909	0.6159
1050	0.3780	0.5092	0.6404
1100	0.3900	0.5274	0.6649
1150	0.4020	0.5457	0.6894
1200	0.4140	0.5639	0.7139
1250	0.4260	0.5822	0.7384
1300	0.4380	0.6004	0.7629
1350	0.4500	0.6187	0.7874
1400	0.4620	0.6369	0.8119
1450	0.4700	0.6552	0.8362
1500	0.4860	0.6734	0.8609

五 层 放 脚			
砖基深度/mm	砖基厚度/mm		
	240	365	490
500	0.3091	0.3716	0.4341
550	0.3211	0.3898	0.4586
600	0.3331	0.4081	0.4831
650	0.3451	0.4263	0.5076
700	0.3571	0.4446	0.5321
750	0.3691	0.4628	0.5566

续表

五层放脚			
砖基深度/mm	砖基厚度/mm		
	240	365	490
800	0.3811	0.4811	0.5811
850	0.3931	0.4993	0.6056
900	0.4051	0.5176	0.6301
950	0.4171	0.5358	0.6546
1000	0.4291	0.5541	0.6791
1050	0.4411	0.5723	0.7036
1100	0.4531	0.5906	0.7281
1150	0.4651	0.6088	0.7526
1200	0.4771	0.6271	0.7771
1250	0.4891	0.6453	0.8016
1300	0.5011	0.6636	0.8261
1350	0.5131	0.6818	0.8506
1400	0.5251	0.7001	0.8751
1450	0.5371	0.7183	0.8996
1500	0.5491	0.7366	0.9241

六层放脚			
砖基深度/mm	砖基厚度/mm		
	240	365	490
600	0.4039	0.4789	0.5537
650	0.4159	0.4971	0.5782
700	0.4279	0.5154	0.6027
750	0.4399	0.5336	0.6272
800	0.4517	0.5519	0.6517
850	0.4639	0.5701	0.6762
900	0.4759	0.5884	0.7007
950	0.4879	0.6066	0.7252
1000	0.4999	0.6249	0.7497
1050	0.5119	0.6431	0.7742
1100	0.5239	0.6614	0.7987
1150	0.5359	0.6796	0.8232
1200	0.5479	0.6979	0.8477
1250	0.5599	0.7161	0.8772
1300	0.5719	0.7344	0.8967
1350	0.5839	0.7526	0.9212
1400	0.5959	0.7709	0.9457
1450	0.6079	0.7891	0.9702
1500	0.6199	0.8074	0.9947

续表

七层放脚			
砖基深度/mm	砖基厚度/mm		
	240	365	490
700	0.5146	0.6019	0.6894
750	0.5266	0.6201	0.7139
800	0.5386	0.6384	0.7384
850	0.5506	0.6566	0.7624
900	0.5626	0.6749	0.7874
950	0.5748	0.6931	0.8119
1000	0.5866	0.7114	0.8364
1050	0.5986	0.7296	0.8609
1100	0.6106	0.7479	0.8854
1150	0.6226	0.7661	0.9099
1200	0.6346	0.7844	0.9344
1250	0.6466	0.8026	0.9589
1300	0.6586	0.8209	0.9834
1350	0.6706	0.8391	1.0079
1400	0.6826	0.8574	1.0324
1450	0.6946	0.8756	1.0569
1500	0.7066	0.8939	1.0814

注： 面积单位 m^2。

4.2.9 不等高式砖柱基础体积

表 4-9　　不等高式砖柱基础体积

砖基深度/mm		柱断面尺寸/mm^2									
		240×240	365×365	490×490	615×615	240×365	365×490	490×615	615×740	365×615	490×740
放脚二层	300	0.0450	0.0776	0.1195	0.1708	0.0590	0.0962	0.1428	0.1987	0.1148	0.1661
	400	0.0508	0.0909	0.1435	0.2086	0.0677	0.1141	0.1729	0.2443	0.1372	0.2023
	500	0.0566	0.1042	0.1675	0.2464	0.0765	0.1320	0.2030	0.2898	0.1597	0.2386
	600	0.0623	0.1175	0.1915	0.2842	0.0852	0.1498	0.2332	0.3353	0.1821	0.2749
	700	0.0681	0.1309	0.2155	0.3220	0.0940	0.1677	0.2633	0.3808	0.2046	0.3111
	800	0.0738	0.1442	0.2395	0.3599	0.1028	0.1856	0.2934	0.4263	0.2270	0.3474
	900	0.0796	0.1575	0.2635	0.3977	0.1115	0.2035	0.3236	0.4718	0.2495	0.3836
	1000	0.0854	0.1708	0.2875	0.4355	0.1203	0.2214	0.3537	0.5173	0.2719	0.4199
	1100	0.0911	0.1841	0.3116	0.4733	0.1290	0.2393	0.3839	0.5628	0.2944	0.4562
	1200	0.0969	0.1975	0.3356	0.5112	0.1378	0.2571	0.4140	0.6083	0.3168	0.4924

续表

砖基深度/mm		柱断面尺寸/mm^2									
		240×240	365×365	490×490	615×615	240×365	365×490	490×615	615×740	365×615	490×740
放脚三层	500	0.0902	0.1477	0.2208	0.3096	0.1151	0.1804	0.2613	0.3579	0.2130	0.3012
	600	0.0960	0.1610	0.2449	0.3474	0.1238	0.1983	0.2915	0.4034	0.2355	0.3467
	700	0.1017	0.1744	0.2689	0.3852	0.1326	0.2162	0.3216	0.4489	0.2579	0.3922
	800	0.1075	0.1877	0.2929	0.4231	0.1413	0.2340	0.3517	0.4944	0.2804	0.4378
	900	0.1133	0.2010	0.3169	0.4609	0.1501	0.2519	0.3819	0.5399	0.3028	0.4833
	1000	0.1190	0.2143	0.3409	0.4987	0.1589	0.2698	0.4120	0.5854	0.3253	0.5288
	1100	0.1248	0.2277	0.3649	0.5365	0.1676	0.2877	0.4421	0.6309	0.3477	0.5743
	1200	0.1305	0.2410	0.3889	0.5744	0.1764	0.3056	0.4723	0.6765	0.3702	0.6198
	1300	0.1363	0.2543	0.4129	0.6122	0.1851	0.3235	0.5024	0.7220	0.3926	0.6653
	1400	0.1421	0.2676	0.4369	0.6500	0.1939	0.3413	0.5325	0.7675	0.4151	0.6276
放脚四层	500	0.1385	0.2078	0.2927	0.3933	0.1692	0.2464	0.3391	0.4475	0.2844	0.3852
	600	0.1443	0.2211	0.3168	0.4311	0.1780	0.2643	0.3693	0.4930	0.3068	0.4215
	700	0.1500	0.2345	0.3408	0.4690	0.1868	0.2821	0.3994	0.5385	0.3293	0.4577
	800	0.1558	0.2478	0.3648	0.5068	0.1955	0.3000	0.4295	0.5840	0.3517	0.4940
	900	0.1615	0.2611	0.3888	0.5446	0.2043	0.3179	0.4597	0.6295	0.3742	0.5303
	1000	0.1673	0.2744	0.4128	0.5824	0.2130	0.3358	0.4898	0.6750	0.3966	0.5665
	1100	0.1731	0.2877	0.4368	0.6202	0.2218	0.3537	0.5199	0.7206	0.4191	0.6028
	1200	0.1788	0.3011	0.4608	0.6581	0.2306	0.3716	0.5501	0.7661	0.4415	0.6390
	1300	0.1846	0.3144	0.4848	0.6959	0.2393	0.3895	0.5802	0.8116	0.4640	0.6753
	1400	0.1903	0.3277	0.5088	0.7337	0.2481	0.4073	0.6103	0.8571	0.4864	0.7116
	1500	0.1961	0.3410	0.5328	0.7715	0.2568	0.4252	0.6405	0.9026	0.5088	0.7478
放脚五层	600	0.2139	0.3065	0.4179	0.5480	0.2555	0.3575	0.4782	0.6177	0.4082	0.5381
	700	0.2196	0.3198	0.4419	0.5858	0.2643	0.3754	0.5084	0.6633	0.4307	0.5743
	800	0.2254	0.3331	0.4659	0.6236	0.2730	0.3933	0.5385	0.7088	0.4531	0.6106
	900	0.2312	0.3465	0.4899	0.6615	0.2818	0.4112	0.5687	0.7543	0.4756	0.6468
	1000	0.2369	0.3598	0.5139	0.6993	0.2905	0.4290	0.5988	0.7998	0.4980	0.6831
	1100	0.2427	0.3731	0.5379	0.7371	0.2993	0.4469	0.6289	0.8453	0.5205	0.7194
	1200	0.2484	0.3864	0.5619	0.7749	0.3081	0.4648	0.6591	0.8908	0.5429	0.7556
	1300	0.2542	0.2998	0.5859	0.8128	0.3168	0.4827	0.6892	0.9363	0.5654	0.7919
	1400	0.2600	0.4131	0.6100	0.8506	0.3256	0.5006	0.7193	0.9818	0.5878	0.8281
	1500	0.2657	0.4264	0.6340	0.8884	0.3343	0.5185	0.7495	1.0273	0.6102	0.8644
	1600	0.2715	0.4397	0.6580	0.9262	0.3431	0.5363	0.7796	1.0728	0.6327	0.9007

续表

砖基深度/mm		柱断面尺寸/mm²									
		240×240	365×365	490×490	615×615	240×365	365×490	490×615	615×740	365×615	490×740
放脚六层	600	0.3040	0.4143	0.5434	0.6913	0.3545	0.4742	0.6127	0.7699	0.5335	0.6816
	700	0.3098	0.4277	0.5675	0.7291	0.3632	0.4921	0.6428	0.8154	0.5560	0.7179
	800	0.3155	0.4410	0.5915	0.7669	0.3720	0.5100	0.6729	0.8609	0.5784	0.7541
	900	0.3213	0.4543	0.6155	0.8048	0.3808	0.5279	0.7031	0.9064	0.6008	0.7904
	1000	0.3270	0.4676	0.6395	0.8426	0.3895	0.5457	0.7332	0.9519	0.6233	0.8267
	1100	0.3328	0.4810	0.6635	0.8804	0.3983	0.5636	0.7634	0.9974	0.6457	0.8629
	1200	0.3386	0.4943	0.6875	0.9182	0.4070	0.5815	0.7935	1.0430	0.6682	0.8992
	1300	0.3443	0.5076	0.7115	0.9560	0.4158	0.5994	0.8236	1.0885	0.6906	0.9354
	1400	0.3501	0.5209	0.7355	0.9939	0.4246	0.6173	0.8538	1.1340	0.7131	0.9717
	1500	0.3558	0.5342	0.7595	1.0317	0.4333	0.6352	0.8839	1.1795	0.7355	1.0080
	1600	0.3616	0.5476	0.7835	1.0695	0.4421	0.6531	0.9140	1.2250	0.7580	1.0442
放脚七层	800	0.4329	0.5800	0.7521	0.9493	0.5002	0.6598	0.8445	1.0541	0.7394	0.9362
	900	0.4387	0.5933	0.7762	0.9871	0.5090	0.6777	0.8746	1.0996	0.7618	0.9725
	1000	0.4444	0.6067	0.8002	1.0249	0.5177	0.6956	0.9047	1.1451	0.7843	1.0087
	1100	0.4502	0.6200	0.8242	1.0627	0.5265	0.7135	0.9349	1.1906	0.8067	1.0450
	1200	0.4559	0.6333	0.8482	1.1006	0.5353	0.7314	0.9650	1.2361	0.8292	1.0813
	1300	0.4617	0.6466	0.8722	1.1384	0.5440	0.7493	0.9951	1.2816	0.8516	1.1175
	1400	0.4675	0.6600	0.8962	1.1762	0.5528	0.7671	1.0253	1.3271	0.8741	1.1538
	1500	0.4732	0.6733	0.9202	1.2140	0.5615	0.7850	1.0554	1.3727	0.8965	1.1900
	1600	0.4790	0.6866	0.9442	1.2519	0.5703	0.8029	1.0855	1.4182	0.9189	1.2263
	1700	0.4847	0.6999	0.9682	1.2897	0.5791	0.8208	1.1157	1.4637	0.9414	1.2626

注： 体积单位 m³。

4.2.10 附墙砖垛不等高式砖柱基础体积

表 4-10　　附墙砖垛不等高式砖柱基础体积（凸出部分）

砖基深度/mm	放脚二层			放脚三层			放脚四层				
	垛断面尺寸/mm²										
	125×365	125×490	250×490	125×365	125×490	250×490	250×615	125×365	125×490	250×490	250×615
300	0.0186	0.0233	0.0466	—	—	—	—	—	—	—	—
400	0.0232	0.0294	0.0588	0.0281	0.0344	0.0687	0.0812	0.0340	0.0402	0.0805	0.0930
500	0.0277	0.0355	0.0711	0.0327	0.0405	0.0810	0.0966	0.0386	0.0464	0.0927	0.1084
600	0.0323	0.0417	0.0833	0.0372	0.0466	0.0932	0.1119	0.0431	0.0525	0.1050	0.1238

续表

砖基深度/mm	放脚二层			放脚三层				放脚四层			
	垛断面尺寸/mm²										
	125×365	125×490	250×490	125×365	125×490	250×490	250×615	125×365	125×490	250×490	250×615
700	0.0369	0.0478	0.0956	0.0418	0.0527	0.1055	0.1273	0.0477	0.0586	0.1172	0.1391
800	0.0414	0.0539	0.1078	0.0464	0.0589	0.1177	0.1427	0.0522	0.0649	0.1295	0.1545
900	0.0460	0.0600	0.1201	0.0509	0.0650	0.1300	0.1581	0.0568	0.0709	0.1417	0.1699
1000	—	—	—	0.0555	0.0711	0.1422	0.1734	0.0614	0.0770	0.1540	0.1853
1100	—	—	—	0.0600	0.0772	0.1545	0.1888	0.0659	0.0831	0.1662	0.2006
1200	—	—	—	0.0646	0.0834	0.1667	0.2042	0.0705	0.0892	0.1785	0.2160
1300	—	—	—	—	—	—	0.2196	0.0751	0.0954	0.1907	0.2314
1400	—	—	—	—	—	—	0.2349	0.0796	0.1015	0.2030	0.2468
1500	—	—	—	—	—	—	0.2503	0.0842	0.1076	0.2152	0.2621

砖基深度/mm	放脚五层				放脚六层			
	垛断面尺寸/mm²							
	125×490	250×490	250×615	375×490	125×490	250×490	250×615	375×490
500	0.0543	0.1085	0.1241	0.1628				
600	0.0604	0.1208	0.1395	0.1812	0.0692	0.1384	0.1567	0.2076
700	0.0665	0.1330	0.1548	0.1996	0.0753	0.1507	0.1720	0.2260
800	0.0726	0.1453	0.1702	0.2179	0.0815	0.1629	0.1874	0.2444
900	0.0788	0.1575	0.1856	0.2363	0.0876	0.1752	0.2028	0.2628
1000	0.0849	0.1698	0.2010	0.2547	0.0937	0.1874	0.2182	0.2811
1100	0.0910	0.1820	0.2163	0.2731	0.0998	0.1997	0.2335	0.2995
1200	0.0971	0.1943	0.2317	0.2914	0.1060	0.2119	0.2489	0.3179
1300	0.1033	0.2065	0.2471	0.3098	0.1121	0.2242	0.2643	0.3363
1400	0.1094	0.2188	0.2625	0.3282	0.1182	0.2364	0.2797	0.3546
1500	0.1155	0.2310	0.2778	0.3466	0.1243	0.2487	0.2950	0.3730

砖基深度/mm	放脚七层				放脚八层			
	垛断面尺寸/mm²							
	125×490	250×490	250×615	375×490	125×490	250×490	250×615	375×490
700	0.0862	0.1724	0.1942	0.2585	0.0980	0.1736	0.2179	0.2940
800	0.0923	0.1846	0.2096	0.2769	0.1041	0.1858	0.2332	0.3124
900	0.0984	0.1969	0.2249	0.2953	0.1103	0.1981	0.2486	0.3308
1000	0.1046	0.2091	0.2403	0.3137	0.1164	0.2103	0.2640	0.3491
1100	0.1107	0.2214	0.2557	0.3320	0.1225	0.2226	0.2794	0.3675
1200	0.1168	0.2336	0.2711	0.3504	0.1286	0.2348	0.2947	0.3859
1300	0.1229	0.2459	0.2864	0.3688	0.1348	0.2471	0.3101	0.4043
1400	0.1291	0.2581	0.3018	0.3872	0.1409	0.2593	0.3255	0.4226
1500	0.1352	0.2704	0.3172	0.4055	0.1470	0.2716	0.3409	0.4410

注：体积单位 m^3。

5

钢筋工程

5.1 公式速查

5.1.1 直线钢筋下料长度计算

1）构件内布置的为两端无弯起直钢筋时：

$$设计长度=L-2b$$

式中 L——混凝土构件的长度（m）；

b——保护层的厚度（m）。

2）当构件内布置的为两端有弯钩的直钢筋时：

$$设计长度=L-2b+2\Delta L_g$$

式中 L——混凝土构件的长度（m）；

b——保护层的厚度（m）；

ΔL_g——弯钩增加长度（m）。

5.1.2 弯起钢筋下料长度计算

弯起钢筋下料长度（如图 5－1 所示）计算公式如下：

$$设计长度=L-2b+2(s-l)+2\times 6.25d$$
$$=L-2b+2(H-2b)\tan(\alpha/2)+12.5d$$

式中 L——混凝土构件的长度（m）；

b——保护层的厚度（m）；

s——钢筋弯起部分斜边长度（m）；

l——钢筋弯起部分底边长度（m）；

H——构件截面的高度（m）；

α——钢筋弯起角度（°）；

d——钢筋直径。

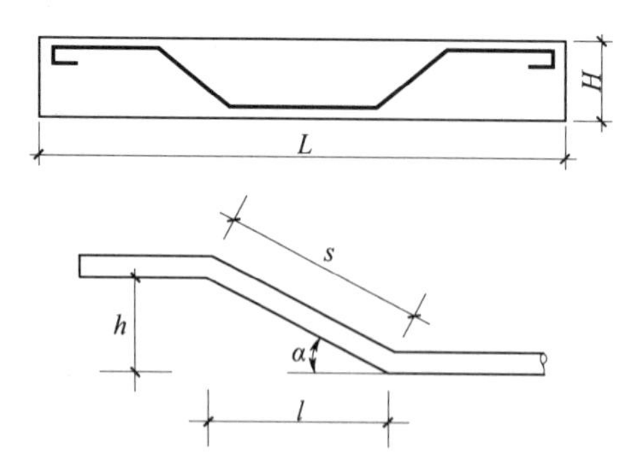

图 5－1 弯起钢筋下料长度计算示意图

5.1.3 箍筋（双箍）下料长度计算

目前，箍筋（双箍）下料长度（如图 5－2 所示）计算常用以下几种方法：

箍筋长度＝箍筋矩(方)形长度＋$6.25d\times2$(钩)

箍筋长度＝箍筋矩(方)形长度＋$4.9d\times2$(钩)

箍筋长度＝箍筋矩(方)形长度＋不同直径的箍筋钩长

箍筋长度＝构件横截面外形长度－5cm

式中　d——箍筋直径。

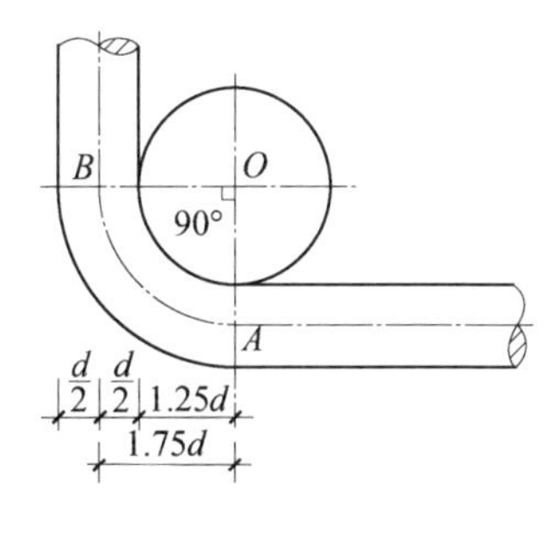

图 5－2　箍筋（双箍）下料长度计算示意图

5.1.4 内墙圈梁纵向钢筋长度计算

内墙圈梁纵向钢筋长度计算公式如下：

内墙圈梁纵向钢筋长度(每层)＝($L_{内}$＋L_d×2×内侧圈梁根数)×钢筋根数

式中　$L_{内}$——内墙净长线长度（m）；

L_d——钢筋锚固长度（m）。

5.1.5 外墙圈梁纵向钢筋长度计算

外墙圈梁纵向钢筋长度计算公式如下：

外墙圈梁纵向钢筋长度(每层)＝$L_{中}$×钢筋根数＋L_d×内侧钢筋根数×转角数

式中　$L_{中}$——外墙净长线长度（m）；

L_d——钢筋锚固长度（m）。

5.1.6 板底圈梁抗震附加筋长度计算

板底圈梁抗震附加筋长度计算公式如下：

L＝平直部分长度＋弯起部分长度＋弯钩长度－量度差

计算规则：

钢筋接头设计图纸已规定的按设计图纸计算；设计图纸未作规定的，现浇混凝土的水平通长钢筋搭接量，直径 25mm 以内者，按 8m 长一个接头，直径 25mm 以上者按 6m 长一个接头，搭接长度按规范及设计规定计算。

5.1.7 屋盖板底圈梁抗震附加筋长度计算

屋盖板底圈梁抗震附加筋长度计算公式如下：

L＝平直部分长度＋弯起部分长度＋弯钩长度－量度差

计算规则：

钢筋接头设计图纸已规定的按设计图纸计算；设计图纸未作规定的，现浇混凝土的水平通长钢筋搭接量，直径 25mm 以内者，按 8m 长一个接头，直径 25mm 以上者，按 6m 长一个接头，搭接长度按规范及设计规定计算。

5.1.8 螺旋钢筋长度计算

螺旋钢筋长度计算公式如下：

$$螺旋钢筋长度=螺旋筋圈数\times[(螺距)^2+(\pi\times螺圈直径)^2]^{1/2}$$
$$+两个圆形筋+两个端钩长$$
$$螺旋筋圈数=螺旋筋设计高度(h)/螺距$$
$$螺圈直径=圆形构件直径-保护层厚度\times2$$

式中　螺距——螺旋筋间距。

5.1.9　变长度钢筋（梯形）长度计算

根据梯形中位线原理（以图 5－3 所示情况为例）：

$$L_1+L_6=L_2+L_5=L_3+L_4=2L_0$$

所以：
$$L_1+L_2+L_3+L_4+L_5+L_6=2L_0\times3$$

即：

$$\sum L_{16}=6L_0$$
$$\sum L_{1n}=nL_0$$

式中 n 为钢筋总根数（不管与中位线是否重合）。

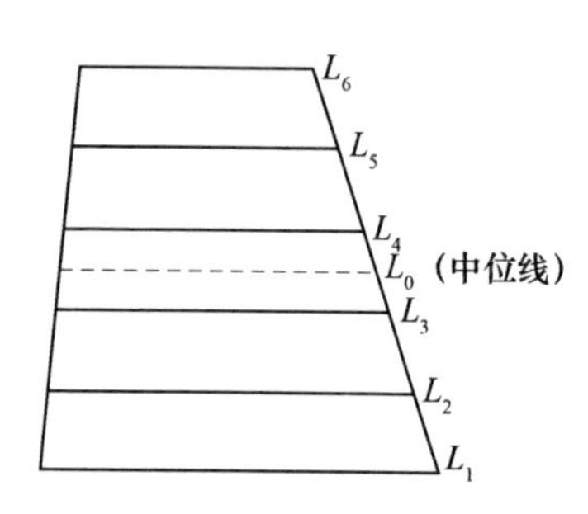

图 5－3　变长度钢筋（梯形）长度计算示意图

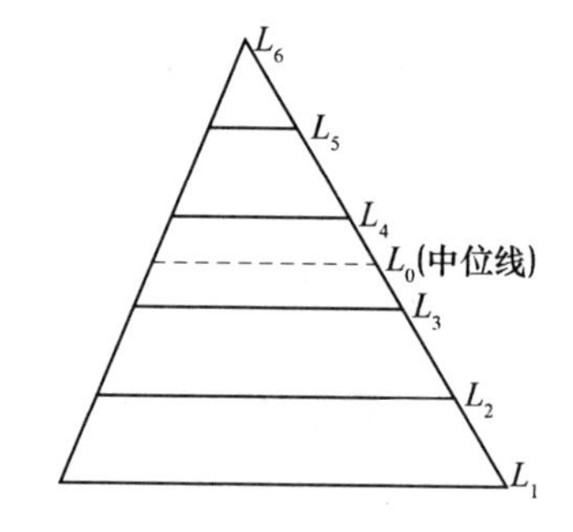

图 5－4　变长度钢筋（三角形）长度计算示意图

5.1.10　变长度钢筋（三角形）长度计算

根据三角形中位线原理（以图 5－4 所示情况为例）：

$$L_1=L_2+L_5=L_3+L_4=2L_0$$

所以：
$$L_1+L_2+L_3+L_4+L_5+L_6=2L_0\times3$$

即：

$$\sum L_{15}=6L_0=(5+1)L_0$$
$$\sum L_{1n}=(n+1)L_0$$

式中 n 为钢筋总根数（不管与中位线是否重合）。

5.1.11　圆形构件钢筋长度计算

圆形构件钢筋长度计算公式如下：

$$L=n(外圆周长+内圆周长)\times1/2=n(2\pi r+2\pi a)\times1/2=n(r+a)\pi$$

式中 r——外圆钢筋半径；

a——钢筋间距；

n——钢筋根数。

5.2 数据速查

5.2.1 冷轧扭钢筋公称截面面积和理论质量

表 5-1　冷轧扭钢筋公称截面面积和理论质量

强度级别	型号	标志直径 d/mm	公称横截面面积 A_s/mm^2	理论质量/(kg/m)
CTB550	Ⅰ	6.5	29.50	0.232
		8	45.30	0.356
		10	68.30	0.536
		12	96.14	0.755
	Ⅱ	6.5	29.20	0.229
		8	42.30	0.332
		10	66.10	0.519
		12	92.74	0.728
	Ⅲ	6.5	29.86	0.234
		8	45.24	0.355
		10	70.69	0.555
CTB650	Ⅲ	6.5	28.20	0.221
		8	42.73	0.335
		10	66.76	0.524

注：冷轧扭钢筋的表示：

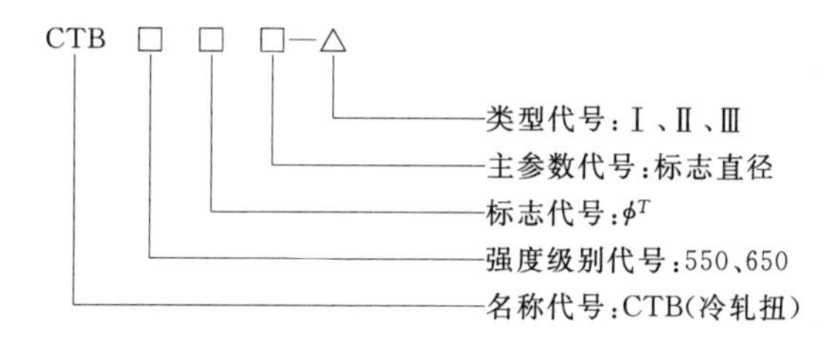

5.2.2 热轧光圆钢筋的公称横截面积与公称质量

表 5-2 热轧光圆钢筋的公称横截面积与公称质量

公称直径/mm	公称截面面积/mm^2	公称质量/(kg/m)
6 (6.5)	28.27 (33.18)	0.222 (0.260)
8	50.27	0.395
10	78.54	0.617
12	113.1	0.888
14	153.9	1.21
16	201.1	1.58
18	254.5	2.00
20	314.2	2.47
22	380.1	2.98

注：表中公称质量密度按 7.85g/cm^3 计算。公称直径 6.5mm 的产品为过渡性产品。

5.2.3 热轧带肋钢筋的公称横截面面积与理论质量

表 5-3 热轧带肋钢筋的公称横截面面积与理论质量

公称直径/mm	公称横截面面积/mm^2	理论质量/(kg/m)	实际质量与理论质量的偏差/%
6	28.27	0.222	±7
8	50.27	0.395	
10	78.54	0.617	
12	113.1	0.888	
14	153.9	1.21	±5
16	201.1	1.58	
18	254.5	2.00	
20	314.2	2.47	
22	380.1	2.98	±4
25	490.9	3.85	
28	615.8	4.83	
32	804.2	6.31	
36	1018	7.99	
40	1257	9.87	
50	1964	15.42	

注：本表中理论质量按密度为 7.85g/cm^3 计算。

5.2.4 常见形式钢筋长度计算表

表 5-4 常见形式钢筋长度计算表

钢筋形式示意	长度计算式
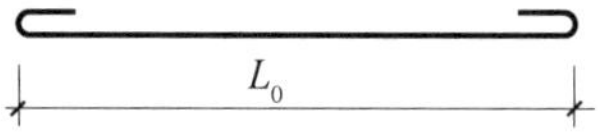 L_0	$L_0+12.5d(6.25d\times2)$ （两个180°弯钩） L_0 （无弯钩）
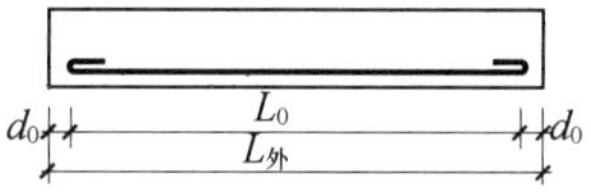 d_0 L_0 d_0 $L_外$	$L_外-2d_0+12.5d$ （两个180°弯钩） $L_外-2d_0$ （无弯钩）
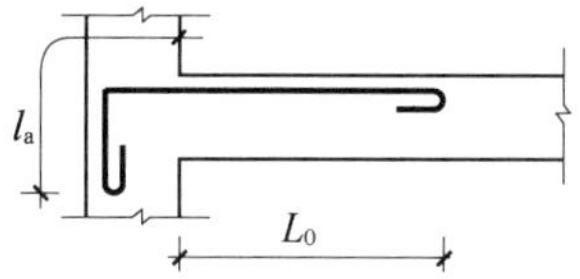 l_a L_0	$L_0+l_a+12.5d$ （两个180°弯钩） L_0+l_a （无弯钩）
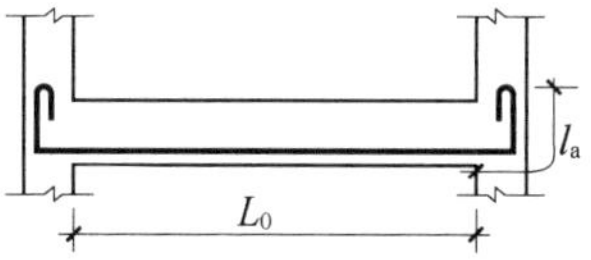 l_a L_0	$L_0+2l_a+12.5d$ （两个180°弯钩） L_0+2l_a （无弯钩）
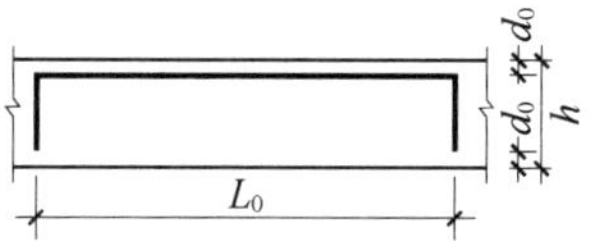 d_0 d_0 h L_0	$L_0+2(h-2d_0)$
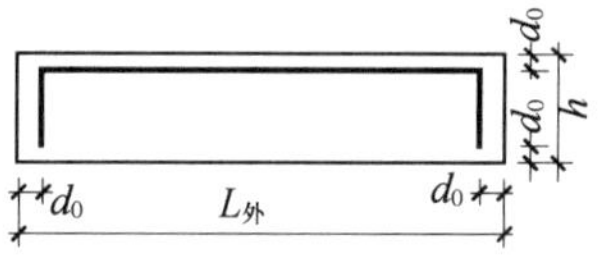 d_0 d_0 h d_0 $L_外$ d_0	$L_外+2h-6d_0$
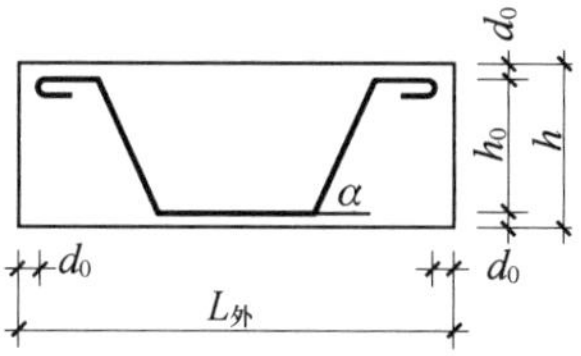 d_0 h_0 h α d_0 d_0 $L_外$	$\alpha=30°$ $L_外+0.54h+12.5d-3.1d_0$ （两个180°弯钩） $L_外+0.54h-3.1d_0$ （无弯钩） （每个斜长增加 $0.27h_0$） $\alpha=45°$ $L_外+0.82h+12.5d-3.6d_0$ （两个180°弯钩） $L_外+0.82h-3.6d_0$ （无弯钩） （每个斜长增加 $0.41h_0$） $\alpha=60°$ $L_外+1.15h+12.5d-4.3d_0$ （两个180°弯钩） $L_外+1.15h-4.3d_0$ （无弯钩） （每个斜长增加 $0.575h_0$）

续表

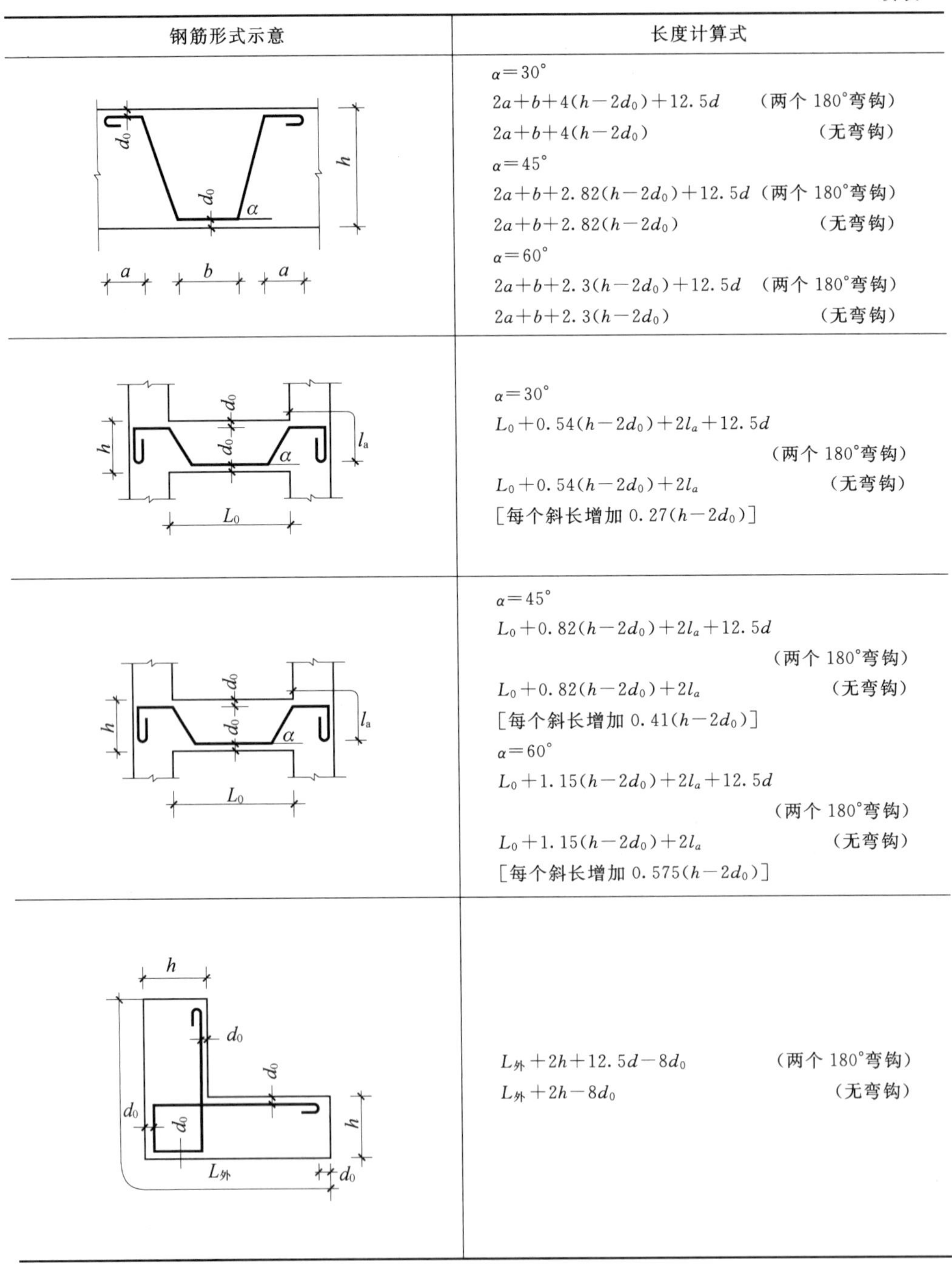

钢筋形式示意	长度计算式
	$\alpha=30°$ $2a+b+4(h-2d_0)+12.5d$　（两个180°弯钩） $2a+b+4(h-2d_0)$　（无弯钩） $\alpha=45°$ $2a+b+2.82(h-2d_0)+12.5d$　（两个180°弯钩） $2a+b+2.82(h-2d_0)$　（无弯钩） $\alpha=60°$ $2a+b+2.3(h-2d_0)+12.5d$　（两个180°弯钩） $2a+b+2.3(h-2d_0)$　（无弯钩）
	$\alpha=30°$ $L_0+0.54(h-2d_0)+2l_a+12.5d$ （两个180°弯钩） $L_0+0.54(h-2d_0)+2l_a$　（无弯钩） [每个斜长增加 $0.27(h-2d_0)$]
	$\alpha=45°$ $L_0+0.82(h-2d_0)+2l_a+12.5d$ （两个180°弯钩） $L_0+0.82(h-2d_0)+2l_a$　（无弯钩） [每个斜长增加 $0.41(h-2d_0)$] $\alpha=60°$ $L_0+1.15(h-2d_0)+2l_a+12.5d$ （两个180°弯钩） $L_0+1.15(h-2d_0)+2l_a$　（无弯钩） [每个斜长增加 $0.575(h-2d_0)$]
	$L_{外}+2h+12.5d-8d_0$　（两个180°弯钩） $L_{外}+2h-8d_0$　（无弯钩）

注： L_0——钢筋直线部分净长或锚固端外净长；$L_{外}$——构件外形长度；h——构件外形高度或厚度；h_0——钢筋净高；d——钢筋直径；l_a——钢筋锚固长度；d_0——钢筋保护层厚度；α——钢筋弯起角度；a、b——钢筋水平部分长度。

5.2.5 常用光圆钢筋弯钩增加长度表

表 5-5 常用光圆钢筋弯钩增加长度表

钢筋直径 d/mm	90°弯钩					
	平直长度=3d		平直长度=5d		平直长度=10d	
	单钩	双钩	单钩	双钩	单钩	双钩
(增加长度)	(4.21d)	(8.42d)	(6.21d)	(12.42d)	(11.21d)	(22.42d)
6	0.0253	0.0505	0.0373	0.0745	0.0673	0.1345
6.5	0.0274	0.0547	0.0404	0.0807	0.0729	0.1457
8	0.0337	0.0674	0.0497	0.0994	0.0897	0.1794
8.2	0.0345	0.0690	0.0509	0.1018	0.0919	0.1838
10	0.0421	0.0842	0.0621	0.1242	0.1121	0.2242
12	0.0505	0.1010	0.0745	0.1490	0.1345	0.2690
14	0.0589	0.1179	0.0869	0.1739	0.1569	0.3139
16	0.0674	0.1347	0.0994	0.1987	0.1794	0.3587
18	0.0758	0.1516	0.1118	0.2236	0.2018	0.4036
20	0.0842	0.1684	0.1242	0.2484	0.2242	0.4484
22	0.0926	0.1852	0.1366	0.2732	0.2466	0.4932
25	0.1053	0.2105	0.1553	0.3105	0.2803	0.5605
28	0.1179	0.2358	0.1739	0.3478	0.3139	0.6278
32	0.1347	0.2694	0.1987	0.3974	0.3587	0.7174
36	0.1516	0.3031	0.2236	0.4471	0.4036	0.8071
40	0.1684	0.3368	0.2484	0.4968	0.4484	0.8968
50	0.2105	0.4210	0.3105	0.6210	0.5605	1.1210
钢筋直径 d/mm	135°弯钩					
	平直长度=3d		平直长度=5d		平直长度=10d	
	单钩	双钩	单钩	双钩	单钩	双钩
(增加长度)	(4.87d)	(9.74d)	(6.87d)	(13.74d)	(11.87d)	(23.74d)
6	0.0292	0.0584	0.0412	0.0824	0.0712	0.1424
6.5	0.0317	0.0633	0.0447	0.0893	0.0772	0.1543
8	0.0390	0.0779	0.0550	0.1099	0.0950	0.1899
8.2	0.0399	0.0799	0.0563	0.1127	0.0973	0.1947
10	0.0487	0.0974	0.0687	0.1374	0.1187	0.2374
12	0.0584	0.1169	0.0824	0.1649	0.1424	0.2849
14	0.0682	0.1364	0.0962	0.1924	0.1662	0.3324

续表

钢筋直径 d/mm	135°弯钩					
	平直长度=3d		平直长度=5d		平直长度=10d	
	单钩	双钩	单钩	双钩	单钩	双钩
(增加长度)	(4.87d)	(9.74d)	(6.87d)	(13.74d)	(11.87d)	(23.74d)
16	0.0779	0.1558	0.1099	0.2198	0.1899	0.3798
18	0.0877	0.1753	0.1237	0.2473	0.2137	0.4273
20	0.0974	0.1948	0.1374	0.2748	0.2374	0.4748
22	0.1071	0.2143	0.1511	0.3023	0.2611	0.5223
25	0.1218	0.2435	0.1718	0.3435	0.2968	0.5935
28	0.1364	0.2727	0.1924	0.3847	0.3324	0.6647
32	0.1558	0.3117	0.2198	0.4397	0.3798	0.7597
36	0.1753	0.3506	0.2473	0.4946	0.4273	0.8546
40	0.1948	0.3896	0.2748	0.5496	0.4748	0.9496
50	0.2435	0.4870	0.3435	0.6870	0.5935	1.1870

钢筋直径 d/mm	180°弯钩					
	平直长度=3d		平直长度=5d		平直长度=10d	
	单钩	双钩	单钩	双钩	单钩	双钩
(增加长度)	(6.25d)	(12.50d)	(8.25d)	(16.50d)	(13.25d)	(26.50d)
6	0.0375	0.0750	0.0495	0.0990	0.0795	0.1590
6.5	0.0406	0.0813	0.0536	0.1073	0.0861	0.1723
8	0.0500	0.1000	0.0660	0.1320	0.1060	0.2120
8.2	0.0513	0.1025	0.0677	0.1353	0.1087	0.2173
10	0.0625	0.1250	0.0825	0.1650	0.1325	0.2650
12	0.0750	0.1500	0.0990	0.1980	0.1590	0.3180
14	0.0875	0.1750	0.1155	0.2310	0.1855	0.3710
16	0.1000	0.2000	0.1320	0.2640	0.2120	0.4240
18	0.1125	0.2250	0.1485	0.2970	0.2385	0.4770
20	0.1250	0.2500	0.1650	0.3300	0.2650	0.5300
22	0.1375	0.2750	0.1815	0.3630	0.2915	0.5830
25	0.1563	0.3125	0.2063	0.4125	0.3313	0.6625
28	0.1750	0.3500	0.2310	0.4620	0.3710	0.7420
32	0.2000	0.4000	0.2640	0.5280	0.4240	0.8480
36	0.2250	0.4500	0.2970	0.5940	0.4770	0.9540
40	0.2500	0.5000	0.3300	0.6600	0.5300	1.0600
50	0.3125	0.6250	0.4125	0.8250	0.6625	1.3250

注：1. 钢筋的计算长度=钢筋图示外缘长度（构件长度－保护层厚度）+弯钩增加长度。

2. 弯钩的平直直按施工图设计，弯钩增加长度单位为 m。

3. 弯钩增加长度的理论依据是《混凝土结构工程施工质量验收规范》(GB 50204—2002)。

5.2.6 常用带肋钢筋弯钩增加长度表

表 5-6　　常用带肋钢筋弯钩增加长度表

钢筋直径 d/mm	90°弯钩					
	平直长度=3d		平直长度=5d		平直长度=10d	
	单钩	双钩	单钩	双钩	单钩	双钩
（增加长度）	(4.21d)	(8.42d)	(6.21d)	(12.42d)	(11.21d)	(22.42d)
6	0.0253	0.0505	0.0373	0.0745	0.0673	0.1345
6.5	0.0274	0.0547	0.0404	0.0807	0.0729	0.1457
8	0.0337	0.0674	0.0497	0.0994	0.0897	0.1794
8.2	0.0345	0.0690	0.0509	0.1018	0.0919	0.1838
10	0.0421	0.0842	0.0621	0.1242	0.1121	0.2242
12	0.0505	0.1010	0.0745	0.1490	0.1345	0.2690
14	0.0589	0.1179	0.0869	0.1739	0.1569	0.3139
16	0.0674	0.1347	0.0994	0.1987	0.1794	0.3587
18	0.0758	0.1516	0.1118	0.2236	0.2018	0.4036
20	0.0842	0.1684	0.1242	0.2484	0.2242	0.4484
22	0.0926	0.1852	0.1366	0.2732	0.2466	0.4932
25	0.1053	0.2105	0.1553	0.3105	0.2803	0.5605
28	0.1179	0.2358	0.1739	0.3478	0.3139	0.6278
32	0.1347	0.2694	0.1987	0.3974	0.3587	0.7174
36	0.1516	0.3031	0.2236	0.4471	0.4036	0.8071
40	0.1684	0.3368	0.2484	0.4968	0.4484	0.8968
50	0.2105	0.4210	0.3105	0.6210	0.5605	1.1210

钢筋直径 d/mm	135°弯钩					
	平直长度=3d		平直长度=5d		平直长度=10d	
	单钩	双钩	单钩	双钩	单钩	双钩
（增加长度）	(5.89d)	(11.78d)	(7.89d)	(15.78d)	(12.89d)	(25.78d)
6	0.0353	0.0707	0.0473	0.0947	0.0773	0.1547
6.5	0.0383	0.0766	0.0513	0.1026	0.0838	0.1676
8	0.0471	0.0942	0.0631	0.1262	0.1031	0.2062
8.2	0.0483	0.0966	0.0647	0.1294	0.1057	0.2114
10	0.0589	0.1178	0.0789	0.1578	0.1289	0.2578
12	0.0707	0.1414	0.0947	0.1894	0.1547	0.3094
14	0.0825	0.1649	0.1105	0.2209	0.1805	0.3609

钢筋直径 d/mm	135°弯钩					
	平直长度=$3d$		平直长度=$5d$		平直长度=$10d$	
	单钩	双钩	单钩	双钩	单钩	双钩
(增加长度)	(5.89d)	(11.78d)	(7.89d)	(15.78d)	(12.89d)	(25.78d)
16	0.0942	0.1885	0.1262	0.2525	0.2062	0.4125
18	0.1060	0.2120	0.1420	0.2840	0.2320	0.4640
20	0.1178	0.2356	0.1578	0.3156	0.2578	0.5156
22	0.1296	0.2592	0.1736	0.3472	0.2836	0.5672
25	0.1473	0.2945	0.1973	0.3945	0.3223	0.6445
28	0.1649	0.3298	0.2209	0.4418	0.3609	0.7218
32	0.1885	0.3770	0.2525	0.5050	0.4125	0.8250
36	0.2120	0.4241	0.2840	0.5681	0.4640	0.9281
40	0.2356	0.4712	0.3156	0.6312	0.5156	1.0312
50	0.2945	0.5890	0.3945	0.7890	0.6445	1.2890

注：1. 钢筋的计算长度（m）=钢筋图示外缘长度（构件长度－保护层厚度）+弯钩增加长度（带肋钢筋是否弯钩，按施工图确定）。

2. 带肋钢筋系指 HRB335 级、HRB400 级钢筋和 RRB400 级余热处理钢筋。

3. 弯钩增加长度的理论依据是《混凝土结构工程施工质量验收规范》(GB 50204—2002)。

5.2.7 钢筋混凝土圆柱每米高度内螺旋箍筋长度表

表 5-7　钢筋混凝土圆柱每米高度内螺旋箍筋长度表

柱直径/mm	200	250	300	350	400	450	500	550	600	650	700	750
保护层/mm 箍筋螺距/mm	20	25	25	25	25	25	25	25	25	25	25	25
50	10.10	12.61	15.74	18.88	22.01	25.15	28.29	31.43	34.57	37.71	40.85	43.99
60	8.44	10.52	13.13	15.74	18.36	20.97	23.59	26.20	28.82	31.44	34.06	36.67
80	6.36	7.92	9.87	11.82	13.78	15.74	17.70	19.66	21.62	23.58	25.54	27.51
100	5.13	6.36	7.92	9.48	11.04	12.61	14.17	15.74	17.31	18.88	20.44	22.01
150	3.50	4.31	5.33	6.37	7.40	8.44	9.48	10.52	11.57	12.61	13.66	14.70
200	2.71	3.30	4.05	4.82	5.59	6.36	7.14	7.92	8.70	9.94	10.26	11.04
250	2.25	2.70	3.30	3.90	4.51	5.12	5.74	6.36	6.98	7.61	8.23	8.85
300	1.95	2.32	2.80	3.29	3.80	4.30	4.81	5.33	5.84	6.36	6.87	7.39
350	1.75	2.06	2.46	2.88	3.30	3.73	4.17	4.60	5.04	5.48	5.93	6.37
400	1.61	1.86	2.20	2.56	2.93	3.30	3.67	4.05	4.43	4.82	5.20	5.59
450	1.50	1.72	2.01	2.32	2.64	2.96	3.29	3.63	3.96	4.30	4.64	4.98
500	1.42	1.61	1.86	2.13	2.42	2.70	3.00	3.30	3.60	3.90	4.20	4.51

续表

柱直径/mm 保护层/mm 箍筋螺距/mm	800	850	900	950	1000	1100	1200	1300	1400	1500	1600
	25	25	25	25	25	25	25	25	25	25	25
50	47.13	50.28	53.42	56.56	59.70	65.98	72.26	78.55	84.83	91.11	97.39
60	39.29	41.91	44.53	47.14	49.76	55.00	60.23	66.22	70.71	75.94	81.18
80	29.47	31.43	33.39	35.36	37.32	41.25	45.17	49.10	53.02	56.95	60.88
100	23.58	25.15	26.72	28.29	29.86	33.00	36.14	39.28	42.42	45.56	48.70
150	15.75	16.79	17.84	18.86	19.93	22.02	24.12	26.21	28.31	30.40	32.49
200	11.82	12.61	13.39	14.17	14.96	16.52	18.09	19.66	21.23	22.80	24.37
250	9.48	10.10	10.73	11.35	11.98	13.23	14.49	15.74	16.99	18.25	19.50
300	7.91	8.43	8.95	9.47	9.99	11.03	12.07	13.12	14.16	15.20	16.25
350	6.81	7.26	7.70	8.15	8.59	9.49	10.38	11.28	12.17	13.07	13.96
400	5.97	6.36	6.75	7.14	7.53	8.31	9.09	9.87	10.65	11.43	12.21
450	5.33	5.67	6.01	6.36	6.70	7.39	8.08	8.77	9.47	10.16	10.86
500	4.82	5.13	5.43	5.74	6.05	6.67	7.29	7.92	8.54	9.17	9.79

注：1. 本表为螺旋钢筋的理论长度，未包括弯钩、搭接等长度，单位为 m。

2. 螺旋钢筋的理论长度＝螺旋筋圈数× $\sqrt{(螺距)^2+(\pi \times 螺圈直径)^2}$

式中　螺旋筋圈数＝螺筋设计高度/螺距；

螺圈直径＝圆形构件直径－保护层厚度×2；

螺距——螺旋筋间距。

5.2.8　纵向受力的冷轧扭钢筋及预应力冷轧扭钢筋的混凝土保护层最小厚度表

表 5－8　纵向受力的冷轧扭钢筋及预应力冷轧扭钢筋的混凝土保护层最小厚度表

环境类别		构件类别	混凝土强度等级		
			C20	C25～C45	≥C50
一		板、墙	20	15	15
		梁	30	25	25
二	a	板、墙	—	20	20
		梁	—	30	30
	b	板、墙	—	25	20
		梁	—	35	30
三		板、墙	—	30	25
		梁	—	40	35

注：1. 混凝土保护层厚度单位为 mm；基础中纵向受力的冷轧扭钢筋的混凝土保护层厚度不应小于 40mm；无垫层时不应小于 70mm。

2. 处于一类环境且由工厂生产的预制构件，当混凝土强度等级不低于 C20 时，其保护层厚度可按表中规定减少 5mm，但预制构件中预应力钢筋的保护层厚度不应小于 15mm，处于二类环境且由工厂生产的预制构件，当表面采取有效保护措施时，保护层厚度可按表中一类环境值取用。

3. 有防火要求的建筑物，其保护层厚度尚应符合国家现行有关防火规范的规定。

5.2.9 冷轧带肋钢筋的混凝土保护层最小厚度表

表 5-9　冷轧带肋钢筋的混凝土保护层最小厚度表

环境类别	板、墙、壳		梁	
	C20～C25	≥C30	C20～C25	≥C30
一	20	15	25	20
二 a	25	20	30	25
二 b	30	25	40	35

注：1. 保护层厚度单位为 mm；表中环境类别的划分应按现行国家标准《混凝土结构设计规范》（GB 50010—2010）的有关规定确定。
2. 用于砌体结构房屋构造柱时，可按表中板、墙、壳的规定取用。

5.2.10 保护层和箍筋直径不同的矩（方）形箍筋长度（每根箍筋）简化计算表

表 5-10　保护层和箍筋直径不同的矩（方）形箍筋长度（每根箍筋）简化计算表

钢筋类型	弯钩形式	抗震结构箍筋长度（平直 $10d$）	非抗震结构箍筋长度（平直 $5d$）
光圆箍筋	90°	不采用	$2(a+b)-8d_0+13.6d$
	135°	$2(a+b)-8d_0+24.9d$	$2(a+b)-8d_0+14.9d$
带肋箍筋	90°	不采用	$2(a+b)-8d_0+13.6d$
	135°	$2(a+b)-8d_0+26.9d$	$2(a+b)-8d_0+16.9d$

注：a、b——矩（方）形柱、梁横截面边长（m）；
d_0——主筋混凝土保护层厚度（m）；
d——箍筋直径（m）。

5.2.11 保护层和箍筋直径不同的圆形箍筋长度（每根箍筋）简化计算表

表 5-11　保护层和箍筋直径不同的圆形箍筋长度（每根箍筋）简化计算表

钢筋类型	弯钩形式	抗震结构箍筋长度（平直 $10d$）	非抗震结构箍筋长度（平直 $5d$）
光圆箍筋	135°	$\pi(D-2d_0)$＋设计搭接长度＋$31.4d$	$\pi(D-2d_0)$＋设计搭接长度＋$21.4d$
带肋箍筋		$\pi(D-2d_0)$＋设计搭接长度＋$34.9d$	$\pi(D-2d_0)$＋设计搭接长度＋$24.9d$

注：1. D——圆形构件外形直径（m）；
d_0——主筋混凝土保护层厚度（m）；
d——箍筋直径（m）。
2. 本表亦适用于其他圆形受力钢筋长度计算。

5.2.12 常用抗震结构矩（方）形箍筋长度（每根箍筋）简化计算表（主筋保护层厚度25mm）

表5-12 常用抗震结构矩（方）形箍筋长度（每根箍筋）简化计算表

（主筋保护层厚度25mm）

弯钩形式		135°	
钢筋类型		光圆箍筋	带肋箍筋
箍筋直径/mm	4	$2(a+b)-10.0$cm	$2(a+b)-9.2$cm
	5	$2(a+b)-7.6$cm	$2(a+b)-6.6$cm
	6	$2(a+b)-5.1$cm	$2(a+b)-3.9$cm
	6.5	$2(a+b)-3.8$cm	$2(a+b)-2.5$cm
	8	$2(a+b)-0.1$cm	$2(a+b)+1.5$cm
	10	$2(a+b)+4.9$cm	$2(a+b)+6.9$cm
	12	$2(a+b)+9.9$cm	$2(a+b)+12.3$cm
	14	$2(a+b)+14.9$cm	$2(a+b)+17.7$cm
	16	$2(a+b)+19.8$cm	$2(a+b)+23.0$cm

注：a、b——矩（方）形柱、梁横截面边长（m）。

5.2.13 常用抗震结构矩（方）形箍筋长度（每根箍筋）简化计算表（主筋保护层厚度30mm）

表5-13 常用抗震结构矩（方）形箍筋长度（每根箍筋）简化计算表

（主筋保护层厚度30mm）

弯钩形式		135°	
钢筋类型		光圆箍筋	带肋箍筋
箍筋直径/mm	4	$2(a+b)-14.0$cm	$2(a+b)-13.2$cm
	5	$2(a+b)-11.6$cm	$2(a+b)-10.6$cm
	6	$2(a+b)-9.1$cm	$2(a+b)-7.9$cm
	6.5	$2(a+b)-7.8$cm	$2(a+b)-6.5$cm
	8	$2(a+b)-4.1$cm	$2(a+b)-2.5$cm
	10	$2(a+b)+0.9$cm	$2(a+b)+2.9$cm
	12	$2(a+b)+5.9$cm	$2(a+b)+8.3$cm
	14	$2(a+b)+10.9$cm	$2(a+b)+13.7$cm
	16	$2(a+b)+15.8$cm	$2(a+b)+19.0$cm

注：a、b——矩（方）形柱、梁横截面边长（m）。

5.2.14 常用抗震结构圆形箍筋长度（每根箍筋）简化计算表（主筋保护层厚度 25mm）

表 5－14　　常用抗震结构圆形箍筋长度（每根箍筋）简化计算表

（主筋保护层厚度 25mm）

弯钩形式		135°	
钢筋类型		光圆箍筋	带肋箍筋
箍筋直径/mm	4	πD＋设计搭接长度－3.1cm	πD＋设计搭接长度－1.7cm
	5	πD＋设计搭接长度	πD＋设计搭接长度＋1.7cm
	6	πD＋设计搭接长度＋3.1cm	πD＋设计搭接长度＋5.2cm
	6.5	πD＋设计搭接长度＋4.7cm	πD＋设计搭接长度＋7.0cm
	8	πD＋设计搭接长度＋9.4cm	πD＋设计搭接长度＋12.2cm
	10	πD＋设计搭接长度＋15.7cm	πD＋设计搭接长度＋19.2cm
	12	πD＋设计搭接长度＋22.0cm	πD＋设计搭接长度＋26.2cm
	14	πD＋设计搭接长度＋28.3cm	πD＋设计搭接长度＋33.2cm
	16	πD＋设计搭接长度＋34.5cm	πD＋设计搭接长度＋40.1cm

注：1. D——圆形构件外形直径（m）。

2. 本表也适用于其他圆形受力钢筋长度计算。

5.2.15 常用抗震结构圆形箍筋长度（每根箍筋）简化计算表（主筋保护层厚度 30mm）

表 5－15　　常用抗震结构圆形箍筋长度（每根箍筋）简化计算表

（主筋保护层厚度 30mm）

弯钩形式		135°	
钢筋类型		光圆箍筋	带肋箍筋
箍筋直径/mm	4	πD＋设计搭接长度－6.3cm	πD＋设计搭接长度－4.9cm
	5	πD＋设计搭接长度－3.2cm	πD＋设计搭接长度－1.4cm
	6	πD＋设计搭接长度	πD＋设计搭接长度＋2.1cm
	6.5	πD＋设计搭接长度＋1.6cm	πD＋设计搭接长度＋3.8cm
	8	πD＋设计搭接长度＋6.3cm	πD＋设计搭接长度＋9.1cm
	10	πD＋设计搭接长度＋12.6cm	πD＋设计搭接长度＋16.1cm
	12	πD＋设计搭接长度＋18.8cm	πD＋设计搭接长度＋23.0cm
	14	πD＋设计搭接长度＋25.1cm	πD＋设计搭接长度＋30.0cm
	16	πD＋设计搭接长度＋31.4cm	πD＋设计搭接长度＋37.0cm

注：1. D——圆形构件外形直径（m）。

2. 本表也适用于其他圆形受力钢筋长度计算。

5.2.16 常用非抗震结构矩（方）形箍筋长度（每根箍筋）简化计算表（主筋保护层厚度 25mm）

表 5-16 常用非抗震结构矩（方）形箍筋长度（每根箍筋）简化计算表

（主筋保护层厚度 25mm）

弯钩形式		90°		135°	
钢筋类型		光圆箍筋	带肋箍筋	光圆箍筋	带肋箍筋
箍筋直径/mm	4	$2(a+b)-14.6$cm	$2(a+b)-14.6$cm	$2(a+b)-14.0$cm	$2(a+b)-13.2$cm
	5	$2(a+b)-13.2$cm	$2(a+b)-13.2$cm	$2(a+b)-12.6$cm	$2(a+b)-11.6$cm
	6	$2(a+b)-11.8$cm	$2(a+b)-11.8$cm	$2(a+b)-11.1$cm	$2(a+b)-9.9$cm
	6.5	$2(a+b)-11.2$cm	$2(a+b)-11.2$cm	$2(a+b)-10.3$cm	$2(a+b)-9.0$cm
	8	$2(a+b)-9.1$cm	$2(a+b)-9.1$cm	$2(a+b)-8.1$cm	$2(a+b)-6.5$cm
	10	$2(a+b)-6.4$cm	$2(a+b)-6.4$cm	$2(a+b)-5.1$cm	$2(a+b)-3.1$cm
	12	$2(a+b)-3.7$cm	$2(a+b)-3.7$cm	$2(a+b)-2.1$cm	$2(a+b)+0.3$cm
	14	$2(a+b)-1.0$cm	$2(a+b)-1.0$cm	$2(a+b)+0.9$cm	$2(a+b)+3.7$cm
	16	$2(a+b)+1.8$cm	$2(a+b)+1.8$cm	$2(a+b)+3.8$cm	$2(a+b)+7.0$cm

注：a、b——矩（方）形柱、梁横截面边长（m）。

5.2.17 常用非抗震结构矩（方）形箍筋长度（每根箍筋）简化计算表（主筋保护层厚度 30mm）

表 5-17 常用非抗震结构矩（方）形箍筋长度（每根箍筋）简化计算表

（主筋保护层厚度 30mm）

弯钩形式		90°		135°	
钢筋类型		光圆箍筋	带肋箍筋	光圆箍筋	带肋箍筋
箍筋直径/mm	4	$2(a+b)-18.6$cm	$2(a+b)-18.6$cm	$2(a+b)-18.0$cm	$2(a+b)-17.2$cm
	5	$2(a+b)-17.2$cm	$2(a+b)-17.2$cm	$2(a+b)-16.6$cm	$2(a+b)-15.6$cm
	6	$2(a+b)-15.8$cm	$2(a+b)-15.8$cm	$2(a+b)-15.1$cm	$2(a+b)-13.9$cm
	6.5	$2(a+b)-15.2$cm	$2(a+b)-15.2$cm	$2(a+b)-14.3$cm	$2(a+b)-13.0$cm
	8	$2(a+b)-13.1$cm	$2(a+b)-13.1$cm	$2(a+b)-12.1$cm	$2(a+b)-10.5$cm
	10	$2(a+b)-10.4$cm	$2(a+b)-10.4$cm	$2(a+b)-9.1$cm	$2(a+b)-7.1$cm
	12	$2(a+b)-7.7$cm	$2(a+b)-7.7$cm	$2(a+b)-6.1$cm	$2(a+b)-3.7$cm
	14	$2(a+b)-5.0$cm	$2(a+b)-5.0$cm	$2(a+b)-3.1$cm	$2(a+b)-0.3$cm
	16	$2(a+b)-2.2$cm	$2(a+b)-2.2$cm	$2(a+b)-0.2$cm	$2(a+b)+3.0$cm

注：a、b——矩（方）形柱、梁横截面边长（m）。

5.2.18 常用非抗震结构圆形箍筋长度（每根箍筋）简化计算表（主筋保护层厚度25mm）

表 5-18 常用非抗震结构圆形箍筋长度（每根箍筋）简化计算表

（主筋保护层厚度 25mm）

弯钩形式		135°	
钢筋类型		光圆箍筋	带肋箍筋
箍筋直径/mm	4	πD+设计搭接长度－7.1cm	πD+设计搭接长度－5.7cm
	5	πD+设计搭接长度－5.0cm	πD+设计搭接长度－3.3cm
	6	πD+设计搭接长度－2.9cm	πD+设计搭接长度－0.8cm
	6.5	πD+设计搭接长度－1.8cm	πD+设计搭接长度+0.5cm
	8	πD+设计搭接长度+1.4cm	πD+设计搭接长度+4.2cm
	10	πD+设计搭接长度+5.7cm	πD+设计搭接长度+9.2cm
	12	πD+设计搭接长度+10.0cm	πD+设计搭接长度+14.2cm
	14	πD+设计搭接长度+14.3cm	πD+设计搭接长度+19.2cm
	16	πD+设计搭接长度+18.5cm	πD+设计搭接长度+24.1cm

注：1. D——圆形构件外形直径（m）。

2. 本表也适用于其他圆形受力钢筋长度计算。

5.2.19 常用非抗震结构圆形箍筋长度（每根箍筋）简化计算表（主筋保护层厚度30mm）

表 5-19 常用非抗震结构圆形箍筋长度（每根箍筋）简化计算表

（主筋保护层厚度 30mm）

弯钩形式		135°	
钢筋类型		光圆箍筋	带肋箍筋
箍筋直径/mm	4	πD+设计搭接长度－10.3cm	πD+设计搭接长度－8.9cm
	5	πD+设计搭接长度－8.2cm	πD+设计搭接长度－6.4cm
	6	πD+设计搭接长度－6.0cm	πD+设计搭接长度－3.9cm
	6.5	πD+设计搭接长度－4.9cm	πD+设计搭接长度－2.7cm
	8	πD+设计搭接长度－1.7cm	πD+设计搭接长度+1.1cm
	10	πD+设计搭接长度+2.6cm	πD+设计搭接长度+6.1cm
	12	πD+设计搭接长度+6.8cm	πD+设计搭接长度+11.0cm
	14	πD+设计搭接长度+11.1cm	πD+设计搭接长度+16.0cm
	16	πD+设计搭接长度+15.4cm	πD+设计搭接长度+21.0cm

注：1. D——圆形构件外形直径（m）。

2. 本表也适用于其他圆形受力钢筋长度计算。

5.2.20 纵向受力钢筋的最小搭接长度

表 5-20　　纵向受拉钢筋的最小搭接长度

钢筋类型		混凝土强度等级			
		C15	C20～C25	C30～C35	≥C40
光圆钢筋	HPB300 级	45*d*	35*d*	30*d*	25*d*
带肋钢筋	HRB335 级	55*d*	45*d*	35*d*	30*d*
	HRB400 级、RRB400 级	—	55*d*	40*d*	35*d*

注：两根直径不同钢筋的搭接长度，以较细钢筋的直径计算。钢筋长度单位为 mm。

5.2.21 纵向受拉冷轧带肋钢筋搭接接头的最小搭接长度表

表 5-21　　纵向受拉冷轧带肋钢筋搭接接头的最小搭接长度表

混凝土强度等级	C20	C25	C30	C35	≥C40
最小搭接长度/mm	55*d*	50*d*	45*d*	40*d*	35*d*

5.2.22 钢筋混凝土构件纵向受拉冷轧带肋钢筋最小锚固长度表

表 5-22　　钢筋混凝土构件纵向受拉冷轧带肋钢筋最小锚固长度

钢筋级别	混凝土强度等级			
	C20	C25	C30、C35	≥C40
CRB550 CRB600H	45*d*	40*d*	35*d*	30*d*

注：1. 表中 *d* 为冷轧带肋钢筋的公称直径（mm）。
2. 两根等直径并筋的锚固长度应按表中数值乘以系数 1.4 后取用。

5.2.23 预应力冷轧带肋钢筋的最小锚固长度表

表 5-23　　预应力冷轧带肋钢筋最小锚固长度

钢筋级别	混凝土强度等级				
	C30	C35	C40	C45	≥C50
CRB650 CRB650H	37*d*	33*d*	31*d*	29*d*	28*d*
CRB800 CRB800H	45*d*	41*d*	38*d*	36*d*	34*d*
CRB970	55*d*	50*d*	46*d*	44*d*	42*d*

注：1. 采用骤然放松预应力筋的施工工艺时，锚固长度 l_a 的起点应从距构件末端 $0.25l_{tr}$ 处开始计算，预应力筋的传递长度 l_{tr} 应按表 5-24 取用。
2. *d* 为钢筋公称直径（mm）。

5.2.24 预应力冷轧带肋钢筋的预应力传递长度

表 5-24　　预应力冷轧带肋钢筋的预应力传递长度

钢筋级别	混凝土强度等级					
	C25	C30	C35	C40	C45	≥C50
CRB650 CRB650H	24d	22d	20d	18d	17d	17d
CRB800 CRB800H	32d	28d	26d	24d	22d	21d
CRB970	40d	35d	32d	30d	28d	27d

注：1. 确定传递长度 l_{tr}时，表中混凝土强度等级应取用放松时的混凝土立方体抗压强度。

2. 采用骤然放松预应力筋的施工工艺时，l_{tr}的起点应从距构件末端 0.25l_{tr}处开始计算。

3. d 为钢筋公称直径（mm）。

5.2.25 冷轧扭钢筋的最小锚固长度表

表 5-25　　冷轧扭钢筋的最小锚固长度表

钢筋级别	混凝土强度等级				
	C20	C25	C30	C35	≥C40
CTB550	45d(50d)	40d(45d)	35d(40d)	35d(40d)	30d(35d)
CTB650	—	—	50d	45d	40d

注：1. d 为冷轧扭钢筋标志直径，钢筋长度单位为 mm。

2. 两根并筋的锚固长度按上表数值乘以系数 1.4 后取用。

3. 括号内数字用于Ⅱ型冷轧扭钢筋。

4. 预应力钢筋的锚固算起点可按《冷轧扭钢筋混凝土构件技术规程》（JGJ 115—2006）附录 A 确定。

6

混凝土工程

6.1 公式速查

6.1.1 现浇钢筋混凝土条形基础T形接头重合工程量计算

现浇钢筋混凝土条形基础T形接头重合工程量计算公式如下：

$$V_d = V_1 + V_2 + 2V_3 = L_d \times [b \times h_3 + h_2 \times (B + 2b)/6]$$

$h_3 = 0$ 时，即无梁式基础

$$V_d = L_d \times h_2 (B + 2b)/6$$

式中各量标示于图6-1中。

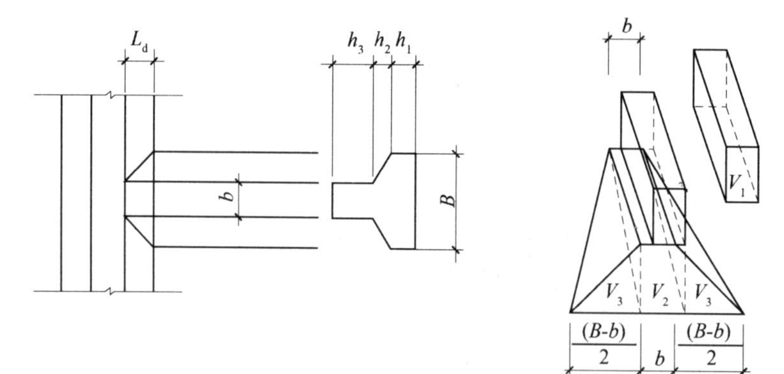

图6-1 现梁钢筋混凝土条形基础T形接头重合工程量计算图示

6.1.2 现浇钢筋混凝土条形基础（有梁）工程量计算

现浇钢筋混凝土条形基础（有梁）工程量计算公式如下：

$$V = [B \times h_1 + (B + b) \times h_2 / 2 + b \times h_3] \times L_{1槽}$$

式中 h_1、h_2、h_3——如图6-2所注；

B——基础底宽度（m）；

b——基础梁宽度（m）；

$L_{1槽}$——断面基础的槽长（m）；

C——工作面宽度；

$B \times h_1$——基础矩形截面面积；

$(B+b) \times h_2 / 2$——基础梯形截面面积；

$b \times h_3$——基础梁断面面积。

6.1.3 现浇钢筋混凝土独立基础（阶梯形）工程量计算

现浇钢筋混凝土独立基础（阶梯形）工程量计算公式如下：

$$V = (a_1 \times b_1 \times H_1) + (a_2 \times b_2 \times H_2) + (a_3 \times b_3 \times H_3)$$

计算规则：

独立基础：应分别按毛石混凝土和混凝土独立基础，以设计图示尺寸的实工程量计算，其高度从垫层上表面算至柱基上表面。现浇独立柱基与柱的划分（如图 6-3 所示）：高度 H 为相邻下一个高度 H_1 的 2 倍以内者为柱基，2 倍以上者为柱身，套用相应柱的项目。

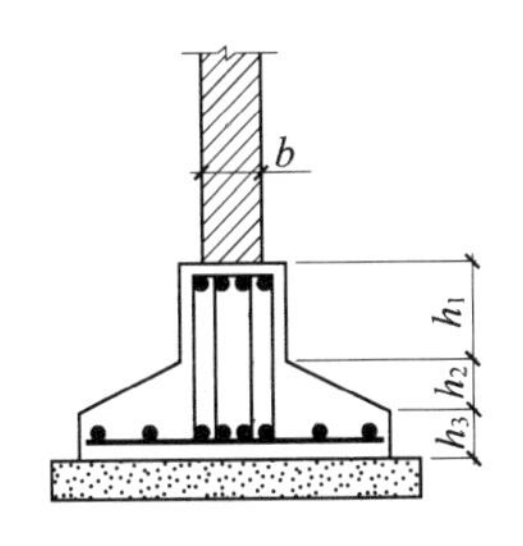

图 6-2 有梁式条形基础

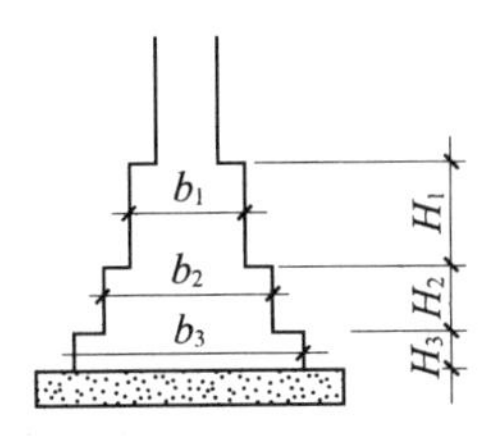

图 6-3 现浇钢筋混凝土独立基础（阶梯形）

6.1.4 现浇钢筋混凝土独立基础（截锥形）工程量计算

现浇钢筋混凝土独立基础（截锥形）（如图 6-4 所示）工程量计算公式如下：

$$V_z=\frac{h_2}{3}(a_1b_1+\sqrt{a_1b_1a_2b_2}+a_2b_2)$$

或

$$V_z=\frac{h_2}{6}[a_1b_1+(a_1+a_2)(b_1+b_2)+a_2b_2]$$

$$V_d=a_1\times b_1\times h_1+V_z$$

式中 V_d——独立基础的体积；

V_z——独立基础截锥部分的体积。

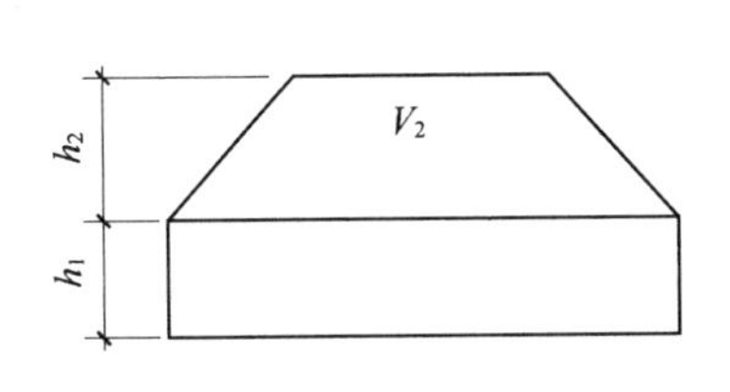

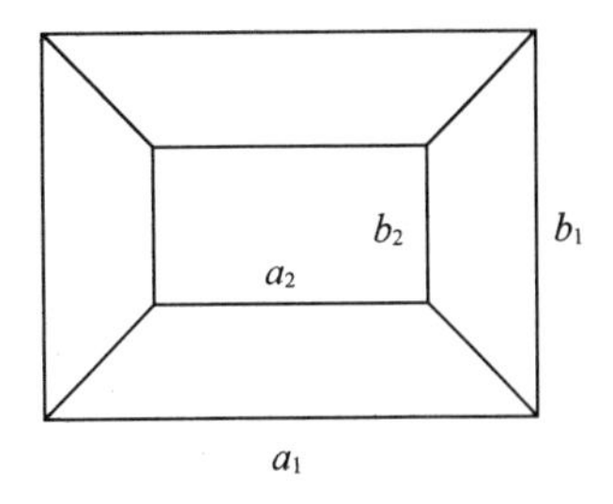

图 6-4 现浇钢筋混凝土独立基础（截锥形）

6.1.5 现浇钢筋混凝土满堂基础（有梁）工程量计算

现浇钢筋混凝土满堂基础（有梁）工程量计算公式如下：

$$V=a\times b\times h+V_{基础梁}$$

式中 a——满堂基础的长（m）；

b——满堂基础的宽（m）；

h——满堂基础的高（m）；

$V_{基础梁}$——基础梁的体积（m^3）。

6.1.6 现浇钢筋混凝土满堂基础（无梁）工程量计算

现浇钢筋混凝土满堂基础（无梁）工程量计算公式如下：

$$V=a\times b\times h$$

式中 a——满堂基础的长（m）；

b——满堂基础的宽（m）；

h——满堂基础的高（m）。

6.1.7 现浇钢筋混凝土锥形基础工程量计算

现浇钢筋混凝土锥形基础工程量计算公式如下：

$$圆柱部分\ V_1=\pi r_1^2 h_1$$

$$圆台部分\ V_2=\frac{1}{3}\pi h_2(r_1^2+r_2^2+r_1 r_2)$$

式中符号含义参见图6－5。

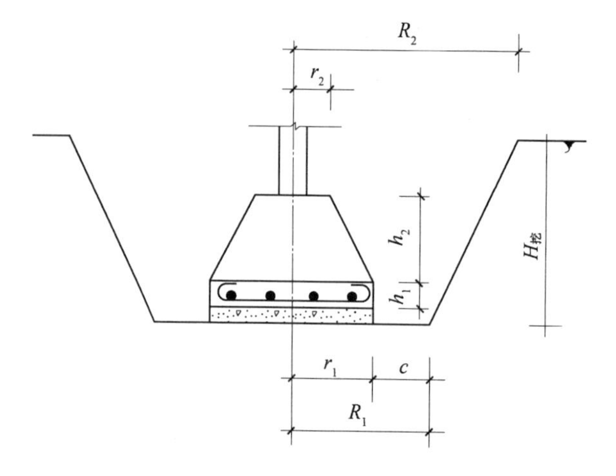

图6－5 现浇钢筋混凝土锥形基础

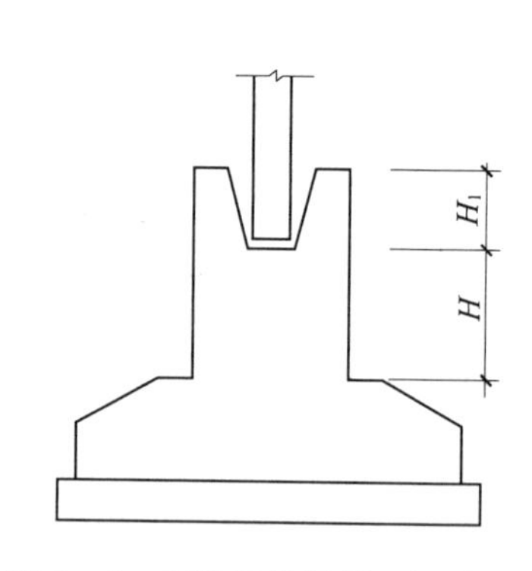

图6－6 现浇钢筋混凝土杯形基础

6.1.8 现浇钢筋混凝土杯形基础工程量计算

现浇钢筋混凝土杯形基础（如图6－6所示）工程量计算公式如下：

$$V=V_1-V_2$$

$$V_2\approx h_b(a_d+0.025)(b_d+0.025)$$

式中 V_1——不扣除杯口的杯形基础的体积（m^3）；

V_2——杯口的体积（m^3）；

h_b——杯口高（m）；

a_d——杯口底长（m）；

b_d——杯口底宽（m）。

6.1.9　现浇钢筋混凝土箱形基础工程量计算

现浇钢筋混凝土箱形基础工程量计算公式如下：

$$V=V_{底板}+V_{墙}+V_{顶板}+V_{梁}+V_{柱}$$

6.1.10　现浇钢筋混凝土基础梁工程量计算

现浇钢筋混凝土基础梁工程量计算公式如下：

$$V=\sum(S\times L)$$

式中　S——基础梁的断面积（m^2）；

L——基础梁的长度（m）。

6.1.11　现浇钢筋混凝土单梁连续梁工程量计算

现浇钢筋混凝土单梁连续梁工程量计算公式如下：

$$V=B\times H\times L$$

式中　B——梁的宽度（m）；

H——梁的高度（m）；

L——梁的长度（m）。

6.1.12　现浇钢筋混凝土楼板（有梁）工程量计算

现浇钢筋混凝土楼板（有梁）工程量计算公式如下：

$$V=a\times b\times h$$

计算规则：

凡带有梁（包括主、次梁）的楼板，梁和板的工程量分别计算，梁的高度算至板的底面，梁、板分别套用相应项目。无梁板是指不带梁直接由柱支撑的板，无梁板体积按板与柱头（帽）的和计算。钢筋混凝土板伸入墙砌体内的板头应并入板体积内计算。钢筋混凝土板与钢筋混凝土墙交接时，板的工程量算至墙内侧，板中的预留孔洞在 0.3m^2 以内者不扣除。

6.1.13　现浇钢筋混凝土楼板（无梁）工程量计算

现浇钢筋混凝土楼板（无梁）工程量计算公式如下：

$$\left.\begin{array}{l}
\text{B}_1\ \text{板:长×宽×厚}=____\text{m}^3\\
\text{柱帽的体积:}________=____\text{m}^3\\
\text{B}_2\ \text{板:长×宽×厚}=____\text{m}^3\\
\text{柱帽的体积:}________=____\text{m}^3\\
\cdots\cdots\\
\text{扣除板上的洞:}-\sum(\text{洞面积×板厚})\\
\qquad\qquad=-____\text{m}^3
\end{array}\right\}=____\text{m}^3$$

计算规则：

板上开洞超过 0.05m^2 时应扣除，但留洞口的工料应另列项目计算。

板深入墙内部分的板头在墙体工程量计算时应扣除。

板的净空面积可作为楼地面、顶棚装饰工程的参考数据。

无梁板的工程量应包括柱帽的体积。

6.1.14 现浇钢筋混凝土柱（圆形）工程量计算

现浇钢筋混凝土柱（圆形）工程量计算公式如下：

$$V=\pi r^2\times H$$

式中 πr^2——柱的断面积（m^2）；

H——柱高（m）；

r——柱的半径（m）。

6.1.15 现浇钢筋混凝土柱（矩形）工程量计算

现浇钢筋混凝土柱（矩形）（如图 6-7 所示）工程量计算公式如下：

$$V=S\times H$$

式中 S——柱的断面积（m^2）；

H——柱高（m）。

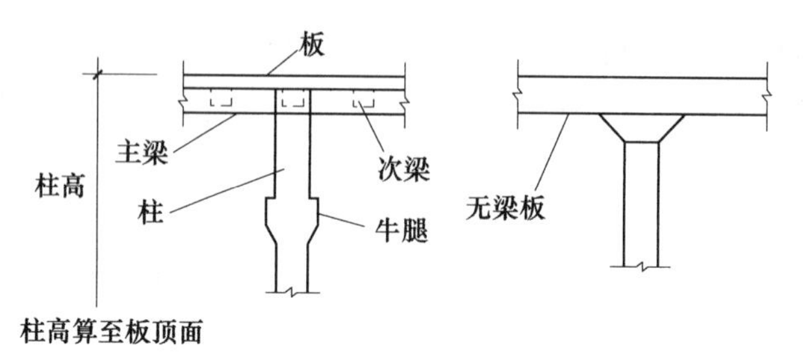

图 6-7 现浇钢筋混凝土柱（矩形）

6.1.16 现浇钢筋混凝土构造柱工程量计算

现浇钢筋混凝土构造柱工程量计算公式如下：

$$V=S'\times H$$

式中 S'——构造柱的平均断面积（m^2）；

H——构造柱的高（m）。

6.1.17 现浇钢筋混凝土墙工程量计算

现浇钢筋混凝土墙工程量计算公式如下：

$$V=B\times H\times L$$

式中 B——混凝土墙的厚度（m）；

H——混凝土墙的高度（m）；

L——混凝土墙的长度（m）。

6.1.18 现浇钢筋混凝土整体楼梯工程量计算

现浇钢筋混凝土整体楼梯（如图 6－8 所示）工程量计算公式如下：

$$S_{楼梯}=\sum(a\times b)$$

式中 $\sum$——各层投影面积之和；

a——楼梯间净宽度（m）；

b——外墙里边线至楼梯梁（TL－2）的外边缘的长度（m）。

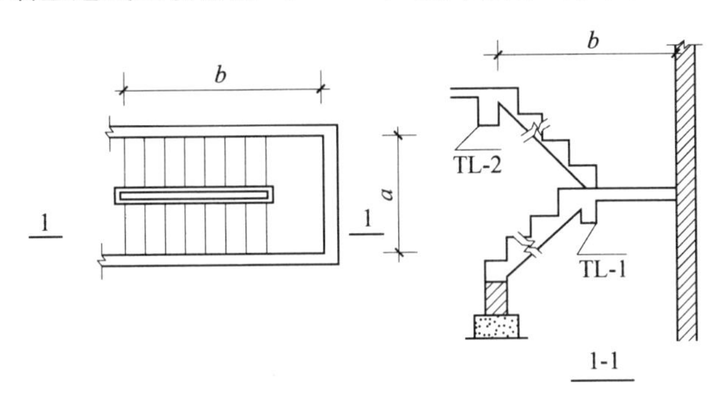

图 6－8 现浇钢筋混凝土整体楼梯

6.1.19 现浇钢筋混凝土螺旋楼梯（柱式）工程量计算

现浇钢筋混凝土螺旋楼梯（柱式）工程量计算公式如下：

$$S=\pi(R^2-r^2)$$

式中 r——圆柱半径（m）；

R——螺旋楼梯半径（m）；

S——每一旋转层楼梯的水平投影面积（m^2）。

6.1.20 现浇钢筋混凝土螺旋楼梯（整体）工程量计算

现浇钢筋混凝土螺旋楼梯（整体）工程量计算公式如下：

$$S=S_{投影}\times N$$

式中 $S_{投影}$——楼梯的投影面积（m^2）；

N——楼梯的层数。

6.1.21 现浇钢筋混凝土阳台（弧形）工程量计算

现浇钢筋混凝土阳台（弧形）工程量计算公式如下：

$$V=A\times B\times H+S_{弧}\times H$$

式中 A——阳台的长度（m）；

B——阳台的宽度（m）；

H——阳台的厚度（m）；

$S_{弧}$——弧形部分的阳台的面积（根据实际尺寸计算）。

6.1.22 现浇钢筋混凝土阳台（直形）工程量计算

现浇钢筋混凝土阳台（直形）（如图 6-9 所示）工程量计算公式如下：

$$S=L\times b$$

式中 L——阳台长度（m）；

b——阳台宽度（m）。

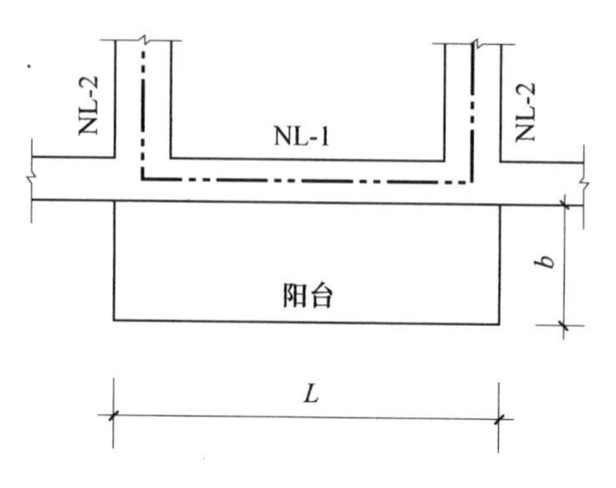

图 6-9 现浇钢筋混凝土阳台（直形）

6.1.23 现浇钢筋混凝土雨篷（弧形）工程量计算

现浇钢筋混凝土雨篷（弧形）工程量计算公式如下：

$$V=A\times B\times H+S_{弧}\times H$$

式中 A——雨篷的长度（m）；

B——雨篷的宽度（m）；

H——雨篷的厚度（m）；

$S_{弧}$——弧形部分的雨篷的面积（根据实际尺寸计算）。

6.1.24 现浇钢筋混凝土雨篷（直形）工程量计算

现浇钢筋混凝土雨篷（直形）工程量计算公式如下：

$$V=A\times B\times H$$

式中 A——雨篷的长度（m）；

B——雨篷的宽度（m）；

H——雨篷的厚度（m）。

6.1.25 现浇钢筋混凝土挑檐工程量计算

现浇钢筋混凝土挑檐工程量计算公式如下：

$$V=(B+H)\times h\times L$$

式中 B——挑檐的宽度（m）；

H——挑檐的高度（m）；

h——挑檐的厚度（m）；

L——挑檐的长度（m）。

6.1.26 现浇钢筋混凝土栏板工程量计算

现浇钢筋混凝土栏板工程量计算公式如下：

$$V=b\times H\times L$$

式中 b——栏板的宽（m）；

H——栏板的高（m）；

L——栏板的长（m）。

6.1.27 现浇钢筋混凝土遮阳板工程量计算

现浇钢筋混凝土遮阳板工程量计算公式如下：

$$V=B\times H\times L$$

式中 B——遮阳板的宽（m）；

H——遮阳板的高（m）；

L——遮阳板的长（m）。

6.1.28 现浇钢筋混凝土板缝（后浇带）工程量计算

现浇钢筋混凝土板缝（后浇带）工程量计算公式如下：

$$V=B\times H\times L$$

式中 B——后浇带的宽（m）；

H——后浇带的高（m）；

L——后浇带的长（m）。

6.1.29 预制过梁工程量计算

预制过梁工程量计算公式如下：

$$V=\sum V_i\times n$$

式中 V_i——不同规格的预制混凝土过梁体积；

N——不同规格的预制混凝土过梁的数量。

6.1.30 预制圆孔板工程量计算

预制圆孔板工程量计算公式如下：

$$V=\sum(V_1-V_2)\times N$$

式中 V_1——不扣除圆孔的板的体积（m^3）；

V_2——圆孔的体积（m^3）；

$\sum$——不同规格的圆孔板的汇总；

N——圆孔板的数量。

6.1.31 钢筋混凝土倒圆锥形薄壳基础工程量计算

现浇混凝土倒圆锥形薄壳基础工程量计算公式：

根据图 6－10 所示：

$$V=V_1+V_2+V_3$$

$$V_1(\text{薄壳部分})=\pi\times(R_1+R_2)\times\delta h_1\times\cos\theta$$

$$V_2(\text{截头圆锥体部分})=\frac{\pi h_2}{3}(R_3^2+R_3R_4+R_4^2)$$

$$V_3(\text{圆体部分})=\pi R_2^2 h_3$$

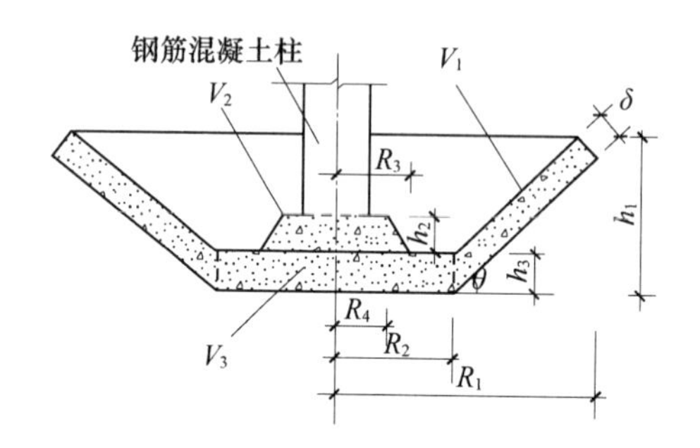

图 6－10　钢筋混凝土倒圆锥形薄壳基础

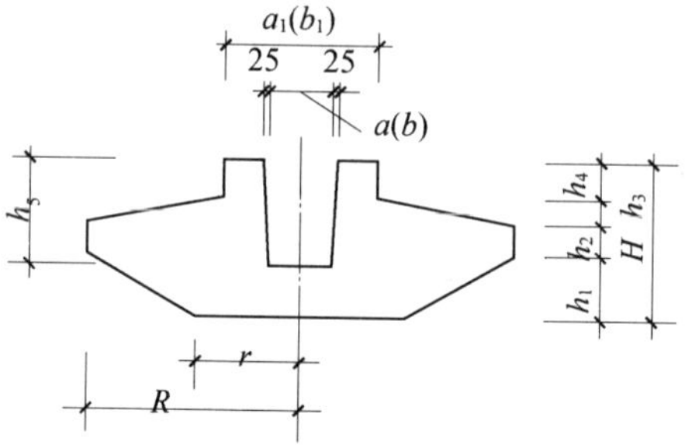

图 6－11　钢筋混凝土倒圆台基础

6.1.32　钢筋混凝土倒圆台基础工程量计算

现浇混凝土倒圆台基础工程量计算公式：

根据图 6－11 所示：

$$V=\frac{\pi h_1}{3}(R^2+r^2+Rr)+\pi R^2 H^2$$

$$+\frac{\pi h_3}{3}\left[R^2+\left(\frac{a_1}{2}\right)^2+R\frac{a_1}{2}\right]$$

$$+a_1b_1h_4-(a+0.025)(b+0.025)h_5$$

式中　a——柱长边尺寸；

a_1——杯口外包长边尺寸；

b——柱短边尺寸；

b_1——杯口外包短边尺寸；

R——底最大半径；

r——底面半径；

H、$h_1\sim h_5$——断面高度。

6.1.33　混凝土鱼腹式吊车梁混凝土、钢筋计算

混凝土鱼腹式吊车梁如图 6－12 所示。对其工程量计算，虚线以上的部分按矩形断面计算；对虚线以下的弧线部分，应按弧面积乘以设计梁宽计算。

弧线部分的设计有两种方法，一是按抛物线（二次或三次抛物线）设计，一是按圆弧线高度。对于按抛物线设计者，则

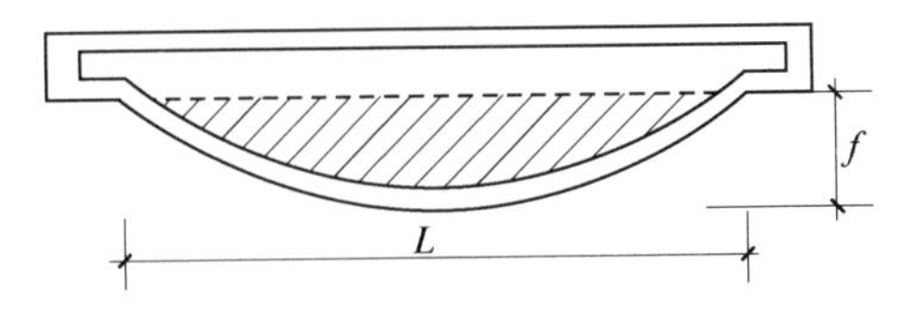

图 6-12　鱼腹式吊车梁

$$弧面积=0.6667\times L\times f$$

$$弧线长=\sqrt{L^2+1.3333f^2}（用于钢筋计算）$$

式中　L——弧对应的水平长；

　　　f——弧对应的垂直高。

对于按圆弧线设计者，则

$$弧面积=KLf$$

$$弧线长=\frac{0.0021816\phi(L^2+4f^2)}{f}（用于钢筋计算）$$

式中　L——弧对应的水平长；

　　　f——弧对应的垂直高；

　　　K——圆弧面积系数，见表 6-3；

　　　ϕ——弧对应的中心角，可用 f/L 之比值查表 6-3 可得。

6.2　数据速查

6.2.1　构造柱折算截面积表

表 6-1　　**构造柱折算截面积表**　　（单位：m^2）

构造柱的平面形式		d_1 d_2	d_1 d_2	d_1 d_2	d_1 d_2
构造柱基本截面 $d_1\times d_2$	0.24×0.24	0.072	0.0792	0.072	0.0864
	0.24×0.365	0.1095	0.1167	0.1058	0.1239
	0.365×0.24	0.1020	0.1130	0.1058	0.1239
	0.365×0.365	0.1551	0.1661	0.1551	0.1770

注：1. 构造柱体积=构造柱折算截面积×构造柱计算高度。

　　2. 构造柱详见附图：

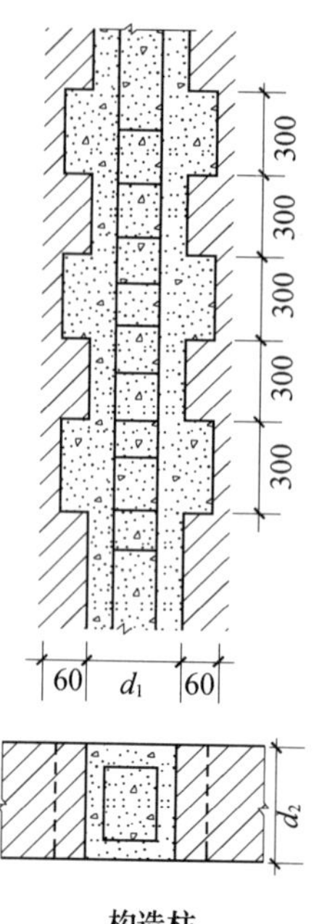

构造柱

6.2.2 常用锥形杯口基础体积表

表 6-2　　常用锥形杯口基础体积表

柱断面/mm²	杯形柱基规格尺寸/mm										混凝土体积/(m³/个)
	A	B	a	a_1	b	b_1	H	h_1	h_2	h_3	
400×400	1300	1300	550	1000	550	1000	600	300	200	200	0.66
	1400	1400	550	1000	550	1000	600	300	200	200	0.73
	1500	1500	550	1000	550	1000	600	300	200	200	0.80
	1600	1600	550	1000	550	1000	600	300	200	200	0.87
	1700	1700	550	1000	550	1000	700	300	250	200	1.04
	1800	1800	550	1000	550	1000	700	300	250	200	1.13
	1900	1900	550	1000	550	1000	700	300	250	200	1.22
	2000	2000	550	1100	550	1100	800	400	250	200	1.63
	2100	2100	550	1100	550	1100	800	400	250	200	1.74
	2200	2200	550	1100	550	1100	800	400	250	200	1.86
	2300	2300	550	1200	550	1200	800	400	250	200	2.12
400×600	2300	1900	750	1400	550	1200	800	400	250	200	1.92
	2300	2100	750	1450	550	1250	800	400	250	200	2.13
	2400	2200	750	1450	550	1250	800	400	250	200	2.26
	2500	2300	750	1450	550	1250	800	400	250	200	2.40
	2600	2400	750	1550	550	1350	800	400	250	200	2.68
	3000	2700	750	1550	550	1350	1000	500	300	200	2.83
	3300	3900	750	1550	550	1350	1000	600	300	200	4.63

续表

柱断面/mm^2	杯形柱基规格尺寸/mm										混凝土体积/(m^3/个)
	A	B	a	a_1	b	b_1	H	h_1	h_2	h_3	
400×700	2500	2300	850	1550	550	1350	900	500	250	200	2.76
	2700	2500	850	1550	550	1350	900	500	250	200	3.16
	3000	2700	850	1550	550	1350	1000	500	300	200	3.89
	3300	2900	850	1550	550	1350	1000	600	300	200	4.60
	4000	2800	850	1750	550	1350	1000	700	300	200	6.02
400×800	3000	2700	950	1700	550	1350	1000	500	300	200	3.90
	3300	2900	950	1750	550	1350	1000	600	300	200	4.65
	4000	2800	950	1750	550	1350	1000	700	300	250	5.98
	4500	3000	950	1850	550	1350	1000	800	300	250	7.93
500×800	3000	2700	950	1700	650	1450	1000	500	300	200	3.96
	3300	2900	950	1750	650	1450	1000	600	300	200	4.70
	4000	2800	950	1750	650	1450	1000	700	300	250	6.02
	4500	3000	950	1850	650	1450	1200	800	300	250	7.99
500×1000	4000	2800	1150	1950	650	1450	1200	800	300	250	6.90
	4500	3000	1150	1950	650	1450	1200	800	300	250	8.00

注： 1. 按杯口上下口放宽 25mm。

2. 表中符号如图 6－13 所示。

3. 锥形杯口基础体积计算公式

$$V=V_{\text{I}}+V_{\text{II}}+V_{\text{III}}-V_{\text{IV}}$$

式中

$V_{\text{I}}=ABh_3$

$V_{\text{II}}(\text{锥形})=\frac{1}{3}(a_1b_1+AB+\sqrt{a_1b_1AB})h_4$

$V_{\text{III}}=a_1b_1(H-h_1)$

$V_{\text{IV}}=(a-0.025)(b-0.025)(H-h_2)$

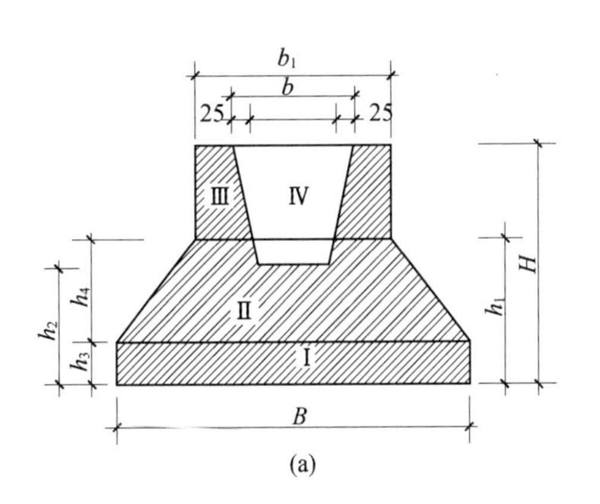

(a)

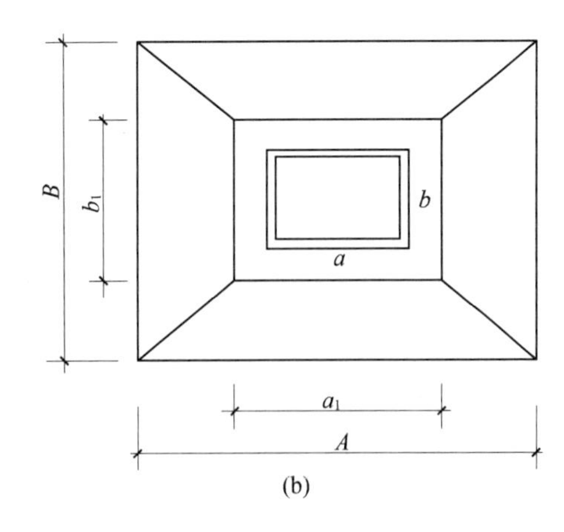

(b)

图 6－13　锥形杯口基础

6.2.3 圆弧面积系数 *K*

表 6-3 圆弧面积系数 *K*

ϕ/(°)	系数 K	f/L	ϕ/(°)	系数 K	f/L
1	0.6667	0.0022	35	0.6698	0.0770
2	0.6667	0.0044	36	0.6700	0.0792
3	0.6667	0.0066	37	0.6702	0.0814
4	0.6667	0.0087	38	0.6704	0.0837
5	0.6667	0.0109	39	0.6706	0.0859
6	0.6667	0.0131	40	0.6708	0.0882
7	0.6668	0.0153	41	0.6710	0.0904
8	0.6668	0.0175	42	0.6712	0.0927
9	0.6669	0.0197	43	0.6714	0.0949
10	0.6670	0.0218	44	0.6717	0.0972
11	0.6670	0.0240	45	0.6719	0.0995
12	0.6671	0.0262	46	0.6722	0.1017
13	0.6672	0.0284	47	0.6724	0.1040
14	0.6672	0.0306	48	0.6727	0.1063
15	0.6673	0.0328	49	0.6729	0.1086
16	0.6674	0.0350	50	0.6732	0.1109
17	0.6675	0.0372	51	0.6734	0.1131
18	0.6676	0.0394	52	0.6737	0.1154
19	0.6677	0.0416	53	0.6740	0.1177
20	0.6678	0.0437	54	0.6743	0.1200
21	0.6678	0.0459	55	0.6746	0.1224
22	0.6680	0.0481	56	0.6749	0.1247
23	0.6681	0.0504	57	0.6752	0.1270
24	0.6682	0.0526	58	0.6755	0.1293
25	0.6684	0.0548	59	0.6758	0.1316
26	0.6685	0.0570	60	0.6761	0.1340
27	0.6687	0.0592	61	0.6764	0.1363
28	0.6688	0.0614	62	0.6768	0.1387
29	0.6688	0.0636	63	0.6771	0.1410
30	0.6690	0.0658	64	0.6775	0.1434
31	0.6691	0.0681	65	0.6779	0.1457
32	0.6693	0.0703	66	0.6782	0.1481
33	0.6694	0.0725	67	0.6786	0.1505
34	0.6696	0.0747	68	0.6790	0.1529

续表

ϕ/(°)	系数 K	f/L	ϕ/(°)	系数 K	f/L
69	0.6794	0.1553	101	0.6954	0.2358
70	0.6797	0.1577	102	0.6961	0.2385
71	0.6802	0.1601	103	0.6967	0.2412
72	0.6805	0.1625	104	0.6974	0.2439
73	0.6809	0.1649	105	0.6980	0.2466
74	0.6814	0.1673	106	0.6987	0.2493
75	0.6818	0.1697	107	0.6994	0.2520
76	0.6822	0.1722	108	0.7001	0.2548
77	0.6826	0.1746	109	0.7008	0.2575
78	0.6831	0.1771	110	0.7015	0.2603
79	0.6835	0.1795	111	0.7022	0.2631
80	0.6840	0.1820	112	0.7030	0.2659
81	0.6844	0.1845	113	0.7037	0.2687
82	0.6849	0.1869	114	0.7045	0.2715
83	0.6854	0.1894	115	0.7052	0.2742
84	0.6859	0.1919	116	0.7060	0.2772
85	0.6860	0.1914	117	0.7068	0.2800
86	0.6869	0.1970	118	0.7076	0.2829
87	0.6874	0.1995	119	0.7084	0.2858
88	0.6879	0.2020	120	0.7092	0.2887
89	0.6884	0.2046	121	0.7100	0.2916
90	0.6890	0.2071	122	0.7109	0.2945
91	0.6895	0.2097	123	0.7117	0.2975
92	0.6901	0.2122	124	0.7126	0.3004
93	0.6906	0.2148	125	0.7134	0.3034
94	0.6912	0.2174	126	0.7143	0.3064
95	0.6918	0.2200	127	0.7152	0.3094
96	0.6924	0.2226	128	0.7161	0.3124
97	0.6930	0.2252	129	0.7170	0.3155
98	0.6936	0.2279	130	0.7180	0.3185
99	0.6942	0.2305	131	0.7189	0.3216
100	0.6948	0.2332	132	0.7199	0.3247

续表

$\phi/(°)$	系数 K	f/L	$\phi/(°)$	系数 K	f/L
133	0.7209	0.3278	157	0.7486	0.4085
134	0.7219	0.3309	158	0.7500	0.4122
135	0.7229	0.3341	159	0.7514	0.4159
136	0.7239	0.3373	160	0.7528	0.4196
137	0.7249	0.3404	161	0.7542	0.4233
138	0.7260	0.3436	162	0.7557	0.4270
139	0.7270	0.3469	163	0.7571	0.4308
140	0.7281	0.3501	164	0.7586	0.4346
141	0.7292	0.3534	165	0.7601	0.4385
142	0.7303	0.3567	166	0.7616	0.4424
143	0.7314	0.3600	167	0.7632	0.4463
144	0.7325	0.3633	168	0.7648	0.4502
145	0.7336	0.3666	169	0.7664	0.4542
146	0.7348	0.3700	170	0.7680	0.4582
147	0.7360	0.3734	171	0.7696	0.4622
148	0.7372	0.3768	172	0.7712	0.4663
149	0.7384	0.3802	173	0.7729	0.4704
150	0.7396	0.3837	174	0.7746	0.4745
151	0.7408	0.3871	175	0.7763	0.4787
152	0.7421	0.3906	176	0.7781	0.4828
153	0.7434	0.3942	177	0.7799	0.4871
154	0.7447	0.3977	178	0.7817	0.4914
155	0.7460	0.4013	179	0.7835	0.4957
156	0.7473	0.4049	180	0.7854	0.5000

6.2.4 混凝土保护层的最小厚度

表 6-4　　混凝土保护层的最小厚度 c　　（单位：mm）

环境类别	板、墙、壳	梁、柱、杆
一	15	20
二 a	20	25
二 b	25	35
三 a	30	40
三 b	40	50

注： 1. 混凝土强度等级不大于 C25 时，表中保护层厚度数值应增加 5mm。

2. 钢筋混凝土基础宜设置混凝土垫层，基础中钢筋的混凝土保护层厚度应从垫层顶面算起，且不应小于 40mm。

3. “环境类别”见表 6-5。

6.2.5 混凝土结构的环境类别

表 6－5　　混凝土结构的环境类别

环境类别	条　件
一	室内干燥环境； 无侵蚀性静水浸没环境
二 a	室内潮湿环境； 非严寒和非寒冷地区的露天环境； 非严寒和非寒冷地区与无侵蚀性的水或土壤直接接触的环境； 严寒和寒冷地区的冰冻线以下与无侵蚀性的水或土壤直接接触的环境
二 b	干湿交替环境； 水位频繁变动环境； 严寒和寒冷地区的露天环境； 严寒和寒冷地区冰冻线以上与无侵蚀性的水或土壤直接接触的环境
三 a	严寒和寒冷地区冬季水位变动区环境； 受除冰盐影响环境； 海风环境
三 b	盐渍土环境； 受除冰盐作用环境； 海岸环境
四	海水环境
五	受人为或自然的侵蚀性物质影响的环境

注：1. 室内潮湿环境是指构件表面经常处于结露或湿润状态的环境。

2. 严寒和寒冷地区的划分应符合现行国家标准《民用建筑热工设计规范》（GB 50176—1993）的有关规定。

3. 海岸环境和海风环境宜根据当地情况，考虑主导风向及结构所处迎风、背风部位等因素的影响，由调查研究和工程经验确定。

4. 受除冰盐影响环境是指受到除冰盐盐雾影响的环境；受除冰盐作用环境是指作冰盐溶液溅射的环境以及使用除冰盐地区的洗车房、停车楼等建筑。

5. 暴露的环境是指混凝土结构表面所处的环境。

7

钢结构工程

7.1 公式速查

7.1.1 方钢截面面积计算

方钢截面面积计算公式如下：

$$F=a^2$$

式中 a——边宽（mm）。

7.1.2 钢管截面面积计算

钢管截面面积计算公式如下：

$$F=3.1416\delta(D-\delta)$$

式中 D——外径（mm）；

δ——壁厚（mm）。

7.1.3 槽钢截面面积计算

槽钢截面面积计算公式如下：

$$F=hd+2t(b-d)+0.349(r^2-r_1^2)$$

式中 h——高度（mm）；

b——腿宽（mm）；

d——腰厚（mm）；

t——平均腿厚（mm）；

r——内面圆角半径（mm）；

r_1——边端圆角半径（mm）。

7.1.4 工字钢截面面积计算

工字钢截面面积计算公式如下：

$$F=hd+2t(b-d)+0.615(r^2-r_1^2)$$

式中 h——高度（mm）；

b——腿宽（mm）；

d——腰厚（mm）；

t——平均腿厚（mm）；

r——内面圆角半径（mm）；

r_1——边端圆角半径（mm）。

7.1.5 圆角方钢截面面积计算

圆角方钢截面面积计算公式如下：

$$F=a^2-0.8584r^2$$

式中 a——边宽（mm）；

r——圆角半径（mm）。

7.1.6 圆角扁钢截面面积计算

圆角扁钢截面面积计算公式如下：

$$F=a\delta-0.8584r^2$$

式中 a——边宽（mm）；

δ——厚度（mm）；

r——圆角半径（mm）。

7.1.7 等边角钢截面面积计算

等边角钢截面面积计算公式如下：

$$F=d(2b-d)+0.215(r^2-2r_1^2)$$

式中 d——边厚（mm）；

b——边宽（mm）；

r——内面圆角半径（mm）；

r_1——端边圆角半径（mm）。

7.1.8 不等边角钢截面面积计算

不等边角钢截面面积计算公式如下：

$$F=d(B+b-d)+0.215(r^2-2r_1^2)$$

式中 d——边厚（mm）；

B——长边宽（mm）；

b——短边宽（mm）；

r——内面圆角半径（mm）；

r_1——端边圆角半径（mm）。

7.1.9 L型钢截面面积计算

L型钢截面面积计算公式如下：

$$F=BD+d(b-D)+0.215(r^2-2r_1^2)$$

式中 B——长边宽（mm）；

D——长边厚（mm）；

b——短边宽（mm）；

d——短边厚（mm）；

r——内面圆角半径（mm）；

r_1——端边圆角半径（mm）。

7.1.10 六角钢截面面积计算

六角钢截面面积计算公式如下：

$$F=0.866a^2=2.598s^2$$

式中　a——对边距离（mm）；

　　s——距离（mm）。

7.1.11　八角钢截面面积计算

八角钢截面面积计算公式如下：

$$F=0.8284a^2=4.8284s^2$$

式中　a——对边距离（mm）；

　　s——距离（mm）。

7.1.12　钢板、扁钢、钢带截面面积计算

钢板、扁钢、钢带截面面积计算公式如下：

$$F=a\delta$$

式中　a——边宽（mm）；

　　δ——厚度（mm）。

7.1.13　圆钢、圆盘条、钢丝截面面积计算

圆钢、圆盘条、钢丝截面面积计算公式如下：

$$F=0.7854d^2$$

式中　d——外径（mm）。

7.1.14　钢材理论质量计算

钢材理论质量计算公式如下：

$$W=FL\rho/1000$$

式中　W——质量，单位为kg；

　　F——断面积，单位为mm^2；

　　L——长度，单位为m；

　　ρ——密度，单位为g/mm^3。

7.1.15　方钢理论质量计算

方钢理论质量（kg）计算公式如下（未作特别说明的尺寸单位均为mm）：

$$W=0.00785\times(\text{边长}\ d)^2$$

7.1.16　钢管理论质量计算

钢管理论质量（kg）计算公式如下：

$$W=0.02466\times\text{壁厚}\ s\times(\text{外径}\ D-\text{壁厚}\ s)$$

7.1.17　槽钢理论质量计算

槽钢理论质量（kg）计算公式如下：

$$W=0.00785\times\text{腰厚}\ d\times[\text{高}\ h+e(\text{腿宽}\ b-\text{腰厚}\ d)]$$

e值：一般型号及带a的为3.26，带b的为2.44，带c的为2.24。

7.1.18 工字钢理论质量计算

工字钢理论质量（kg/m）计算公式如下（尺寸单位为 mm）：

$$W=0.00785\times 腰厚\ d[高\ h+f(腿宽\ b-腰厚\ d)]$$

f 值：一般型号及带 a 的为 3.34，带 b 的为 2.65，带 c 的为 2.26。

7.1.19 等边角钢理论质量计算

等边角钢理论质量（kg/m）计算公式如下（尺寸单位为 mm）：

$$W=0.00795\times 边厚\ d\times(2b\ 边宽的两倍-边厚\ d)$$

7.1.20 不等边角钢理论质量计算

不等边角钢理论质量计算公式如下（尺寸单位为 mm）：

$$W=0.00795\times 边厚\ d\times(长边宽\ B+短边宽\ b-边厚\ d)$$

7.1.21 六角钢理论质量计算

六角钢理论质量（kg/m）计算公式如下（尺寸单位为 mm）：

$$W=0.0068\times(对边距离\ d)^2$$

7.1.22 八角钢理论质量计算

八角钢理论质量（kg/m）计算公式如下（尺寸单位为 mm）：

$$W=0.0065\times(对边距离\ d)^2$$

7.1.23 扁钢、钢板、钢带理论质量计算

扁钢、钢板、钢带理论质量（kg/m）计算公式如下（尺寸单位为 mm）：

$$W=0.00785\times b(宽)\times d(厚)$$

7.1.24 圆钢、线材、钢丝理论质量计算

圆钢、线材、钢丝理论质量（kg/m）计算公式如下（直径 D 单位为 mm）：

$$W=0.00617\times D^2$$

7.1.25 楼梯钢栏杆制作工程量计算

楼梯钢栏杆制作工程量计算公式如下：

$$栏杆长\ L=[\sum 梯段长\ l+1.4\times(n-1)]\times 1.15+楼梯间宽\ b/2$$

式中 $\sum$梯段长 l——各层楼梯段长之和（m）；

1.4——栏杆拐弯处增加长度（m）；

n——楼层数（$n-1$ 是楼梯层数）；

1.15——坡度系数；

$b/2\left(\frac{1}{2}楼梯间宽\right)$——顶层封口栏杆长（m）。

7.2 数据速查

7.2.1 热轧圆钢和方钢的尺寸及理论重量表

表 7-1　　热轧圆钢和方钢的尺寸及理论重量

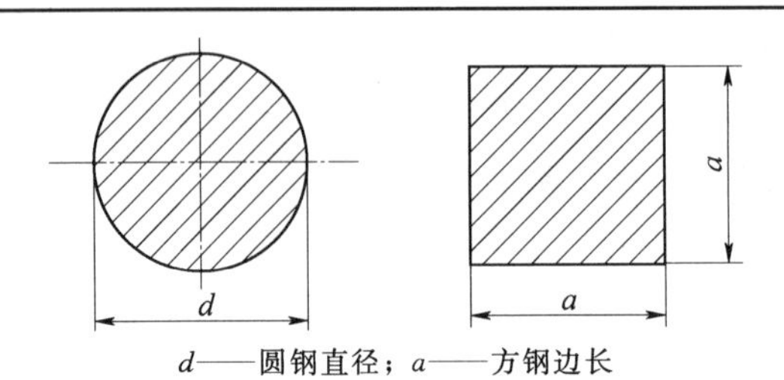

d——圆钢直径；a——方钢边长

圆钢公称直径 d 方钢公称边长 a/mm	理论质量/(kg/m)		圆钢公称直径 d 方钢公称边长 a/mm	理论质量/(kg/m)	
	圆钢	方钢		圆钢	方钢
5.5	0.186	0.237	25	3.85	4.91
6	0.222	0.283	26	4.17	5.31
6.5	0.260	0.332	27	4.49	5.72
7	0.302	0.385	28	4.83	6.15
8	0.395	0.502	29	5.18	6.60
9	0.499	0.636	30	5.55	7.06
10	0.617	0.785	31	5.92	7.54
11	0.746	0.950	32	6.31	8.04
12	0.888	1.13	33	6.71	8.55
13	1.04	1.33	34	7.13	9.07
14	1.21	1.54	35	7.55	9.62
15	1.39	1.77	36	7.99	10.2
16	1.58	2.01	38	8.90	11.3
17	1.78	2.27	40	9.86	12.6
18	2.00	2.54	42	10.9	13.8
19	2.23	2.83	45	12.5	15.9
20	2.47	3.14	48	14.2	18.1
21	2.72	3.46	50	15.4	19.6
22	2.98	3.80	53	17.3	22.0
23	3.26	4.15	55	18.6	23.7
24	3.55	4.52	56	19.3	24.6

续表

圆钢公称直径 d 方钢公称边长 a/mm	理论质量/(kg/m)		圆钢公称直径 d 方钢公称边长 a/mm	理论质量/(kg/m)	
	圆钢	方钢		圆钢	方钢
58	20.7	26.4	145	130	165
60	22.2	28.3	150	139	177
63	24.5	31.2	155	148	189
65	26.0	33.2	160	158	201
68	28.5	36.3	165	168	214
70	30.2	38.5	170	178	227
75	34.7	44.2	180	200	254
80	39.5	50.2	190	223	283
85	44.5	56.7	200	247	314
90	49.9	63.6	210	272	
95	55.6	70.8	220	298	
100	61.7	78.5	230	326	
105	68.0	86.5	240	355	
110	74.6	95.0	250	385	
115	81.5	104	260	417	
120	88.8	113	270	449	
125	96.3	123	280	483	
130	104	133	290	518	
135	112	143	300	555	
140	121	154	310	592	

注：表中钢的理论质量按密度为 7.85g/cm³ 计算。

7.2.2　工字钢截面尺寸、截面面积、理论质量及截面特征

表 7－2　　工字钢截面尺寸、截面面积、理论质量及截面特征

型号	截面尺寸/mm						截面面积/cm²	理论质量/(kg/m)	惯性矩/cm⁴		惯性半径/cm		截面模数/cm³	
	h	b	d	t	r	r_1			I_x	I_y	i_x	i_y	W_x	W_y
10	100	68	4.5	7.6	6.5	3.3	14.345	11.261	245	33.0	4.14	1.52	49.0	9.72
12	120	74	5.0	8.4	7.0	3.5	17.818	13.987	436	46.9	4.95	1.62	72.7	12.7
12.6	126	74	5.0	8.4	7.0	3.5	18.118	14.223	488	46.9	5.20	1.61	77.5	12.7
14	140	80	5.5	9.1	7.5	3.8	21.516	16.890	712	64.4	5.76	1.73	102	16.1
16	160	88	6.0	9.9	8.0	4.0	26.131	20.513	1 130	93.1	6.58	1.89	141	21.2

续表

型号	截面尺寸/mm						截面面积/cm^2	理论质量/(kg/m)	惯性矩/cm^4		惯性半径/cm		截面模数/cm^3	
	h	b	d	t	r	r_1			I_x	I_y	i_x	i_y	W_x	W_y
18	180	94	6.5	10.7	8.5	4.3	30.756	24.143	1 660	122	7.36	2.00	185	26.0
20a	200	100	7.0	11.4	9.0	4.5	35.578	27.929	2 370	158	8.15	2.12	237	31.5
20b		102	9.0				39.578	31.069	2 500	169	7.96	2.06	250	33.1
22a	220	110	7.5	12.3	9.5	4.8	42.128	33.070	3 400	225	8.99	2.31	309	40.9
22b		112	9.5				46.528	36.524	3 570	239	8.78	2.27	325	42.7
24a	240	116	8.0	13.0	10.0	5.0	47.741	37.477	4 570	280	9.77	2.42	381	48.4
24b		118	10.0				52.541	41.245	4 800	297	9.57	2.38	400	50.4
25a	250	116	8.0				48.541	38.105	5 020	280	10.2	2.40	402	48.3
25b		118	10.0				53.541	42.030	5 280	309	9.94	2.40	423	52.4
27a	270	122	8.5	13.7	10.5	5.3	54.554	42.825	6 550	345	10.9	2.51	485	56.6
27b		124	10.5				59.954	47.064	6 870	366	10.7	2.47	509	58.9
28a	280	122	8.5				55.404	43.492	7 110	345	11.3	2.50	508	56.6
28b		124	10.5				61.004	47.888	7 480	379	11.1	2.49	534	61.2
30a	300	126	9.0	14.4	11.0	5.5	61.254	48.084	8 950	400	12.1	2.55	597	63.5
30b		128	11.0				67.254	52.794	9 400	422	11.8	2.50	627	65.9
30c		130	13.0				73.254	57.504	9 850	445	11.6	2.46	657	68.5
32a	320	130	9.5	15.0	11.5	5.8	67.156	52.717	11 100	460	12.8	2.62	692	70.8
32b		132	11.5				73.556	57.741	11 600	502	12.6	2.61	726	76.0
32c		134	13.5				79.956	62.765	12 200	544	12.3	2.61	760	81.2
36a	360	136	10.0	15.8	12.0	6.0	76.480	60.037	15 800	552	14.4	2.69	875	81.2
36b		138	12.0				83.680	65.689	16 500	582	14.1	2.64	919	84.3
36c		140	14.0				90.880	71.341	17 300	612	13.8	2.60	962	87.4
40a	400	142	10.5	16.5	12.5	6.3	86.112	67.598	21 700	660	15.9	2.77	1090	93.2
40b		144	12.5				94.112	73.878	22 800	692	15.6	2.71	1140	96.2
40c		146	14.5				102.112	80.158	23 900	727	15.2	2.65	1190	99.6
45a	450	150	11.5	18.0	13.5	6.8	102.446	80.420	32 200	855	17.7	2.89	1430	114
45b		152	13.5				111.446	87.485	33 800	894	17.4	2.84	1500	118
45c		154	15.5				120.446	94.550	35 300	938	17.1	2.79	1570	122
50a	500	158	12.0	20.0	14.0	7.0	119.304	93.654	46 500	1120	19.7	3.07	1860	142
50b		160	14.0				129.304	101.504	48 600	1170	19.4	3.01	1940	146
50c		162	16.0				139.304	109.354	50 600	1220	19.0	2.96	2080	151

续表

型号	截面尺寸/mm						截面面积/cm²	理论质量/(kg/m)	惯性矩/cm⁴		惯性半径/cm		截面模数/cm³	
	h	b	d	t	r	r_1			I_x	I_y	i_x	i_y	W_x	W_y
55a	550	166	12.5	21.0	14.5	7.3	134.185	105.335	62 900	1370	21.6	3.19	2290	164
55b		168	14.5				145.185	113.970	65 600	1420	21.2	3.14	2390	170
55c		170	16.5				156.185	122.605	68 400	1480	20.9	3.08	2490	175
56a	560	166	12.5				135.435	106.316	65 600	1370	22.0	3.18	2340	165
56b		168	14.5				146.635	115.108	68 500	1490	21.6	3.16	2450	174
56c		170	16.5				157.835	123.900	71 400	1560	21.3	3.16	2550	183
63a	630	176	13.0	22.0	15.0	7.5	154.658	121.407	93 900	1700	24.5	3.31	2980	193
63b		178	15.0				167.258	131.298	98 100	1810	24.2	3.29	3160	204
63c		180	17.0				179.858	141.189	102 000	1920	23.8	3.27	3300	214

注： 1. 表中 r、r_1 的数据用于孔设计，不作为交货条件。

2. 热轧工字钢

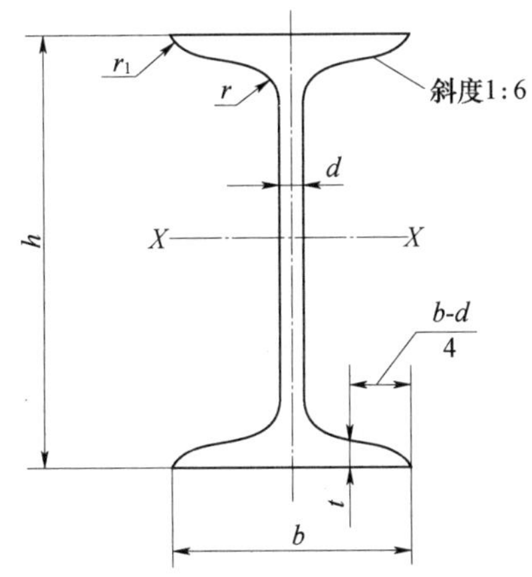

h——高度；b——腿宽度；d——腰厚度；t——平均腿厚度；r——内圆弧半径；r_1——腿端圆弧半径

7.2.3 槽钢截面尺寸、截面面积、理论质量及截面特征

表 7-3　　槽钢截面尺寸、截面面积、理论质量及截面特征

型号	截面尺寸/mm						截面面积/cm²	理论质量/(kg/m)	惯性矩/cm⁴			惯性半径/cm		截面模数/cm³		重心距离/cm
	h	b	d	t	r	r_1			I_x	I_y	I_{y1}	i_x	i_y	W_x	W_y	Z_0
5	50	37	4.5	7.0	7.0	3.5	6.928	5.438	26.0	8.30	20.9	1.94	1.10	10.4	3.55	1.35
6.3	63	40	4.8	7.5	7.5	3.8	8.451	6.634	50.8	11.9	28.4	2.45	1.19	16.1	4.50	1.36
6.5	65	40	4.3	7.5	7.5	3.8	8.547	6.709	55.2	12.0	28.3	2.54	1.19	17.0	4.59	1.38

续表

型号	截面尺寸/mm						截面面积/cm^2	理论质量/(kg/m)	惯性矩/cm^4			惯性半径/cm		截面模数/cm^3		重心距离/cm
	h	b	d	t	r	r_1			I_x	I_y	I_{y1}	i_x	i_y	W_x	W_y	Z_0
8	80	43	5.0	8.0	8.0	4.0	10.248	8.045	101	16.6	37.4	3.15	1.27	25.3	5.79	1.43
10	100	48	5.3	8.5	8.5	4.2	12.748	10.007	198	25.6	54.9	3.95	1.41	39.7	7.80	1.52
12	120	53	5.5	9.0	9.0	4.5	15.362	12.059	346	37.4	77.7	4.75	1.56	57.7	10.2	1.62
12.6	126	53	5.5	9.0	9.0	4.5	15.692	12.318	391	38.0	77.1	4.95	1.57	62.1	10.2	1.59
14a	140	58	6.0	9.5	9.5	4.8	18.516	14.535	564	53.2	107	5.52	1.70	80.5	13.0	1.71
14b		60	8.0				21.316	16.733	609	61.1	121	5.35	1.69	87.1	14.1	1.67
16a	160	63	6.5	10.0	10.0	5.0	21.962	17.24	866	73.3	144	6.28	1.83	108	16.3	1.80
16b		65	8.5				25.162	19.752	935	83.4	161	6.10	1.82	117	17.6	1.75
18a	180	68	7.0	10.5	10.5	5.2	25.699	20.174	1 270	98.6	190	7.04	1.96	141	20.0	1.88
18b		70	9.0				29.299	23.000	1 370	111	210	6.84	1.95	152	21.5	1.84
20a	200	73	7.0	11.0	11.0	5.5	28.837	22.637	1 780	128	244	7.86	2.11	178	24.2	2.01
20b		75	9.0				32.837	25.777	1 910	144	268	7.64	2.09	191	25.9	1.95
22a	220	77	7.0	11.5	11.5	5.8	31.846	24.999	2 390	158	298	8.67	2.23	218	28.2	2.10
22b		79	9.0				36.246	28.453	2 570	176	326	8.42	2.21	234	30.1	2.03
24a	240	78	7.0	12.0	12.0	6.0	34.217	26.860	3 050	174	325	9.45	2.25	254	30.5	2.10
24b		80	9.0				39.017	30.628	3 280	194	355	9.17	2.23	274	32.5	2.03
24c		82	11.0				43.817	34.396	3 510	213	388	8.96	2.21	293	34.4	2.00
25a	250	78	7.0				34.917	27.410	3 370	176	322	9.82	2.24	270	30.6	2.07
25b		80	9.0				39.917	31.335	3 530	196	353	9.41	2.22	282	32.7	1.98
25c		82	11.0				44.917	35.260	3 690	218	384	9.07	2.21	295	35.9	1.92
27a	270	82	7.5	12.5	12.5	6.2	39.284	30.838	4 360	216	393	10.5	2.34	323	35.5	2.13
27b		84	9.5				44.684	35.077	4 690	239	428	10.3	2.31	347	37.7	2.06
27c		86	11.5				50.084	39.316	5 020	261	467	10.1	2.28	372	39.8	2.03
28a	280	82	7.5				40.034	31.427	4 760	218	388	10.9	2.33	340	35.7	2.10
28b		84	9.5				45.634	35.823	5 130	242	428	10.6	2.30	366	37.9	2.02
28c		86	11.5				51.234	40.219	5 500	268	463	10.4	2.29	393	40.3	1.95
30a	300	85	7.5	13.5	13.5	6.8	43.902	34.463	6 050	260	467	11.7	2.43	403	41.1	2.17
30b		87	9.5				49.902	39.173	6 500	289	515	11.4	2.41	433	44.0	2.13
30c		89	11.5				55.902	43.883	6 950	316	560	11.2	2.38	463	46.4	2.09

续表

型号	截面尺寸/mm						截面面积/cm^2	理论质量/(kg/m)	惯性矩/cm^4			惯性半径/cm		截面模数/cm^3		重心距离/cm
	h	b	d	t	r	r_1			I_x	I_y	I_{y1}	i_x	i_y	W_x	W_y	Z_0
32a		88	8.0				48.513	38.083	7 600	305	552	12.5	2.50	475	46.5	2.24
32b	320	90	10.0	14.0	14.0	7.0	54.913	43.107	8 140	336	593	12.2	2.47	509	49.2	2.16
32c		92	12.0				61.313	48.131	8 690	374	643	11.9	2.47	543	52.6	2.09
36a		96	9.0				60.910	47.814	11 900	455	818	14.0	2.73	660	63.5	2.44
36b	360	98	11.0	16.0	16.0	8.0	68.110	53.466	12 700	497	880	13.6	2.70	703	66.9	2.37
36c		100	13.0				75.310	59.118	13 400	536	948	13.4	2.67	746	70.0	2.34
40a		100	10.5				75.068	58.928	17 600	592	1070	15.3	2.81	879	78.8	2.49
40b	400	102	12.5	18.0	18.0	9.0	83.068	65.208	18 600	640	114	15.0	2.78	932	82.5	2.44
40c		104	14.5				91.068	71.488	19 700	688	1220	14.7	2.75	986	86.2	2.42

注：1. 表中 r、r_1 的数据用于孔设计，不作为交货条件。

2. 热轧槽钢：

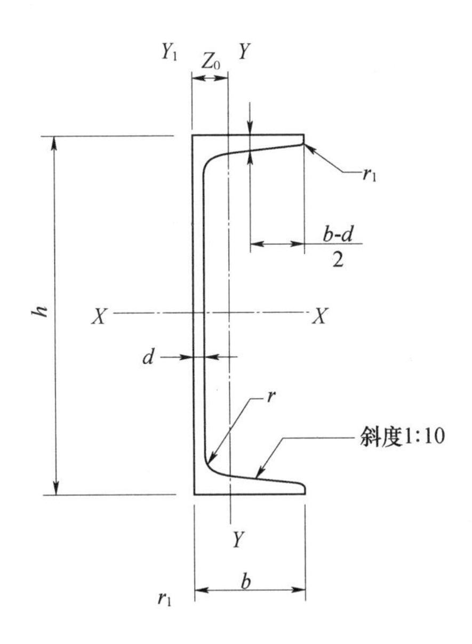

h——高度；b——腿宽度；d——腰厚度；t——平均腿厚度；r——内圆弧半径；r_1——腿端圆弧半径；Z_0——YY 轴与 Y_1Y_2 轴间距

7.2.4 等边角钢截面尺寸、截面面积、理论质量及截面特征

表 7－4　　等边角钢截面尺寸、截面面积、理论质量及截面特征

型号	截面尺寸 /mm			截面面积 /cm²	理论质量 /(kg/m)	外表面积 /(m²/m)	惯性矩/cm⁴				惯性半径 /cm			截面模数 /cm³			重心距离 /cm
	b	d	r				I_x	I_{x1}	I_{x0}	I_{y0}	i_x	i_{x0}	i_{y0}	W_x	W_{x0}	W_{y0}	Z_0
2	20	3	3.5	1.132	0.889	0.078	0.40	0.81	0.63	0.17	0.59	0.75	0.39	0.29	0.45	0.20	0.60
		4		1.459	1.145	0.077	0.50	1.09	0.78	0.22	0.58	0.73	0.38	0.36	0.55	0.24	0.64
2.5	25	3		1.432	1.124	0.098	0.82	1.57	1.29	0.34	0.76	0.95	0.49	0.46	0.73	0.33	0.73
		4		1.859	1.459	0.097	1.03	2.11	1.62	0.43	0.74	0.93	0.48	0.59	0.92	0.40	0.76
3.0	30	3	4.5	1.749	1.373	0.117	1.46	2.71	2.31	0.61	0.91	1.15	0.59	0.68	1.09	0.51	0.85
		4		2.276	1.786	0.117	1.84	3.63	2.92	0.77	0.90	1.13	0.58	0.87	1.37	0.62	0.89
3.6	36	3		2.109	1.656	0.141	2.58	4.68	4.09	1.07	1.11	1.39	0.71	0.99	1.61	0.76	1.00
		4		2.756	2.163	0.141	3.29	6.25	5.22	1.37	1.09	1.38	0.70	1.28	2.05	0.93	1.04
		5		3.382	2.654	0.141	3.95	7.84	6.24	1.65	1.08	1.36	0.70	1.56	2.45	1.00	1.07
4	40	3	5	2.359	1.852	0.157	3.59	6.41	5.69	1.49	1.23	1.55	0.79	1.23	2.01	0.96	1.09
		4		3.086	2.422	0.157	4.60	8.56	7.29	1.91	1.22	1.54	0.79	1.60	2.58	1.19	1.13
		5		3.791	2.976	0.156	5.53	10.74	8.76	2.30	1.21	1.52	0.78	1.96	3.10	1.39	1.17
4.5	45	3		2.659	2.088	0.177	5.17	9.12	8.20	2.14	1.40	1.76	0.89	1.58	2.58	1.24	1.22
		4		3.486	2.736	0.177	6.65	12.18	10.56	2.75	1.38	1.74	0.89	2.05	3.32	1.54	1.26
		5		4.292	3.369	0.176	8.04	15.2	12.74	3.33	1.37	1.72	0.88	2.51	4.00	1.81	1.30
		6		5.076	3.985	0.176	9.33	18.36	14.76	3.89	1.36	1.70	0.8	2.95	4.64	2.06	1.33
5	50	3	5.5	2.971	2.332	0.197	7.18	12.5	11.37	2.98	1.55	1.96	1.00	1.96	3.22	1.57	1.34
		4		3.897	3.059	0.197	9.26	16.69	14.70	3.82	1.54	1.94	0.99	2.56	4.16	1.96	1.38
		5		4.803	3.770	0.196	11.21	20.90	17.79	4.64	1.53	1.92	0.98	3.13	5.03	2.31	1.42
		6		5.688	4.465	0.196	13.05	25.14	20.68	5.42	1.52	1.91	0.98	3.68	5.85	2.63	1.46
5.6	56	3	6	3.343	2.624	0.221	10.19	17.56	16.14	4.24	1.75	2.20	1.13	2.48	4.08	2.02	1.48
		4		4.390	3.446	0.220	13.18	23.43	20.92	5.46	1.73	2.18	1.11	3.24	5.28	2.52	1.53
		5		5.415	4.251	0.220	16.02	29.33	25.42	6.61	1.72	2.17	1.10	3.97	6.42	2.98	1.57
		6		6.420	5.040	0.220	18.69	35.26	29.66	7.73	1.71	2.15	1.10	4.68	7.49	3.40	1.61
		7		7.404	5.812	0.219	21.23	41.23	33.63	8.82	1.69	2.13	1.09	5.36	8.49	3.80	1.64
		8		8.367	6.568	0.219	23.63	47.24	37.37	9.89	1.68	2.11	1.09	6.03	9.44	4.16	1.68

续表

型号	截面尺寸/mm			截面面积/cm²	理论质量/(kg/m)	外表面积/(m²/m)	惯性矩/cm⁴				惯性半径/cm			截面模数/cm³			重心距离/cm
	b	d	r				I_x	I_{x1}	I_{x0}	I_{y0}	i_x	i_{x0}	i_{y0}	W_x	W_{x0}	W_{y0}	Z_0
6	60	5	6.5	5.829	4.576	0.236	19.89	36.05	31.57	8.21	1.85	2.33	1.19	4.59	7.44	3.48	1.67
		6		6.914	5.427	0.235	23.25	43.33	36.89	9.60	1.83	2.31	1.18	5.41	8.70	3.98	1.70
		7		7.977	6.262	0.235	26.44	50.65	41.92	10.96	1.82	2.29	1.17	6.21	9.88	4.45	1.74
		8		9.020	7.081	0.235	29.47	58.02	46.66	12.28	1.81	2.27	1.17	6.98	11.00	4.88	1.78
6.3	63	4	7	4.978	3.907	0.248	19.03	33.35	30.17	7.89	1.96	2.46	1.26	4.13	6.78	3.29	1.70
		5		6.143	4.822	0.248	23.17	41.73	36.77	9.57	1.94	2.45	1.25	5.08	8.25	3.90	1.74
		6		7.288	5.721	0.247	27.12	50.14	43.03	11.20	1.93	2.43	1.24	6.00	9.66	4.46	1.78
		7		8.412	6.603	0.247	30.87	58.60	48.96	12.79	1.92	2.41	1.23	6.88	10.99	4.98	1.82
		8		9.515	7.469	0.247	34.46	67.11	54.56	14.33	1.90	2.40	1.23	7.75	12.25	5.47	1.85
		10		11.657	9.151	0.246	41.09	84.31	64.85	17.33	1.88	2.36	1.22	9.39	14.56	6.36	1.93
7	70	4	8	5.570	4.372	0.275	26.39	45.74	41.80	10.99	2.18	2.74	1.40	5.14	8.44	4.17	1.85
		5		6.875	5.397	0.275	32.21	57.21	51.08	13.31	2.16	2.73	1.39	6.32	10.32	4.95	1.91
		6		8.160	6.406	0.275	37.77	68.73	59.93	15.61	2.15	2.71	1.38	7.48	12.11	5.67	1.95
		7		9.424	7.398	0.275	43.09	80.29	68.35	17.82	2.14	2.59	1.38	8.59	13.81	6.34	1.99
		8		10.667	8.373	0.274	48.17	91.92	76.37	19.98	2.12	2.68	1.37	9.68	15.43	6.98	2.03
7.5	75	5	9	7.412	5.818	0.295	39.97	70.56	63.30	16.63	2.33	2.92	1.50	7.32	11.94	5.77	2.04
		6		8.797	6.905	0.294	46.95	84.55	74.38	19.51	2.31	2.90	1.49	8.64	14.02	6.67	2.07
		7		10.160	7.976	0.294	53.57	98.71	84.96	22.18	2.30	2.89	1.48	9.93	16.02	7.44	2.11
		8		11.503	9.030	0.294	59.96	112.97	95.07	24.86	2.28	2.88	1.47	11.20	17.93	8.19	2.15
		9		12.825	10.068	0.294	66.10	127.30	104.71	27.48	2.27	2.86	1.46	12.43	19.75	8.89	2.18
		10		14.126	11.089	0.293	71.98	141.71	113.92	30.05	2.26	2.84	1.46	13.64	21.48	9.56	2.22
8	80	5		7.912	6.211	0.315	48.79	85.36	77.33	20.25	2.48	3.13	1.60	8.34	13.67	6.66	2.15
		6		9.397	7.376	0.314	57.35	102.50	90.98	23.72	2.47	3.11	1.59	9.87	16.08	7.65	2.19
		7		10.860	8.525	0.314	65.58	119.70	104.07	27.09	2.46	3.10	1.58	11.37	18.40	8.58	2.23
		8		12.303	9.658	0.314	73.49	136.97	116.60	30.39	2.44	3.08	1.57	12.83	20.61	9.46	2.27
		9		13.725	10.774	0.314	81.11	154.31	128.60	33.61	2.43	3.06	1.56	14.25	22.73	10.29	2.31
		10		15.126	11.874	0.313	88.43	171.74	140.09	36.77	2.42	3.04	1.56	15.64	24.76	11.08	2.35
9	90	6	10	10.637	8.350	0.354	82.77	145.87	131.26	34.28	2.79	3.51	1.80	12.61	20.63	9.95	2.44
		7		12.301	9.656	0.354	94.83	170.30	150.47	39.18	2.78	3.50	1.78	14.54	23.64	11.19	2.48
		8		13.944	10.946	0.353	106.47	194.80	168.97	43.97	2.76	3.48	1.78	16.42	26.55	12.35	2.52
		9		15.566	12.219	0.353	117.72	219.39	186.77	48.66	2.75	3.46	1.77	18.27	29.35	13.46	2.56
		10		17.167	13.476	0.353	128.58	244.07	203.90	53.26	2.74	3.45	1.76	20.07	32.04	14.52	2.59
		12		20.306	15.940	0.352	149.22	293.76	236.21	62.22	2.71	3.41	1.75	23.57	37.12	16.49	2.67

续表

型号	截面尺寸/mm			截面面积/cm²	理论质量/(kg/m)	外表面积/(m²/m)	惯性矩/cm⁴				惯性半径/cm			截面模数/cm³			重心距离/cm
	b	d	r				I_x	I_{x1}	I_{x0}	I_{y0}	i_x	i_{x0}	i_{y0}	W_x	W_{x0}	W_{y0}	Z_0
10	100	6	12	11.932	9.366	0.393	114.95	200.07	181.98	47.92	3.10	3.90	2.00	15.68	25.74	12.69	2.67
		7		13.796	10.830	0.393	131.86	233.54	208.97	54.74	3.09	3.89	1.99	18.10	29.55	14.26	2.71
		8		15.638	12.276	0.393	148.24	267.09	235.07	61.41	3.08	3.88	1.98	20.47	33.24	15.75	2.76
		9		17.462	13.708	0.392	164.12	300.73	260.30	67.95	3.07	3.86	1.97	22.79	36.81	17.18	2.80
		10		19.261	15.120	0.392	179.51	334.48	284.68	74.35	3.05	3.84	1.96	25.06	40.26	18.54	2.84
		12		22.800	17.898	0.391	208.90	402.34	330.95	86.84	3.03	3.81	1.95	29.48	46.80	21.08	2.91
		14		26.256	20.611	0.391	236.53	470.75	374.06	99.00	3.00	3.77	1.94	33.73	52.90	23.44	2.99
		16		29.627	23.257	0.390	262.53	539.80	414.16	110.89	2.98	3.74	1.94	37.82	58.57	25.63	3.06
11	110	7	12	15.196	11.928	0.433	177.16	310.64	280.94	73.38	3.41	4.30	2.20	22.05	36.12	17.51	2.96
		8		17.238	13.535	0.433	199.46	355.20	316.49	82.42	3.40	4.28	2.19	24.95	40.69	19.39	3.01
		10		21.261	16.690	0.432	242.19	444.65	384.39	99.98	3.38	4.25	2.17	30.60	49.42	22.91	3.09
		12		25.200	19.782	0.431	282.55	534.60	448.17	116.93	3.35	4.22	2.15	36.05	57.62	26.15	3.16
		14		29.056	22.809	0.431	320.71	625.16	508.01	133.40	3.32	4.18	2.14	41.31	65.31	29.14	3.24
12.5	125	8	14	19.750	15.504	0.492	297.03	521.01	470.89	123.16	3.88	4.88	2.50	32.52	53.28	25.86	3.37
		10		24.373	19.133	0.491	361.67	651.93	573.89	149.46	3.85	4.85	2.48	39.97	64.93	30.62	3.45
		12		28.912	22.696	0.491	423.16	783.42	671.44	174.88	3.83	4.82	2.46	41.17	75.96	36.03	3.53
		14		33.367	26.193	0.490	481.65	915.61	763.73	199.57	3.80	4.78	2.45	54.16	86.41	39.13	3.61
		16		37.739	29.625	0.489	537.31	1048.62	850.98	223.65	3.77	4.75	2.43	60.93	96.28	42.96	3.68
14	140	10		27.373	21.488	0.551	514.65	915.11	817.27	212.04	4.34	5.46	2.78	50.58	82.56	39.20	3.82
		12		32.512	25.522	0.551	603.68	1099.28	958.79	248.57	4.31	5.43	2.76	59.80	96.85	45.02	3.90
		14		37.567	29.490	0.550	688.81	1284.22	1093.56	284.06	4.28	5.40	2.75	68.75	110.47	50.45	3.98
		16		42.539	33.393	0.549	770.24	1470.07	1221.81	318.67	4.26	5.36	2.74	77.46	123.42	55.55	4.06
15	150	8		23.750	18.644	0.592	521.37	899.55	827.49	215.25	4.69	5.90	3.01	47.36	78.02	38.14	3.99
		10		29.373	23.058	0.591	637.50	1125.09	1012.79	262.21	4.66	5.87	2.99	58.35	95.49	45.51	4.08
		12		34.912	27.406	0.591	748.85	1351.26	1189.97	307.73	4.63	5.84	2.97	69.04	112.19	52.38	4.15
		14		40.367	31.688	0.590	855.64	1578.25	1359.30	351.98	4.60	5.80	2.95	79.45	128.16	58.83	4.23
		15		43.063	33.804	0.590	907.39	1692.10	1441.09	373.69	4.59	5.78	2.95	84.56	135.87	61.90	4.27
		16		45.739	35.905	0.589	958.08	1806.21	1521.02	395.14	4.58	5.77	2.94	89.59	143.40	64.89	4.31

续表

型号	截面尺寸/mm			截面面积/cm^2	理论质量/(kg/m)	外表面积/(m^2/m)	惯性矩/cm^4				惯性半径/cm			截面模数/cm^3			重心距离/cm
	b	d	r				I_x	I_{x1}	I_{x0}	I_{y0}	i_x	i_{x0}	i_{y0}	W_x	W_{x0}	W_{y0}	Z_0
16	160	10	16	31.502	24.729	0.630	779.53	1 365.33	1 237.30	321.76	4.98	6.27	3.20	66.70	109.36	52.76	4.31
		12		37.441	29.391	0.630	916.58	1 639.57	1 455.68	377.49	4.95	6.24	3.18	78.98	128.67	60.74	4.39
		14		43.296	33.987	0.629	1 048.36	1 914.68	1 665.02	431.70	4.92	6.20	3.16	90.95	147.17	68.24	4.47
		16		49.067	38.518	0.629	1 175.08	2 190.82	1 865.57	484.59	4.89	6.17	3.14	102.63	164.89	75.31	4.55
18	180	12		42.241	33.159	0.710	1 321.35	2 332.80	2 100.10	542.61	5.59	7.05	3.58	100.82	165.00	78.41	4.89
		14		48.896	38.383	0.709	1 514.48	2 723.48	2 407.42	621.53	5.56	7.02	3.56	116.25	189.14	88.38	4.97
		16		55.467	43.542	0.709	1 700.99	3 115.29	2 703.37	698.60	5.54	6.98	3.55	131.13	212.40	97.83	5.05
		18		61.055	48.634	0.708	1 875.12	3 502.43	2 988.24	762.01	5.50	6.94	3.51	145.64	234.78	105.14	5.13
20	200	14	18	54.642	42.894	0.788	2 103.55	3 734.10	3 343.26	863.83	6.20	7.82	3.98	144.70	236.40	111.82	5.46
		16		62.013	48.680	0.788	2 366.15	4 270.39	3 760.89	971.41	6.18	7.79	3.96	163.65	265.93	123.96	5.54
		18		69.301	54.401	0.787	2 620.64	4 808.13	4 164.54	1 076.74	6.15	7.75	3.94	182.22	294.48	135.52	5.62
		20		76.505	60.056	0.787	2 867.30	5 347.51	4 554.55	1 180.04	6.12	7.72	3.93	200.42	322.06	146.55	5.69
		24		90.661	71.168	0.785	3 338.25	6 457.16	5 294.97	1 381.53	6.07	7.64	3.90	236.17	374.41	166.65	5.87
22	220	16	21	68.664	53.901	0.866	3 187.36	5 681.62	5 063.73	1 310.99	6.81	8.59	4.37	199.55	325.51	153.81	6.03
		18		76.752	60.250	0.866	3 534.30	6 395.93	5 615.32	1 453.27	6.79	8.55	4.35	222.37	366.97	168.29	6.11
		20		84.756	66.533	0.865	3 871.49	7 112.04	6 150.08	1 592.90	6.76	8.52	4.34	244.77	395.34	182.16	6.18
		22		92.676	72.751	0.865	4 199.23	7 830.19	6 668.37	1 730.10	6.73	8.48	4.32	266.78	428.66	195.45	6.26
		24		100.512	78.902	0.864	4 517.83	8 550.57	7 170.55	1 865.11	6.70	8.45	4.31	288.39	460.94	208.21	6.33
		26		108.264	84.987	0.864	4 827.58	9 273.39	7 656.98	1 998.17	6.68	8.41	4.30	300.62	492.21	220.49	6.41
25	250	18	24	87.842	68.956	0.985	5 268.22	9 379.11	8 369.04	2 167.41	7.74	9.76	4.97	290.12	473.42	224.03	6.84
		20		97.045	76.180	0.984	5 779.34	10 426.97	9 181.94	2 376.74	7.72	9.73	4.95	319.66	519.41	242.85	6.92
		24		115.201	90.433	0.983	6 763.93	12 529.74	10 742.67	2 785.19	7.66	9.66	4.92	377.34	607.70	278.38	7.07
		26		124.154	97.461	0.982	7 238.08	13 585.18	11 491.33	2 984.84	7.63	9.62	4.90	405.50	650.05	295.19	7.15
		28		133.022	104.422	0.982	7 700.60	14 643.62	12 219.39	3 181.81	7.61	9.58	4.89	433.22	691.23	311.42	7.22
		30		141.807	111.318	0.981	8 151.80	15 705.30	12 927.26	3 376.34	7.58	9.55	4.88	460.51	731.28	327.12	7.30
		32		150.508	118.149	0.981	8 592.01	16 770.41	13 615.32	3 568.71	7.56	9.51	4.87	487.39	770.20	342.33	7.37
		35		163.402	128.271	0.980	9 232.44	18 374.95	14 611.16	3 853.72	7.52	9.46	4.86	526.97	826.53	364.30	7.48

注： 1. 下图中 $r_1=1/3d$ 及表中 r 的数据用于孔设计，不作为交货条件。

2. 等边角钢：

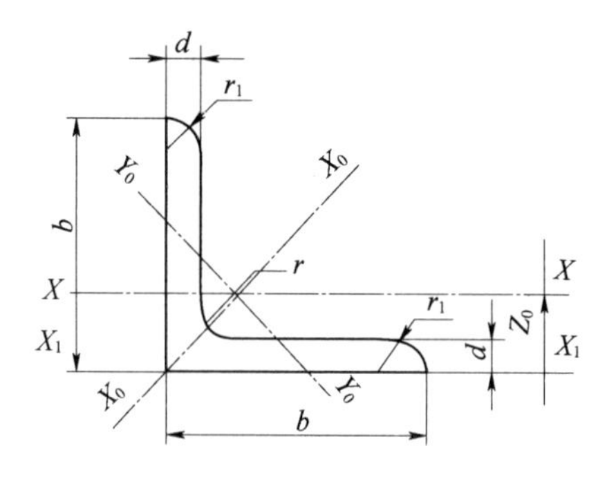

b——边宽度；d——边厚度；r——内圆弧半径；
r_1——边端内圆弧半径；Z_0——重心距离

7.2.5 不等边角钢截面尺寸、截面面积、理论质量及截面特征

表 7-5　　不等边角钢截面尺寸、截面面积、理论质量及截面特征

型号	截面尺寸/mm				截面面积/cm²	理论质量/(kg/m)	外表面积/(m²/m)	惯性矩/cm⁴					惯性半径/cm			截面模数/cm³			tga	重心距离/cm	
	B	b	d	r				I_x	I_{x1}	I_y	I_{y1}	I_u	i_x	i_y	i_u	W_x	W_y	W_u		X_0	Y_0
2.5/1.6	25	16	3	3.5	1.162	0.912	0.080	0.70	1.56	0.22	0.43	0.14	0.78	0.44	0.34	0.43	0.19	0.16	0.392	0.42	0.86
			4		1.499	1.176	0.079	0.88	2.09	0.27	0.59	0.17	0.77	0.43	0.34	0.55	0.24	0.20	0.381	0.46	0.90
3.2/2	32	20	3		1.492	1.171	0.102	1.53	3.27	0.46	0.82	0.28	1.01	0.55	0.43	0.72	0.30	0.25	0.382	0.49	1.08
			4		1.939	1.522	0.101	1.93	4.37	0.57	1.12	0.35	1.00	0.54	0.42	0.93	0.39	0.32	0.374	0.53	1.12
4/2.5	40	25	3	4	1.890	1.484	0.127	3.08	6.39	0.93	1.59	0.56	1.28	0.70	0.54	1.15	0.49	0.40	0.386	0.59	1.32
			4		2.467	1.936	0.127	3.93	8.53	1.18	2.14	0.71	1.26	0.69	0.54	1.49	0.63	0.52	0.381	0.63	1.37
4.5/2.8	45	28	3	5	2.149	1.687	0.143	4.45	9.10	1.34	2.23	0.80	1.44	0.79	0.61	1.47	0.62	0.51	0.383	0.64	1.47
			4		2.806	2.203	0.143	5.69	12.13	1.70	3.00	102	1.42	0.78	0.60	1.91	0.80	0.66	0.380	0.68	1.51
5/3.2	50	32	3	5.5	2.431	1.908	0.161	6.24	12.49	2.02	3.31	120	1.60	0.91	0.70	1.84	0.82	0.68	0.404	0.73	1.60
			4		3.177	2.494	0.160	8.02	16.65	2.58	4.45	1.53	1.59	0.90	0.69	2.39	1.06	0.87	0.402	0.77	1.65
5.6/3.6	56	36	3	6	2.743	2.153	0.181	8.88	17.54	2.92	4.70	1.73	1.80	1.03	0.79	2.32	1.05	0.87	0.408	0.80	1.78
			4		3.590	2.818	0.180	11.45	23.39	3.76	6.33	2.23	1.79	1.02	0.79	3.03	1.37	1.13	0.408	0.85	1.82
			5		4.415	3.466	0.180	13.86	29.25	4.49	7.94	2.67	1.77	1.01	0.78	3.71	1.65	1.36	0.404	0.88	1.87
6.3/4	63	40	4	7	4.058	3.185	0.202	16.49	33.30	5.23	8.63	3.12	2.02	1.14	0.88	3.87	1.70	1.40	0.398	0.92	2.04
			5		4.993	3.920	0.202	20.02	41.63	6.31	10.86	3.76	2.00	1.12	0.87	4.74	2.71	1.71	0.396	0.95	2.08
			6		5.908	4.638	0.201	23.36	49.98	7.29	13.12	4.34	1.5	1.11	0.86	5.59	2.43	1.99	0.393	0.99	2.12
			7		6.802	5.339	0.201	26.53	58.07	8.24	15.47	4.97	1.98	1.10	0.86	6.40	2.78	2.29	0.389	1.03	2.15

续表

型号	截面尺寸/mm				截面面积/cm^2	理论质量/(kg/m)	外表面积/(m^2/m)	惯性矩/cm^4					惯性半径/cm			截面模数/cm^3			tgα	重心距离/cm	
	B	b	d	r				I_x	I_{x1}	I_y	I_{y1}	I_u	i_x	i_y	i_u	W_x	W_y	W_u		X_0	Y_0
7/4.5	70	45	4	7.5	4.547	3.570	0.226	23.17	45.92	7.55	12.26	4.40	2.26	1.29	0.98	4.86	2.17	1.77	0.410	1.02	2.24
			5		5.609	4.403	0.225	27.95	57.10	9.13	15.39	5.40	2.23	1.28	0.98	5.92	2.65	2.19	0.407	1.06	2.28
			6		6.647	5.218	0.225	32.54	68.35	10.62	18.58	6.35	2.21	1.26	0.98	6.95	3.12	2.59	0.404	1.09	2.32
			7		7.657	6.011	0.225	37.22	79.99	12.01	21.84	7.16	2.20	1.25	0.97	8.03	3.57	2.94	0.402	1.13	2.36
7.5/5	75	50	5	8	6.125	4.808	0.245	34.86	70.00	12.61	21.04	7.41	2.39	1.44	1.10	6.83	3.30	2.74	0.435	1.17	2.40
			6		7.260	5.699	0.245	41.12	84.30	14.70	25.37	8.54	2.38	1.42	1.08	8.12	3.88	3.19	0.435	1.21	2.44
			8		9.467	7.431	0.244	52.39	112.0	18.53	34.23	10.87	2.35	1.40	1.07	10.52	4.99	4.10	0.429	1.29	2.52
			10		11.590	9.098	0.244	62.71	140.80	21.96	43.43	13.10	2.33	1.38	1.06	12.79	6.04	4.99	0.423	1.36	2.60
8/5	80	50	5		6.375	5.005	0.255	41.96	85.21	12.82	21.06	7.66	2.56	1.42	1.10	7.78	3.32	2.74	0.388	1.14	2.60
			6		7.560	5.935	0.255	49.49	102.53	14.95	25.41	8.85	2.56	1.41	1.08	9.25	3.91	3.20	0.387	1.18	2.65
			7		8.724	6.848	0.255	56.16	119.33	16.96	29.82	10.18	2.54	1.39	1.08	10.58	4.48	3.70	0.384	1.21	2.69
			8		9.867	7.745	0.254	62.83	136.41	18.85	34.32	11.38	2.52	1.38	1.07	11.92	5.03	4.16	0.381	1.25	2.73
9/5.6	90	56	5	9	7.212	5.661	0.287	60.45	121.32	18.32	29.53	10.93	2.90	1.59	1.23	9.92	4.21	3.49	0.385	1.25	2.91
			6		8.557	6.717	0.286	71.03	145.59	21.42	35.58	12.90	2.88	1.58	1.23	11.74	4.96	4.13	0.384	1.29	2.95
			7		9.880	7.756	0.286	81.01	161.66	24.36	41.71	14.67	2.86	1.57	1.22	13.49	5.70	4.72	0.382	1.33	3.00
			8		11.183	8.779	0.286	9103	194.17	27.15	47.93	16.34	2.85	1.56	1.21	15.27	6.41	5.29	0.380	1.36	3.04
10/6.3	100	63	6	10	9.617	7.550	0.320	99.06	199.71	30.94	50.50	18.42	3.21	1.79	1.38	14.64	6.35	5.25	0.394	1.43	3.24
			7		11.111	8.722	0.320	113.45	233.00	35.26	59.14	21.00	3.20	1.78	1.38	19.88	7.29	6.02	0.393	1.47	3.28
			8		12.584	9.878	0.319	127.37	266.32	39.39	67.88	23.50	3.18	1.77	1.37	19.08	8.21	6.78	0.391	1.50	3.32
			10		15.467	12.142	0.319	153.81	333.05	47.12	85.73	28.33	3.15	1.74	1.35	23.32	9.98	8.24	0.387	1.58	3.40
10/8	100	80	6		10.637	8.350	0.354	107.04	199.83	61.24	102.68	31.65	3.17	2.40	1.72	15.19	10.16	8.37	0.627	1.97	2.95
			7		12.301	9.656	0.354	122.73	233.20	70.08	119.98	36.17	3.16	2.39	1.72	17.52	11.71	9.60	0.626	2.01	3.00
			8		13.944	10.946	0.353	137.92	266.61	78.58	137.37	40.58	3.14	2.37	1.71	19.81	13.21	10.80	0.625	2.05	3.04
			10		17.167	13.476	0.353	166.87	333.63	94.65	172.48	49.10	3.12	2.35	1.69	24.24	16.12	13.12	0.622	2.13	3.12
11/7	110	70	6		10.637	8.350	0.354	133.37	265.78	42.92	69.08	25.36	3.54	2.01	1.54	17.85	7.90	6.53	0.413	1.57	3.53
			7		12.301	9.656	0.354	153.00	310.07	49.01	80.82	28.95	3.53	2.00	1.53	20.60	9.09	7.50	0.402	1.61	3.57
			8		13.944	10.946	0.353	172.04	354.39	54.87	92.70	32.45	3.51	1.98	1.53	23.30	10.25	8.45	0.401	1.65	3.62
			10		17.167	13.476	0.353	208.39	443.13	65.88	116.83	39.20	3.48	1.96	1.51	28.54	12.48	10.29	0.397	1.72	3.70

续表

型号	截面尺寸/mm				截面面积/cm^2	理论质量/(kg/m)	外表面积/(m^2/m)	惯性矩/cm^4					惯性半径/cm			截面模数/cm^3			tgα	重心距离/cm	
	B	b	d	r				I_x	I_{x1}	I_y	I_{y1}	I_u	i_x	i_y	i_u	W_x	W_y	W_u		X_0	Y_0
12.5/8	125	80	7	11	14.096	11.066	0.403	227.98	454.99	74.42	120.32	43.81	4.02	2.30	1.76	26.86	12.01	9.92	0.408	1.80	4.01
			8		15.989	12.551	0.403	235.77	519.99	83.49	137.85	49.15	4.01	2.28	1.75	30.41	13.56	11.18	0.407	1.84	4.06
			10		19.712	15.474	0.402	312.04	650.09	100.67	173.40	59.45	3.98	2.26	1.74	37.33	16.56	13.64	0.404	1.92	4.14
			12		23.351	18.330	0.412	364.41	780.39	116.67	200.67	69.35	3.95	2.24	1.72	44.01	19.43	16.01	0.400	2.00	4.22
14/9	140	90	8	12	18.038	14.100	0.453	265.64	730.53	120.69	197.79	70.83	4.10	2.59	1.98	38.48	17.34	14.31	0.411	2.04	4.10
			10		22.261	17.475	0.452	445.10	913.20	146.03	245.92	85.82	4.17	2.56	1.96	47.31	21.22	17.48	0.409	2.12	4.58
			12		26.400	20.724	0.451	521.59	1096.09	169.79	296.89	100.21	4.44	2.54	1.95	55.87	24.95	20.54	0.406	2.19	4.66
			14		30.456	23.908	0.451	594.10	1279.26	192.10	348.82	114.13	4.42	2.51	1.94	64.18	28.54	23.52	0.403	2.27	4.74
15/9	150	90	8		18.839	14.788	0.473	442.05	898.35	122.80	195.96	74.14	4.84	2.55	1.98	43.86	17.47	14.48	0.364	1.97	4.92
			10		23.261	18.260	0.472	539.24	1122.85	148.62	246.26	89.86	4.81	2.53	1.97	53.97	21.38	17.69	0.362	2.05	5.01
			12		27.600	21.666	0.471	632.08	1347.50	172.85	297.46	104.95	4.79	2.50	1.95	63.79	25.14	20.80	0.359	2.12	5.09
			14		31.855	25.007	0.471	720.77	1572.38	195.52	349.74	119.53	4.76	2.48	1.94	73.33	28.77	23.84	0.356	2.20	5.11
			15		33.952	26.652	0.471	763.62	1684.93	206.50	376.33	126.67	4.74	2.41	1.93	77.99	30.53	25.33	0.354	2.24	5.21
			16		36.027	28.281	0.470	805.51	1797.55	217.07	403.24	133.72	4.73	2.45	1.93	82.60	32.21	26.82	0.352	2.27	5.25
16/10	160	100	10	13	25.315	19.872	0.512	668.69	1362.89	205.03	336.59	121.74	5.14	2.85	2.19	62.13	26.56	21.92	0.390	2.28	5.24
			12		30.054	23.592	0.511	784.91	1635.56	239.06	405.94	142.33	5.11	2.82	2.17	73.49	31.28	25.79	0.388	2.36	5.32
			14		34.709	27.247	0.510	896.30	1908.50	271.20	476.42	162.23	5.08	2.80	2.16	84.56	35.83	29.56	0.385	2.43	5.40
			16		39.281	30.835	0.510	1003.04	2181.79	301.60	548.22	182.57	5.05	2.77	2.16	95.33	40.24	33.44	0.382	2.51	5.48
18/11	180	110	10	14	28.373	22.273	0.571	956.25	1940.40	278.11	447.22	166.50	5.80	3.13	2.42	78.96	32.49	26.88	0.376	2.44	5.89
			12		33.712	26.464	0.571	1124.72	2328.38	325.03	538.94	194.87	5.78	3.10	2.40	93.53	38.32	31.66	0.374	2.52	5.98
			14		38.967	30.589	0.570	1286.91	2716.60	369.55	631.95	222.30	5.75	3.08	2.39	107.76	43.97	36.32	0.372	2.59	6.06
			16		44.139	34.649	0.569	1443.06	3105.15	411.85	726.46	248.94	5.72	3.06	2.38	121.64	49.44	40.87	0.369	2.67	6.14
20/12.5	200	125	12		37.912	29.761	0.641	1570.90	3193.85	483.16	787.74	285.79	6.44	3.57	2.74	116.73	49.99	41.23	0.392	2.83	6.54
			14		43.867	34.436	0.640	1800.97	3726.17	550.83	922.47	326.58	6.41	3.54	2.73	134.65	57.44	47.34	0.390	2.91	6.62
			16		49.739	39.045	0.639	2023.35	4258.88	615.44	1058.86	366.21	6.38	3.52	2.71	152.18	64.69	53.32	0.388	2.99	6.70
			18		55.526	43.588	0.639	2238.30	4792.00	677.19	1197.13	404.83	6.35	3.49	2.70	160.33	71.74	59.18	0.385	3.06	6.78

注： 1. 下图中 $r_1 = 1/3d$ 及表中 r 的数据用于孔设计，不作为交货条件；

2. 等边角钢：

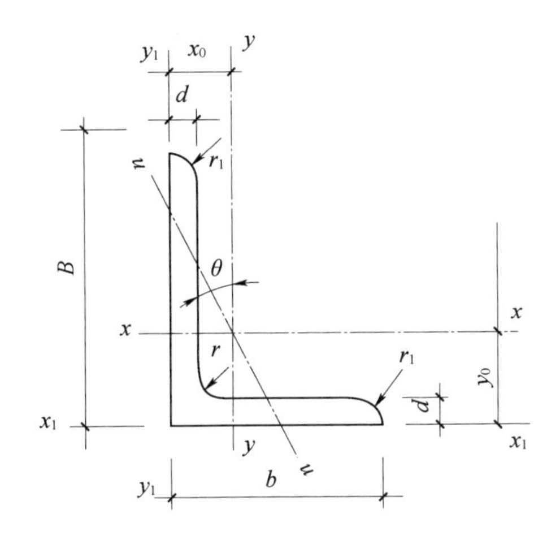

B——长边宽度；b——短边宽度；d——边厚度；x_0、y_0——重心距离；
r_1——边端内圆弧半径；r——内圆弧半径

7.2.6 L型钢截面尺寸、截面面积、理论质量及截面特征

表 7－6　　　　L型钢截面尺寸、截面面积、理论质量及截面特征

型　号	截面尺寸/mm						截面面积 /cm²	理论质量 /(kg/m)	惯性矩 I_x /cm⁴	重心距离 Y_0 /cm
	B	b	D	d	r	r_1				
L250×90×9×13	250	90	9	13	15	7.5	33.4	26.2	2 190	8.64
L250×90×10.5×15			10.5	15			38.5	30.3	2 510	8.76
L250×90×11.5×16			11.5	16			41.7	32.7	2 710	8.90
L300×100×10.5×15	300	100	10.5	15			45.3	35.6	4 290	10.6
L300×100×11.5×16			11.5	16			49.0	38.5	4 630	10.7
L350×120×10.5×16	350	120	10.5	16	20	10	54.9	43.1	7 110	12.0
L350×120×11.5×18			11.5	18			60.4	47.4	7 780	12.0
L400×120×11.5×23	400	120	11.5	23			71.6	56.2	11 900	13.3
L450×120×11.5×25	450	120	11.5	25			79.5	62.4	16 800	15.1
L500×120×12.5×33	500	120	12.5	33			98.6	77.4	25 500	16.5
L500×120×13.5×35			13.5	35			105.0	82.8	27 100	16.6

注：L型钢：

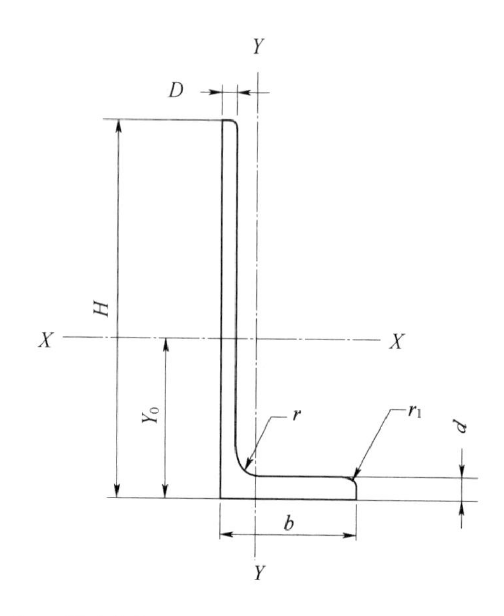

B——长边宽度；b——短边宽度；D——长边厚度；d——短边厚度；Y_0——重心距离；r_1——边端内圆弧半径；r——内圆弧半径

7.2.7 热轧扁钢的尺寸及理论质量表

表 7-7 热轧扁钢的尺寸及理论质量

公称宽度/mm	厚度/mm									
	3	4	5	6	7	8	9	10	11	12
	理论质量/(kg/m)									
10	0.24	0.31	0.39	0.47	0.55	0.63	—	—	—	—
12	0.28	0.38	0.47	0.57	0.66	0.75	—	—	—	—
14	0.33	0.44	0.55	0.66	0.77	0.88	—	—	—	—
16	0.38	0.50	0.63	0.75	0.88	1.00	1.15	1.26	—	—
18	0.42	0.57	0.71	0.85	0.99	1.13	1.27	1.41	—	—
20	0.47	0.63	0.78	0.94	1.10	1.26	1.41	1.57	1.73	1.88
22	0.52	0.69	0.86	1.04	1.21	1.38	1.55	1.73	1.90	2.07
25	0.59	0.78	0.98	1.18	1.37	1.57	1.77	1.96	2.16	2.36
28	0.66	0.88	1.10	1.32	1.54	1.76	1.98	2.20	2.42	2.64
30	0.71	0.94	1.18	1.41	1.65	1.88	2.12	2.36	2.59	2.83
32	0.75	1.00	1.26	1.51	1.76	2.01	2.26	2.55	2.76	3.01
35	0.82	1.10	1.37	1.65	1.92	2.20	2.47	2.75	3.02	3.30
40	0.94	1.26	1.57	1.88	2.20	2.51	2.83	3.14	3.45	3.77

续表

公称宽度/mm	厚度/mm									
	3	4	5	6	7	8	9	10	11	12
	理论质量/(kg/m)									
45	1.06	1.41	1.77	2.12	2.47	2.83	3.18	3.53	3.89	4.24
50	1.18	1.57	1.96	2.36	2.75	3.14	3.53	3.93	4.32	4.71
55	—	1.73	2.16	2.59	3.02	3.45	3.89	4.32	4.75	5.18
60	—	1.88	2.36	2.83	3.30	3.77	4.24	4.71	5.18	5.65
65	—	2.04	2.55	3.06	3.57	4.08	4.59	5.10	5.61	6.12
70	—	2.20	2.75	3.30	3.85	4.40	4.95	5.50	6.04	6.59
75	—	2.36	2.94	3.53	4.12	4.71	5.30	5.89	6.48	7.07
80	—	2.51	3.14	3.77	4.40	5.02	5.65	6.28	6.91	7.54
85	—	—	3.34	4.00	4.67	5.34	6.01	6.67	7.34	8.01
90	—	—	3.53	4.24	4.95	5.65	6.36	7.07	7.77	8.48
95	—	—	3.73	4.47	5.22	5.97	6.71	7.46	8.20	8.95
100	—	—	3.92	4.71	5.50	6.28	7.06	7.85	8.64	9.42
105	—	—	4.12	4.95	5.77	6.59	7.42	8.24	9.07	9.89
110	—	—	4.32	5.18	6.04	6.91	7.77	8.64	9.50	10.36
120	—	—	4.71	5.65	6.59	7.54	8.48	9.42	10.36	11.30
125	—	—	—	5.89	6.87	7.85	8.83	9.81	10.79	11.78
130	—	—	—	6.12	7.14	8.16	9.18	10.20	11.23	12.25
140	—	—	—	—	7.69	8.79	9.89	10.99	12.09	13.19
150	—	—	—	—	8.24	9.42	10.60	11.78	12.95	14.13
160	—	—	—	—	8.79	10.05	11.30	12.56	13.82	15.07
180	—	—	—	—	9.89	11.30	12.72	14.13	15.54	16.96
200	—	—	—	—	10.99	12.56	14.13	15.70	17.27	18.84

公称宽度/mm	厚度/mm														
	14	16	18	20	22	25	28	30	32	36	40	45	50	56	60
	理论质量/(kg/m)														
10	—	—	—	—	—	—	—	—	—	—	—	—	—	—	—
12	—	—	—	—	—	—	—	—	—	—	—	—	—	—	—
14	—	—	—	—	—	—	—	—	—	—	—	—	—	—	—
16	—	—	—	—	—	—	—	—	—	—	—	—	—	—	—
18	—	—	—	—	—	—	—	—	—	—	—	—	—	—	—
20	—	—	—	—	—	—	—	—	—	—	—	—	—	—	—

续表

公称宽度/mm	厚度/mm														
	14	16	18	20	22	25	28	30	32	36	40	45	50	56	60
	理论质量/(kg/m)														
22	—	—	—	—	—	—	—	—	—	—	—	—	—	—	—
25	2.75	3.14	—	—	—	—	—	—	—	—	—	—	—	—	—
28	3.08	3.53	—	—	—	—	—	—	—	—	—	—	—	—	—
30	3.30	3.77	4.24	4.71	—	—	—	—	—	—	—	—	—	—	—
32	3.52	4.02	4.52	5.02	—	—	—	—	—	—	—	—	—	—	—
35	3.85	4.40	4.95	5.50	6.04	6.87	7.69	—	—	—	—	—	—	—	—
40	4.40	5.02	5.65	6.28	6.91	7.85	8.79	—	—	—	—	—	—	—	—
45	4.95	5.65	6.36	7.07	7.77	8.83	9.89	10.60	11.30	12.72	—	—	—	—	—
50	5.50	6.28	7.06	7.85	8.64	9.81	10.99	11.78	12.56	14.13	—	—	—	—	—
55	6.04	6.91	7.77	8.64	9.50	10.79	12.09	12.95	13.82	15.54	—	—	—	—	—
60	6.59	7.54	8.48	9.42	10.36	11.78	13.19	14.13	15.07	16.96	18.84	21.20	—	—	—
65	7.14	8.16	9.18	10.20	11.23	12.76	14.29	15.31	16.33	18.37	20.41	22.96	—	—	—
70	7.69	8.79	9.89	10.99	12.09	13.74	15.39	16.49	17.58	19.78	21.98	24.73	—	—	—
75	8.24	9.42	10.60	11.78	12.95	14.72	16.48	17.66	18.84	21.20	23.55	26.49	—	—	—
80	8.79	10.05	11.30	12.56	13.82	15.70	17.58	18.84	20.10	22.61	25.12	28.26	31.40	35.17	—
85	9.34	10.68	12.01	13.34	14.68	16.68	18.68	20.02	21.35	24.02	26.69	30.03	33.36	37.37	40.04
90	9.89	11.30	12.72	14.13	15.54	17.66	19.78	21.20	22.61	25.43	28.26	31.79	35.32	39.56	42.39
95	10.44	11.93	13.42	14.92	16.41	18.64	20.88	22.37	23.86	26.85	29.83	33.56	37.29	41.76	44.74
100	10.99	12.56	14.13	15.70	17.27	19.62	21.98	23.55	25.12	28.26	31.40	35.32	39.25	43.96	47.10
105	11.54	13.19	14.84	16.48	18.13	20.61	23.08	24.73	26.38	29.67	32.97	37.09	41.21	46.16	49.46
110	12.09	13.82	15.54	17.27	19.00	21.59	24.18	25.90	27.63	31.09	34.54	38.86	43.18	48.36	51.81
120	13.19	15.07	16.96	18.84	20.72	23.55	26.38	28.26	30.14	33.91	37.68	42.39	47.10	52.75	56.52
125	13.74	15.70	17.66	19.62	21.58	24.53	27.48	29.44	31.40	35.32	39.25	44.16	49.06	54.95	58.88
130	14.29	16.33	18.37	20.41	22.45	25.51	28.57	30.62	32.66	36.74	40.82	45.92	51.02	57.15	61.23
140	15.39	17.58	19.78	21.98	24.18	27.48	30.77	32.97	35.17	39.56	43.96	49.46	54.95	61.54	65.94
150	16.48	18.84	21.20	23.55	25.90	29.44	32.97	35.32	37.68	42.39	47.10	52.99	58.88	65.94	70.65
160	17.58	20.10	22.61	25.12	27.63	31.40	35.17	37.68	40.19	45.22	50.24	56.52	62.80	70.34	75.36
180	19.78	22.61	25.43	28.26	31.09	35.32	39.56	42.39	45.22	50.87	56.52	63.58	70.65	79.13	84.78
200	21.98	25.12	28.26	31.40	34.54	39.25	43.96	47.10	50.24	56.52	62.80	70.65	78.50	87.92	94.20

注：1. 表中粗线用以划分扁钢的组别：

1 组——理论质量小于或等于 19kg/m；

2 组——理论质量大于 19kg/m。

2. 表中的理论质量按密度为 7.85g/cm^3 计算。

7.2.8 热轧六角钢和热轧八角钢的尺寸及理论质量表

表 7－8　　热轧六角钢和热轧八角钢的尺寸及理论质量

对边距离 s/mm	截面面积 A/cm^2		理论质量/(kg/m)	
	六角钢	八角钢	六角钢	八角钢
8	0.5543	—	0.435	—
9	0.7015	—	0.551	—
10	0.866	—	0.680	—
11	1.048	—	0.823	—
12	1.247	—	0.979	—
13	1.464	—	1.05	—
14	1.697	—	1.33	—
15	1.949	—	1.53	—
16	2.217	2.120	1.74	1.66
17	2.503	—	1.96	—
18	2.806	2.683	2.20	2.16
19	3.126	—	2.45	—
20	3.464	3.312	2.72	2.60
21	3.819	—	3.00	—
22	4.192	4.008	3.29	3.15
23	4.581	—	3.60	—
24	4.988	—	3.92	—
25	5.413	5.175	4.25	4.06
26	5.854	—	4.60	—
27	6.314	—	4.96	—
28	6.790	6.492	5.33	5.10
30	7.794	7.452	6.12	5.85
32	8.868	8.479	6.96	6.66
34	10.011	9.572	7.86	7.51
36	11.223	10.731	8.81	8.42
38	12.505	11.956	9.82	9.39
40	13.86	13.250	10.88	10.40
42	15.28	—	11.99	—
45	17.54	—	13.77	—
48	19.95	—	15.66	—
50	21.65	—	17.00	—
53	24.33	—	19.10	—
56	27.16	—	21.32	—
58	29.13	—	22.87	—
60	31.18	—	24.50	—
63	34.37	—	26.98	—
65	36.59	—	28.72	—
68	40.04	—	31.43	—
70	42.43	—	33.30	—

注： 表中的理论质量按密度 $7.85g/cm^3$ 计算。

表中截面面积（A）计算公式：$A=\frac{1}{4}ns^2\tan\frac{\varphi}{2}\times\frac{1}{100}$

六角形：$A=\frac{3}{2}s^2\tan30°\times\frac{1}{100}\approx0.866s^2\times\frac{1}{100}$

八角形：$A=2s^2\tan22°30'\times\frac{1}{100}\approx0.828s^2\times\frac{1}{100}$

式中　n——正 n 边形边数；

φ——正 n 边形圆内角；$\varphi=360/n$。

7.2.9 H型钢的规格及其截面特性

表 7-9　　H型钢的规格及其截面特性

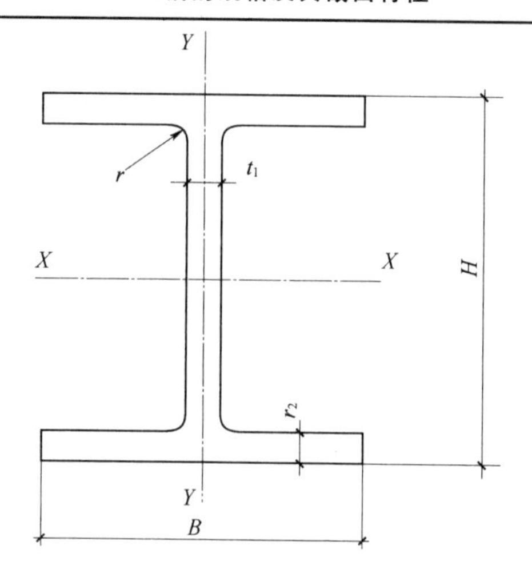

H——高度　B——宽度　t_1——腹板厚度　t_2——翼缘厚度　r——圆角半径

类别	型号（高度×宽度）/(mm×mm)	截面尺寸/mm					截面面积/cm²	理论质量/(kg/m)
		H	B	t_1	t_2	r		
HW	100×100	100	100	6	8	8	21.58	16.9
	125×125	125	125	6.5	9	8	30.00	23.6
	150×150	150	150	7	10	8	39.64	31.1
	175×175	175	175	7.5	11	13	51.42	40.4
	200×200	200	200	8	12	13	63.53	49.9
		200*	204	12	12	13	71.53	56.2
	250×250	244*	252	11	11	13	81.31	63.8
		250	250	9	14	13	91.43	71.8
		250*	255	14	14	13	103.9	81.6
	300×300	294*	302	12	12	13	106.3	83.5
		300	300	10	15	13	118.5	93.0
		300*	305	15	15	13	133.5	105
	350×350	338*	351	13	13	13	133.3	105
		344*	348	10	16	13	144.0	113
		344*	354	16	16	13	164.7	129
		350	350	12	19	13	171.9	135
		350*	357	19	19	13	196.4	154

续表

类别	型号（高度×宽度）/(mm×mm)	截面尺寸/mm					截面面积/cm^2	理论质量/(kg/m)
		H	B	t_1	t_2	r		
HW	400×400	388*	402	15	15	22	178.5	140
		394*	398	11	18	22	186.8	147
		394*	405	18	18	22	214.4	168
		400	400	13	21	22	218.7	172
		400*	408	21	21	22	250.7	197
		414*	405	18	28	22	295.4	232
		428*	407	20	35	22	360.7	283
		458*	417	30	50	22	528.6	415
		498*	432	45	70	22	770.1	604
	500×500	492*	465	15	20	22	258.0	202
		502*	465	15	25	22	304.5	239
		502*	470	20	25	22	329.6	259
HM	150×100	148	100	6	9	8	26.34	20.7
	200×150	194	150	6	9	8	38.10	29.9
	250×175	244	175	7	11	13	55.49	43.6
	300×200	294	200	8	12	13	71.05	55.8
		298*	201	9	14	13	82.03	64.4
	350×250	340	250	9	14	13	99.53	78.1
	400×300	390	300	10	16	13	133.3	105
	450×300	440	300	11	18	13	153.9	121
	500×300	482*	300	11	15	13	141.2	111
		488	300	11	18	13	159.2	125
	550×300	544*	300	11	15	13	148.0	116
		550*	300	11	18	13	166.0	130
	600×300	582*	300	12	17	13	169.2	133
		588	300	12	20	13	187.2	147
		594*	302	14	23	13	217.1	170
HN	100×50*	100	50	5	7	8	11.84	9.30
	125×60*	125	60	6	8	8	16.68	13.1
	150×75	150	75	5	7	8	17.84	14.0
	175×90	175	90	5	8	8	22.89	18.0
	200×100	198*	99	4.5	7	8	22.68	17.8
		200	100	5.5	8	8	26.66	20.9
	250×125	248*	124	5	8	8	31.98	25.1
		250	125	6	9	8	36.96	29.0
	300×150	298*	149	5.5	8	13	40.80	32.0
		300	150	6.5	9	13	46.78	36.7
	350×175	346*	174	6	9	13	52.45	41.2
		350	175	7	11	13	62.91	49.4
	400×150	400	150	8	13	13	70.37	55.2
	400×200	396*	199	7	11	13	71.41	56.1
		400	200	8	13	13	83.37	65.4
	450×150	446*	150	7	12	13	66.99	52.6
		450	151	8	14	13	77.49	60.8
	450×200	446*	199	8	12	13	82.97	65.1
		450	200	9	14	13	95.43	74.9

续表

类别	型号（高度×宽度）/(mm×mm)	截面尺寸/mm					截面面积/cm^2	理论质量/(kg/m)
		H	B	t_1	t_2	r		
HN	475×150	470*	150	7	13	13	71.53	56.2
		475*	151.5	8.5	15.5	13	86.15	67.6
		482	153.5	10.5	19	13	106.4	83.5
	500×150	492*	150	7	12	13	70.21	55.1
		500*	152	9	16	13	92.21	72.4
		504	153	10	18	13	103.3	81.1
	500×200	496*	199	9	14	13	99.29	77.9
		500	200	10	16	13	112.3	88.1
		506*	201	11	19	13	129.3	102
	550×200	546*	199	9	14	13	103.8	81.5
		550	200	10	16	13	117.3	92.0
	600×200	596*	199	10	15	13	117.8	92.4
		600	200	11	17	13	131.7	103
		606*	201	12	20	13	149.8	118
	650×200	625*	198.5	13.5	17.5	13	150.6	118
		630	200	15	20	13	170.0	133
		638*	202	17	24	13	198.7	156
	650×300	646*	299	10	15	13	152.8	120
		650*	300	11	17	13	171.2	134
		656*	301	12	20	13	195.8	154
	700×300	692*	300	13	20	18	207.5	163
		700	300	13	24	18	231.5	182
	750×300	734*	299	12	16	18	182.7	143
		742*	300	13	20	18	214.0	168
		750*	300	13	24	18	238.0	187
		758*	303	16	28	18	284.8	224
	800×300	792*	300	14	22	18	239.5	188
		800	300	14	26	18	263.5	207
	850×300	834*	298	14	19	18	227.5	179
		842*	299	15	23	18	259.7	204
		850*	300	16	27	18	292.1	229
		858*	301	17	31	18	324.7	255

续表

类别	型号（高度×宽度）/(mm×mm)	截面尺寸/mm					截面面积/cm²	理论质量/(kg/m)
		H	B	t_1	t_2	r		
HN	900×300	890*	299	15	23	18	266.9	210
		900	300	16	28	18	305.8	240
		912*	302	18	34	18	360.1	283
	1000×300	970*	297	16	21	18	276.0	217
		980*	298	17	26	18	315.5	248
		990*	298	17	31	18	345.3	271
		1000*	300	19	36	18	395.1	310
		1008*	302	21	40	18	439.3	345
HT	100×50	95	48	3.2	4.5	8	7.620	5.98
		97	49	4	5.5	8	9.370	7.36
	100×100	96	99	4.5	6	8	16.20	12.7
	125×60	118	58	3.2	4.5	8	9.250	7.26
		120	59	4	5.5	8	11.39	8.94
	125×125	119	123	4.5	6	8	20.12	15.8
	150×75	145	73	3.2	4.5	8	11.47	9.00
		147	74	4	5.5	8	14.12	11.1
	150×100	139	97	3.2	4.5	8	13.43	10.6
		142	99	4.5	6	8	18.27	14.3
	150×150	144	148	5	7	8	27.76	21.8
		147	149	6	8.5	8	33.67	26.4
	175×90	168	88	3.2	4.5	8	13.55	10.6
		171	89	4	6	8	17.58	13.8
	175×175	167	173	5	7	13	33.32	26.2
		172	175	6.5	9.5	13	44.64	35.0
	200×100	193	98	3.2	4.5	8	15.25	12.0
		196	99	4	6	8	19.78	15.5
	200×150	188	149	4.5	6	8	26.34	20.7
	200×200	192	198	6	8	13	43.69	34.3
	250×125	244	124	4.5	6	8	25.86	20.3
	250×175	238	173	4.5	8	13	39.12	30.7
	300×150	294	148	4.5	6	13	31.90	25.0
	300×200	286	198	6	8	13	49.33	38.7

续表

类别	型号（高度×宽度）/(mm×mm)	截面尺寸/mm					截面面积/cm²	理论质量/(kg/m)
		H	B	t_1	t_2	r		
HT	350×175	340	173	4.5	6	13	36.97	29.0
	400×150	390	148	6	8	13	47.57	37.3
	400×200	390	198	6	8	13	55.57	43.6

注： 1. 同一型号的产品，其内侧尺寸高度一致。

2. 截面面积计算公式为："$t_1(H-2t_2)+2Bt_2+0.858r^2$"。

3. "*"表示的规格为市场非常用规格。

7.2.10 钢板理论质量表

表 7-10　钢板理论质量表

厚度/mm	理论质量/(kg/m²)	厚度/mm	理论质量/(kg/m²)
0.2	1.570	1.6	12.560
0.25	1.963	1.8	14.130
0.27	2.120	2.0	15.700
0.3	2.355	2.2	17.270
0.35	2.748	2.5	19.630
0.4	3.140	2.8	21.980
0.45	3.533	3.0	23.550
0.5	3.925	3.2	25.120
0.55	4.318	3.5	27.480
0.6	4.710	3.8	29.830
0.65	5.103	4.0	31.400
0.7	5.495	4.5	35.325
0.75	5.888	5	39.250
0.8	6.280	5.5	43.175
0.9	7.065	6	47.100
1.0	7.850	7	54.950
1.1	8.635	8	62.800
1.2	9.420	9	70.650
1.25	9.813	10	78.500
1.3	10.205	11	86.350
1.4	10.990	12	94.200
1.5	11.775	13	102.050

续表

厚度/mm	理论质量/(kg/m²)	厚度/mm	理论质量/(kg/m²)
14	109.900	30	235.500
15	117.750	32	251.200
16	125.600	34	266.900
17	133.450	36	282.600
18	141.300	38	298.300
19	149.150	40	314.000
20	157.000	42	329.700
21	164.850	44	345.400
22	172.700	46	361.100
23	180.550	48	376.800
24	188.400	50	392.500
25	196.250	52	408.200
26	204.100	54	423.900
27	211.950	56	439.600
28	219.800	58	455.300
29	227.650	60	471.000

注： 1. 适用于各类普通钢板的理论质量计算。花纹钢板和不锈钢板除外。

2. 理论质量＝7.85δ（δ——mm）（理论质量按密度 7.85g/cm³ 计算）。

7.2.11 每榀钢屋架参考质量

表 7-11　　钢屋架每榀质量参考表

类别	荷重/(N/m²)	屋架跨度/m											
		6	7	8	9	12	15	18	21	24	27	30	36
		角钢组成每榀质量/(t/榀)											
多边形	1000	—	—	—	—	0.418	0.648	0.918	1.260	1.656	2.122	2.682	—
多边形	2000	—	—	—	—	0.518	0.810	1.166	1.460	1.776	2.090	2.768	3.603
多边形	3000	—	—	—	—	0.677	1.035	1.459	1.662	2.203	2.615	3.830	5.000
多边形	4000	—	—	—	—	0.872	1.260	1.459	1.903	2.614	3.472	3.949	5.955
三角形	1000	—	—	—	0.217	0.367	0.522	0.619	0.920	1.195	—	—	—
三角形	2000	—	—	—	0.297	0.461	0.720	1.037	1.386	1.800	—	—	—
三角形	3000	—	—	—	0.324	0.598	0.936	1.307	1.840	2.390	—	—	—
		轻型角钢组成每榀质量/(t/榀)											
三角形	96	0.046	0.063	0.076	—	—	—	—	—	—	—	—	—
三角形	170	—	—	—	0.169	0.254	0.41	—	—	—	—	—	—

7.2.12 钢檩条每平方米屋盖水平投影面积参考质量

表 7－12　　钢檩条每 1m² 屋盖水平投影面积质量参考表

屋架间距/m	屋面荷重/(N/m²) 1000	2000	3000	4000	5000
	每 1m² 屋盖檩条质量/kg				
4.5	5.63	8.70	10.50	12.50	14.70
6.0	7.10	12.50	14.70	17.00	22.00
7.0	8.70	14.70	17.00	22.20	25.00
8.0	10.50	17.00	22.20	25.00	28.00
9.0	12.59	19.50	22.20	28.00	28.00

附注：

1. 檩条间距为 1.8～2.5m；
2. 本表不包括檩条间支撑量，如有支撑，每 1m² 增加：圆钢制成为 1.0kg，角钢制成为 1.8kg；
3. 如有组合断面构成之屋檐，则檩条之质量应增加 $\frac{36}{L}$（L 为屋架跨度）

7.2.13 钢屋架每平方米屋盖水平投影面积参考质量

表 7－13　　钢屋架每 1m² 屋盖水平投影面积质量参考表

屋架间距/m	跨度/m	屋面荷重/(N/m²) 1000	2000	3000	4000	5000
		每 1m² 屋盖钢架质量/kg				
三角形	9	6.0	6.92	7.50	9.53	11.32
	12	6.41	8.00	10.33	12.67	15.13
	15	7.20	10.00	13.00	16.30	19.20
	18	8.00	12.00	15.13	19.20	22.90
	21	9.10	13.80	18.20	22.30	26.70
	24	10.33	15.67	20.80	25.80	30.50
多角形	12	6.8	8.3	11.0	13.7	15.8
	15	8.5	10.6	13.5	16.5	19.8
	18	10	12.7	16.1	19.7	23.5
	21	11.9	15.1	19.5	23.5	27
	24	13.5	17.6	22.6	27	31
	27	15.4	20.5	26.1	30	34
	30	17.5	23.4	29.5	33	37

附　　注

1. 本表屋架间距按 6m 计算，如间距为 a 时，则屋面荷重以系数 $\frac{a}{b}$，由此得知屋面新荷重，再从表中查出质量；
2. 本表质量中包括屋架支座垫板及上弦连接檩条之角钢；
3. 本表系铆接。如采用电焊时，三角形屋架乘系数 0.85，多角形乘系数 0.87

7.2.14 钢屋架上弦支撑每平方米屋盖水平投影面积参考质量

表 7-14　　钢屋架上弦支撑每 1m² 屋盖水平投影面积质量参考表

屋架间距/m	屋架跨度/m					
	12	15	18	21	24	30
	每 1m² 屋盖上弦支撑质量/kg					
4.5	7.26	6.21	5.64	5.50	5.32	5.33
6.0	8.90	8.15	7.42	7.24	7.10	7.00
7.5	10.85	8.93	7.78	7.77	7.75	7.70

注：表中屋架上弦支撑质量已包括屋架间的垂直支撑钢材用量。

7.2.15 钢屋架下弦支撑每平方米屋盖水平投影面积参考质量

表 7-15　　钢屋架下弦支撑每 1m² 屋盖水平投影面积质量参考表

建筑物高度/m	屋架间距/m	屋面风荷载/(kg/m²)		
		30	50	80
		每 1m² 屋盖下弦支撑质量/kg		
12	4.5	2.50	2.90	3.65
	6.0	3.60	4.00	4.60
	7.5	5.60	5.85	6.25
18	4.5	2.80	3.40	4.12
	6.0	3.90	4.40	5.20
	7.5	5.70	6.15	6.80
24	4.5	3.00	3.80	4.66
	6.0	4.18	4.80	5.87
	7.5	5.90	6.48	6.20

7.2.16 每榀轻型钢屋架参考质量

表 7-16　　轻型钢屋架每榀质量表

类别		屋架跨度/m			
		8	9	12	15
		每榀质量/t			
梭形	下弦 16Mn	0.135～0.187	0.17～0.22	0.286～0.42	0.49～0.581
	下弦 Q235	0.151～0.702	0.17～0.25	0.306～0.45	0.519～0.625

7.2.17 每根轻钢檩条参考质量

表 7-17　　　　轻型钢檩条每根质量参考表

檩长/m	钢材规格		质量/(kg/根)	檩长/m	钢材规格		质量/(kg/根)
	下弦	上弦			下弦	上弦	
2.4	1ϕ8	2ϕ10	9.0	4.0	1ϕ10	1ϕ12	20.0
3.0	1ϕ16	L45×4	16.4	5.0	1ϕ12	1ϕ14	25.6
3.3	1ϕ10	2ϕ12	14.5	5.3	1ϕ12	1ϕ14	27.0
3.6	1ϕ10	2ϕ12	15.8	5.7	1ϕ12	1ϕ14	32.0
3.75	1ϕ10	L50×5	18.8	6.0	1ϕ14	2L25×2	31.6
4.00	1ϕ16	L50×5	23.5	6.0	1ϕ14	2ϕ16	38.5

7.2.18 每米钢平台（带栏杆）参考质量

表 7-18　　　　钢平台（带栏杆）每 1m 质量参考表

平台宽度/m	3m 长平台	4m 长平台	5m 长平台
	每 1m 质量/kg		
0.6	54	60	65
0.8	67	74	81
1.0	78	84	97
1.2	87	100	107

注：表中栏杆为单面，如两面均有，每 1m 平台增 10.2kg。

7.2.19 每米钢栏杆及扶手参考质量

表 7-19　　　　每米钢栏杆及扶手参考质量

项　　目	钢　栏　杆			钢　扶　手		
	角　钢	圆　钢	扁　钢	钢　管	圆　钢	扁　钢
	每　米　质　量/kg					
栏杆及扶手制作	15	12	10	14	9.5	7.7

8

门窗及木结构工程

8.1 公式速查

8.1.1 半圆窗工程量计算

半圆窗（如图 8－1 所示）工程量计算公式如下：

$$A=\frac{1}{2}\pi R^2=1.5708R^2$$

简化公式为：

$$A=0.393\times B^2$$

式中 R——半圆窗的半径（m）；

A——窗框外围面积（m^2）；

B——窗框外围宽度（m）。

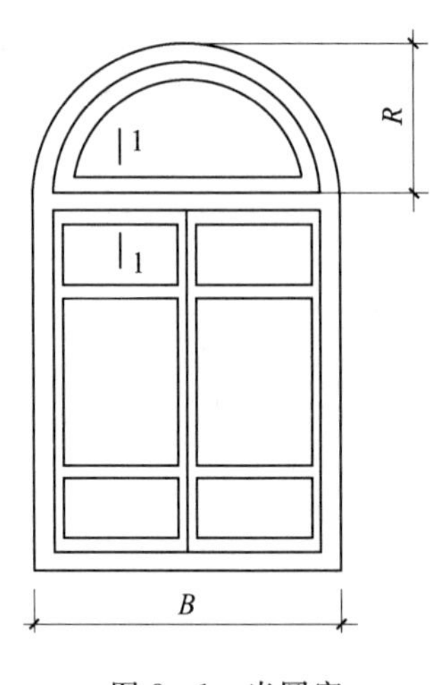

图 8－1 半圆窗

8.1.2 木檩条（方形）工程量计算

木檩条（方形）工程量计算公式如下：

$$V_i=a_ib_il_i \quad (i=1,2,3,\cdots)$$

$$V=\sum V_i$$

式中 V_i——第 i 根檩木的体积；

a_ib_i——第 i 根檩木的计算断面的双向尺寸；

l_i——第 i 根檩木的计算长度，如无规定，按轴线中距，每跨增加 20cm。

8.1.3　木檩条（圆形）工程量计算

木檩条（圆形）工程量计算公式如下：

$$V_i = \frac{\pi(d_{1i}^2 + d_{2i}^2)}{8} l_i$$

$$V = \sum V_i$$

式中　l_i——第 i 根檩木的计算长度，如无规定时，按轴线中距，每跨增加 20cm；

d_{1i}，d_{2i}——分别表示圆木大小头的直径。

8.1.4　窗框工程量计算

窗框（所图 8－2 所示）工程量计算公式如下：

框长＝∑满外尺寸

断面面积＝(宽＋刨光损耗)×(高＋刨光损耗)

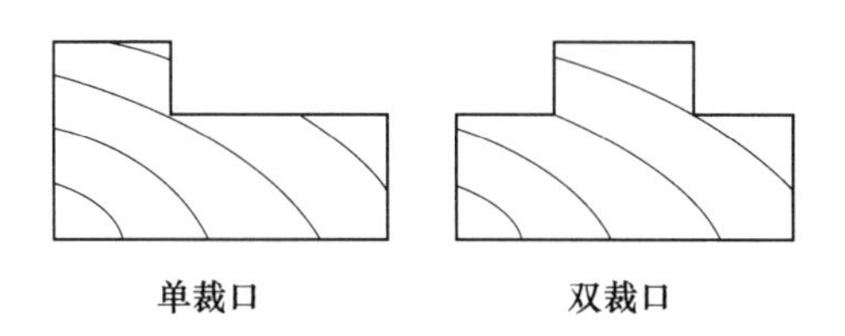

图 8－2　普通木门窗框及工业窗框

计算规则：

将计算出的断面面积与定额中规定的断面面积相比较，判定是否需要换算。

普通木门窗框及工业窗框分制作和安装项目，以设计框长每 100m 为计算单位，分别按单、双裁口项目计算。余长和伸入墙内部分及安装用木砖已包括在项目内，不另计算。设计框料断面与附注规定不同时，项目中烘干木材含量，应按比例换算，其他不变。换算时以立边断面为准。

8.1.5　门框工程量计算

门框工程量计算公式如下：

框长（m）＝∑满外尺寸

断面面积(cm^2)＝(料高＋0.5)×(料宽＋0.3)

计算规则：

将计算出的断面面积与定额中规定的断面面积相比较，判定是否需要换算。

普通木门窗框及工业窗框分制作和安装项目，以设计框长每 100m 为计算单位，分别按单、双裁口项目计算。余长和伸入墙内部分及安装用木砖已包括在项目内，不另计算。若设计框料断面与附注规定不同，项目中烘干木材含量，应按比例换算，其他不变。换算时以立边断面为准。

8.1.6 玻璃用量工程量计算

玻璃面积按玻璃外形尺寸（不扣玻璃棂）计算。

玻璃高＝门扇高－[门扇冒宽(不扣减玻璃棂)＋门扇玻璃裁口宽]×2

玻璃宽＝门扇宽－[门扇梃宽(不扣减玻璃棂)＋门扇玻璃裁口宽]×2

玻璃用量＝玻璃高×玻璃宽×玻璃块数×含樘量/100m^2

计算规则：

普通木门窗、工业木窗，如设计规定为部分框上安装玻璃者，扇的制作、安装与框上安玻璃的工程量应分别列项计算，框上安玻璃的工程量应以安装玻璃部分的框外围面积计算。

8.1.7 油灰用量工程量计算

油灰用量工程量计算公式如下：

每 100m^2 洞口面积工程量油灰用量（kg）＝玻璃面积×1.36kg/m^2×1.02

式中 1.36kg/m^2——安装面积；

1.02——损耗系数。

8.1.8 纱扇工程量计算

纱扇工程量计算公式如下：

外围面积＝Σ(扇高×扇宽)(cm^2)

纱扇料断面面积＝(料高＋0.5)×(料宽＋0.5)(cm^2)

计算规则：

根据满外尺寸汇总计算出框长。

断面面积则根据纱扇的宽度和高度分别加刨光损耗计算出。

8.1.9 门扇、窗扇工程量计算

门扇、窗扇工程量计算公式如下：

外围面积＝Σ(扇长×扇宽)(m^2)

扇料断面面积＝(料高＋0.5)×(料宽＋0.5)(cm^2)

计算规则：

普通木门窗扇、工业窗扇及厂库房大门扇等有关项目分制作及安装，以 100m^2 扇面积为计算单位。如设计扇料边梃断面与附注规定不同时，项目中烘干木材含量，应按比例换算，其他不变。

8.2 数据速查

8.2.1 屋架杆件长度系数表

表 8-1　　屋架杆件长度系数表

屋架形式		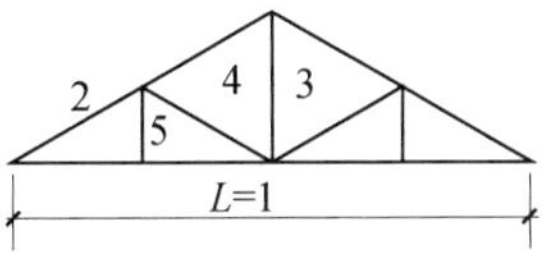 L=1		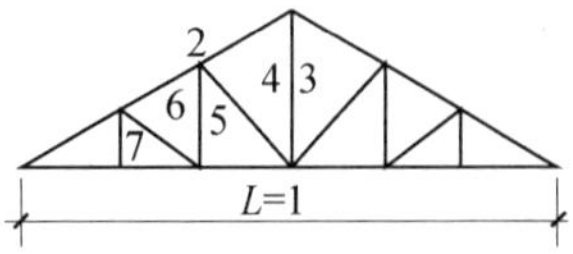 L=1	
角度		26°34′	30°	26°34′	30°
杆件编号	1	1	1	1	1
	2	0.559	0.577	0.559	0.577
	3	0.250	0.289	0.250	0.289
	4	0.280	0.289	0.236	0.254
	5	0.125	0.144	0.167	0.192
	6	—	—	0.186	0.192
	7	—	—	0.083	0.096
	8	—	—	—	—
	9	—	—	—	—
	10	—	—	—	—
	11	—	—	—	—
屋架形式		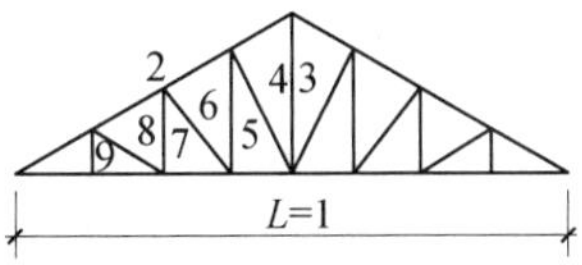 L=1		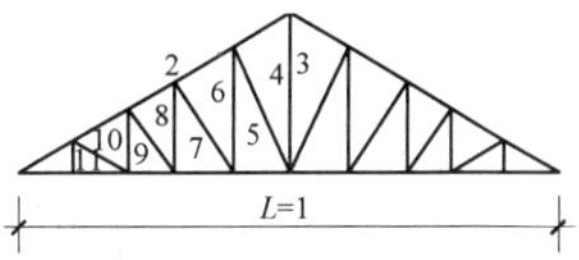 L=1	
角度		26°34′	30°	26°34′	30°
杆件编号	1	1	1	1	1
	2	0.559	0.577	0.559	0.577
	3	0.250	0.289	0.250	0.289
	4	0.225	0.250	0.224	0.252
	5	0.188	0.217	0.200	0.231
	6	0.177	0.191	0.180	0.200
	7	0.125	0.144	0.150	0.173
	8	0.140	0.144	0.141	0.153
	9	0.063	0.072	0.100	0.116
	10	—	—	0.112	0.115
	11	—	—	0.050	0.057

8.2.2 原木材积表

表 8－2　　原木材积表

检尺径/cm	检尺长/m														
	2.0	2.2	2.4	2.5	2.6	2.8	3.0	3.2	3.4	3.6	3.8	4.0	4.2	4.4	4.6
	材积/m³														
8	0.013	0.015	0.016	0.017	0.018	0.020	0.021	0.023	0.025	0.027	0.029	0.031	0.034	0.036	0.038
10	0.019	0.022	0.024	0.025	0.026	0.029	0.031	0.034	0.037	0.040	0.042	0.045	0.048	0.051	0.054
12	0.027	0.030	0.033	0.035	0.037	0.040	0.043	0.047	0.050	0.054	0.058	0.062	0.065	0.069	0.074
14	0.036	0.040	0.045	0.047	0.049	0.054	0.058	0.063	0.068	0.073	0.078	0.083	0.089	0.094	0.100
16	0.047	0.052	0.058	0.060	0.063	0.069	0.075	0.081	0.087	0.093	0.100	0.106	0.113	0.120	0.126
18	0.059	0.065	0.072	0.076	0.079	0.086	0.093	0.101	0.108	0.116	0.124	0.132	0.140	0.148	0.156
20	0.072	0.080	0.088	0.092	0.097	0.105	0.114	0.123	0.132	0.141	0.151	0.160	0.170	0.180	0.190
22	0.086	0.096	0.106	0.111	0.116	0.126	0.137	0.147	0.158	0.169	0.180	0.191	0.203	0.214	0.226
24	0.102	0.114	0.125	0.131	0.137	0.149	0.161	0.174	0.186	0.199	0.212	0.225	0.239	0.252	0.266
26	0.120	0.133	0.146	0.153	0.160	0.174	0.188	0.203	0.217	0.232	0.247	0.262	0.277	0.293	0.308
28	0.138	0.154	0.169	0.177	0.185	0.201	0.217	0.234	0.250	0.267	0.284	0.302	0.319	0.337	0.354
30	0.158	0.176	0.193	0.202	0.211	0.230	0.248	0.267	0.286	0.305	0.324	0.344	0.364	0.383	0.404
32	0.180	0.199	0.219	0.230	0.240	0.260	0.281	0.302	0.324	0.345	0.367	0.389	0.411	0.433	0.456
34	0.202	0.224	0.247	0.258	0.270	0.293	0.316	0.340	0.364	0.388	0.412	0.437	0.461	0.486	0.511

检尺径/cm	检尺长/m														
	4.8	5.0	5.2	5.4	5.6	5.8	6.0	6.2	6.4	6.6	6.8	7.0	7.2	7.4	7.6
	材积/m³														
8	0.040	0.043	0.045	0.048	0.051	0.053	0.056	0.59	0.062	0.065	0.068	0.071	0.074	0.077	0.081
10	0.058	0.061	0.064	0.068	0.071	0.075	0.078	0.082	0.086	0.090	0.094	0.098	0.102	0.106	0.111
12	0.078	0.082	0.086	0.091	0.095	0.100	0.105	0.109	0.114	0.119	0.124	0.130	0.135	0.140	0.146
14	0.105	0.111	0.117	0.123	0.129	0.136	0.142	0.149	0.156	0.162	0.169	0.176	0.184	0.191	0.199
16	0.134	0.141	0.148	0.155	0.163	0.171	0.179	0.187	0.195	0.203	0.211	0.220	0.229	0.238	0.247
18	0.165	0.174	0.182	0.191	0.201	0.210	0.219	0.229	0.238	0.248	0.258	0.268	0.278	0.289	0.300
20	0.200	0.210	0.221	0.231	0.242	0.253	0.264	0.275	0.286	0.298	0.309	0.321	0.333	0.345	0.358
22	0.238	0.250	0.262	0.275	0.287	0.300	0.313	0.326	0.339	0.352	0.365	0.379	0.393	0.407	0.421
24	0.279	0.293	0.308	0.322	0.336	0.351	0.366	0.380	0.396	0.411	0.426	0.442	0.457	0.473	0.489
26	0.324	0.340	0.356	0.373	0.389	0.406	0.423	0.440	0.457	0.474	0.491	0.509	0.527	0.545	0.563
28	0.372	0.391	0.409	0.427	0.446	0.465	0.484	0.503	0.522	0.542	0.561	0.581	0.601	0.621	0.642
30	0.424	0.444	0.465	0.486	0.507	0.528	0.549	0.571	0.592	0.614	0.636	0.658	0.681	0.703	0.726
32	0.479	0.502	0.525	0.548	0.571	0.595	0.619	0.643	0.667	0.691	0.715	0.740	0.765	0.790	0.815
34	0.537	0.562	0.588	0.614	0.640	0.666	0.692	0.719	0.746	0.772	0.799	0.827	0.854	0.881	0.909

注：长度以 20cm 为增进单位，不足 20cm 时，满 10cm 进位，不足 10cm 舍去；径级以 2cm 为增进单位，不足 2cm 时，满 1cm 的进位，不足 1cm 舍去。

9

屋面及防水工程

9.1 公式速查

9.1.1 屋面保温层工程量计算

屋面保温层工程量计算公式如下：

$$V=S\times H$$

式中 S——所需铺保温层的屋面面积（m^2）；

H——所铺保温层的厚度（m）。

9.1.2 瓦屋面工程量计算

延尺系数的含义：在计算工程量时，将屋面或木基层的水平面积换算为斜面积或把水平投影长度换算为斜长的系数。

由图 9-1 可以看出，C、A 与 θ 有如下关系：

$$C=\frac{A}{\cos\theta}$$

当 $A=1$ 时，$C=\frac{1}{\cos\theta}$

C 为延尺系数，或叫坡水系数。

D 为隅延尺系数，$D=\sqrt{A^2+C^2}$。

当 $A=1$ 时，$D=\sqrt{1+C^2}$。

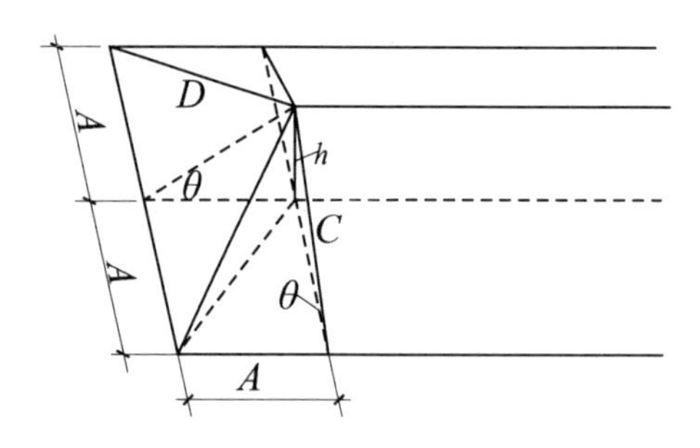

图 9-1 瓦屋面计算示意图

9.1.3 卷材屋面工程量计算

卷材屋面工程量计算公式如下：

$$S=S_{投}\times C+\sum(0.25L_1+0.5L_2)$$

式中 $S_{投}$——屋面水平投影面积（m^2）；

C——屋面延尺系数；

L_1——女儿墙弯起部分长度（m）；

L_2——天窗弯起部分长度（m）。

9.1.4 屋面找平层工程量计算

屋面找平层工程量计算公式如下：

$$挑檐面积=L_{外}\times 檐宽+4\times 檐宽^2$$

$$栏板立面面积=(L_{外}+8\times 檐宽)\times 栏板高$$

$$S=屋顶建筑面积(不含挑檐面积)+挑檐面积+栏板立面面积$$

式中 $L_{外}$——外墙外边线长。

9.1.5 屋面找坡层工程量计算

屋面找坡层工程量计算公式如下：

$$V=屋顶建筑面积\times 找平层平均厚度=屋顶建筑面积\times\left[最薄处厚度+\frac{1}{2}(找坡长度\times 坡度系数)\right]$$

式中 最薄处厚度——按施工图规定；

找坡长度——两面找坡时即为铺宽的一半；

坡度系数——按施工图规定。

9.1.6 屋面排水水落管工程量计算

屋面排水水落管工程量计算公式如下：

$$S=[0.4\times(H+H_{差}-0.2)+0.85]\times 道数$$

式中 H——房屋檐高（m）；

$H_{差}$——室内外高差（m）；

0.2——出水口到室外地坪距离及水斗高度（m）；

0.85——规定水斗和下水口的展开面积（m^2）。

9.1.7 平屋面面积计算

平屋面面积计算公式如下：

$$S=S_{投影}\times C$$

式中 $S_{投影}$——图示尺寸的水平投影面积（m^2）；

C——延尺系数。

9.1.8 坡屋面面积计算

坡屋面面积计算公式如下：

两坡水屋面的实际面积=屋面水平投影面积×两坡水斜长系数

四坡水屋面的实际面积=水平投影宽度的一半×四坡水斜长系数

计算规则：

按图 9－2 所示尺寸的水平投影面积乘以屋面延尺系数，以平方米计算。不扣除房上烟囱、风帽底座、风道、屋面小气窗和斜沟等所占面积，而屋面小气窗出檐与屋面重叠部分的面积亦不增加，但天窗出檐部分重叠的面积应并入相应屋面工程量内计算。琉璃瓦檐口线及瓦脊以延长米计算。

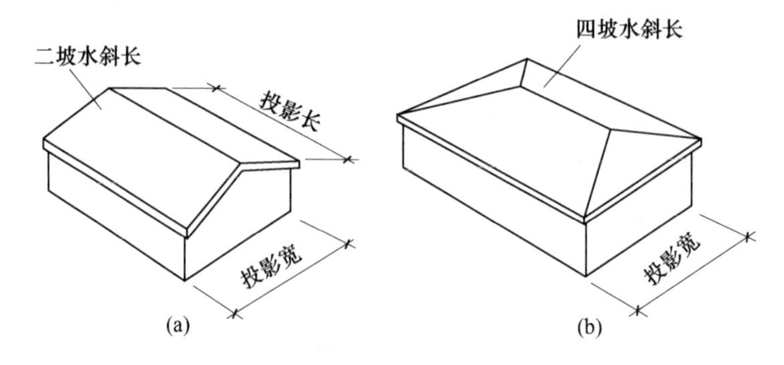

图 9-2　坡屋面面积

9.2　数据速查

9.2.1　常用坡度系数表

表 9-1　　常用坡度系数表

坡面斜角 /（°）	坡度			坡度系数（K）
	坡度比（$1/x$）	坡度比/%	坡度值（i）	
0°34′	1/100.00	1.00	0.0100	1.000 05
0°52′	1/66.67	1.50	0.0150	1.000 11
1°	1/57.14	1.75	0.0175	1.000 15
1°09′	1/50.00	2.00	0.0200	1.000 20
1°26′	1/40.00	2.50	0.0250	1.000 31
1°30′	1/38.17	2.62	0.0262	1.000 34
1°43′	1/33.33	3.00	0.0300	1.000 45
2°	1/28.65	3.49	0.0349	1.000 61
2°17′	1/25.00	4.00	0.0400	1.000 80
2°30′	1/22.88	4.37	0.0437	1.000 95
2°35′	1/22.22	4.50	0.0450	1.001 01
2°52′	1/20.00	5.00	0.0500	1.001 25
3°	1/19.08	5.24	0.0524	1.001 37
3°09′	1/18.18	5.50	0.0550	1.001 51
3°25′	1/16.67	6.00	0.0600	1.001 80
3°28′	1/16.50	6.06	0.0606	1.001 83

续表

坡面斜角/(°)	坡度			坡度系数(K)
	坡度比(1/x)	坡度比/%	坡度值(i)	
3°30′	1/16.34	6.12	0.0612	1.001 87
3°37′	1/16.00	6.25	0.0625	1.001 95
3°43′	1/15.38	6.50	0.0650	1.002 11
3°49′	1/15.00	6.67	0.0667	1.002 22
3°57′	1/14.50	6.90	0.0690	1.002 38
4°	1/14.31	6.99	0.0699	1.002 44
4°	1/14.29	7.00	0.0700	1.002 45
4°10′	1/13.50	7.41	0.0741	1.002 74
4°17′	1/13.33	7.50	0.0750	1.002 81
4°30′	1/12.71	7.87	0.0787	1.003 09
4°34′	1/12.50	8.00	0.0800	1.003 19
4°46′	1/12.00	8.33	0.0833	1.003 46
4°52′	1/11.76	8.50	0.0850	1.003 61
5°	1/11.43	8.75	0.0875	1.003 82
5°09′	1/11.11	9.00	0.0900	1.004 04
5°26′	1/10.53	9.50	0.0950	1.004 50
5°26′	1/10.50	9.52	0.0952	1.004 52
5°30′	1/10.38	9.63	0.0963	1.004 63
5°43′	1/10.00	10.00	0.1000	1.004 99
6°	1/9.51	10.51	0.1051	1.005 51
6°20′	1/9.00	11.11	0.1111	1.006 15
6°30′	1/8.78	11.39	0.1139	1.006 47
6°42′	1/8.50	11.76	0.1176	1.006 89
7°	1/8.14	12.28	0.1228	1.007 51
7°07′	1/8.00	12.50	0.1250	1.007 78
7°30′	1/7.59	13.17	0.1317	1.008 64
7°36′	1/7.50	13.33	0.1333	1.008 85
8°	1/7.12	14.05	0.1405	1.009 82
8°08′	1/7.00	14.29	0.1429	1.010 16
8°30′	1/6.69	14.95	0.1495	1.011 11
8°32′	1/6.67	15.00	0.1500	1.011 19
8°45′	1/6.50	15.38	0.1538	1.011 76
9°	1/6.31	15.84	0.1584	1.012 47

续表

坡面斜角/(°)	坡度			坡度系数(K)
	坡度比(1/x)	坡度比/%	坡度值(i)	
9°28′	1/6.00	16.67	0.1667	1.013 80
9°30′	1/5.98	16.73	0.1673	1.013 90
10°	1/5.67	17.63	0.1763	1.015 42
10°18′	1/5.50	18.18	0.1818	1.016 39
10°30′	1/5.40	18.53	0.1853	1.017 02
11°	1/5.14	19.44	0.1944	1.018 72
11°19′	1/5.00	20.00	0.2000	1.019 80
11°30′	1/4.91	20.35	0.2035	1.020 50
12°	1/4.70	21.26	0.2126	1.022 35
12°30′	1/4.51	22.17	0.2217	1.024 28
12°32′	1/4.50	22.22	0.2222	1.024 39
13°	1/4.33	23.09	0.2309	1.026 31
13°30′	1/4.16	24.01	0.2401	1.028 42
14°	1/4.01	24.93	0.2493	1.030 61
14°02′	1/4.00	25.00	0.2500	1.030 78
14°30′	1/3.87	25.86	0.2586	1.032 90
15°	1/3.73	26.79	0.2679	1.035 26
15°30′	1/3.61	27.73	0.2773	1.037 74
15°57′	1/3.50	28.57	0.2857	1.040 01
16°	1/3.49	28.67	0.2867	1.040 29
16°30′	1/3.38	29.62	0.2962	1.042 95
16°42′	1/3.33	30.00	0.3000	1.044 03
17°	1/3.27	30.57	0.3057	1.045 68
17°30′	1/3.17	31.53	0.3153	1.048 53
18°	1/3.08	32.49	0.3249	1.051 46
18°26′	1/3.00	33.33	0.3333	1.054 08
18°30′	1/2.99	33.46	0.3346	1.054 50
19°	1/2.90	34.43	0.3443	1.057 61
19°17′	1/2.86	35.00	0.3500	1.059 48
19°30′	1/2.82	35.41	0.3541	1.060 84
20°	1/2.75	36.40	0.3640	1.064 19
21°	1/2.60	38.39	0.3839	1.071 16
21°48′	1/2.50	40.00	0.4000	1.077 03

续表

坡面斜角/(°)	坡度			坡度系数（K）
	坡度比（1/x）	坡度比/%	坡度值（i）	
22°	1/2.48	40.40	0.4040	1.078 52
23°	1/2.36	42.45	0.4245	1.086 37
24°	1/2.25	44.52	0.4452	1.094 62
24°14′	1/2.22	45.00	0.4500	1.096 59
25°	1/2.14	46.63	0.4663	1.103 37
26°	1/2.05	48.77	0.4877	1.112 59
26°34′	1/2.00	50.00	0.5000	1.118 03
27°	1/1.96	50.95	0.5095	1.122 31
28°	1/1.88	53.17	0.5317	1.132 57
28°49′	1/1.81	55.00	0.5500	1.141 27
29°	1/1.80	55.43	0.5543	1.143 35
30°	1/1.73	57.74	0.5774	1.154 73
30°58′	1/1.67	60.00	0.6000	1.166 19
31°	1/1.66	60.09	0.6009	1.166 65
32°	1/1.60	62.49	0.6249	1.179 19
33°	1/1.54	64.94	0.6494	1.192 42
33°01′	1/1.54	65.00	0.6500	1.192 69
33°40′	1/1.50	66.60	0.6660	1.201 48
34°	1/1.48	67.45	0.6745	1.206 21
35°	1/1.43	70.02	0.7002	1.220 77
36°	1/1.38	72.65	0.7265	1.236 04
36°52′	1/1.33	75.00	0.7500	1.250 00
37°	1/1.33	75.36	0.7536	1.252 16
38°	1/1.28	78.13	0.7813	1.269 03
39°	1/1.23	80.98	0.8098	1.286 77
40°	1/1.19	83.91	0.8391	1.305 41
41°	1/1.15	86.93	0.8693	1.325 02
42°	1/1.11	90.04	0.9004	1.345 63
43°	1/1.07	93.25	0.9325	1.367 32
44°	1/1.04	96.57	0.9657	1.390 17
45°	1/1.00	100.00	1.0000	1.414 21

注：本表可用于屋面、沟道等相关坡度工程量计算。

9.2.2 常用屋面找坡层平均折算厚度表

表 9-2　常用屋面找坡层平均折算厚度表

类别			双坡屋面						
屋面坡度			$\frac{1}{10}$	$\frac{1}{12}$	$\frac{1}{33.3}$	$\frac{1}{40}$	$\frac{1}{50}$	$\frac{1}{67}$	$\frac{1}{100}$
			10%	8.3%	3.0%	2.5%	2%	1.5%	1%
屋面跨度/m	4	找坡层平均折算厚度/m	0.100	0.083	0.030	0.025	0.020	0.015	0.010
	5		0.125	0.104	0.038	0.031	0.025	0.019	0.013
	6		0.150	0.125	0.045	0.038	0.030	0.023	0.015
	7		0.175	0.146	0.053	0.044	0.035	0.026	0.018
	8		0.200	0.167	0.060	0.050	0.040	0.030	0.020
	9		0.225	0.187	0.068	0.056	0.045	0.034	0.023
	10		0.250	0.208	0.075	0.063	0.050	0.038	0.025
	11		0.275	0.229	0.083	0.069	0.055	0.041	0.028
	12		0.300	0.250	0.090	0.075	0.060	0.045	0.030
	13		0.325	0.271	0.098	0.081	0.065	0.049	0.033
	14		0.350	0.292	0.105	0.088	0.070	0.053	0.035
	15		0.375	0.312	0.113	0.094	0.075	0.056	0.038
	18		0.450	0.375	0.135	0.113	0.090	0.068	0.045
	21		0.525	0.437	0.158	0.131	0.105	0.079	0.053
	24		0.600	0.500	0.180	0.150	0.120	0.090	0.060
类别			单坡屋面						
屋面坡度			$\frac{1}{10}$	$\frac{1}{12}$	$\frac{1}{33.3}$	$\frac{1}{40}$	$\frac{1}{50}$	$\frac{1}{67}$	$\frac{1}{100}$
			10%	8.3%	3.0%	2.5%	2%	1.5%	1%
屋面跨度/m	4	找坡层平均折算厚度/m	0.200	0.167	0.060	0.050	0.040	0.030	0.020
	5		0.250	0.208	0.075	0.063	0.050	0.038	0.025
	6		0.300	0.250	0.090	0.075	0.060	0.045	0.030
	7		0.350	0.292	0.105	0.088	0.070	0.053	0.035
	8		0.400	0.333	0.120	0.100	0.080	0.060	0.040
	9		0.450	0.375	0.135	0.113	0.090	0.068	0.045
	10		0.500	0.417	0.150	0.125	0.100	0.075	0.050
	11		0.550	0.458	0.165	0.138	0.110	0.083	0.055
	12		0.600	0.500	0.180	0.150	0.120	0.090	0.060
	13		—	—	0.195	0.163	0.130	0.098	0.065
	14		—	—	0.210	0.175	0.140	0.105	0.070
	15		—	—	0.225	0.188	0.150	0.113	0.075
	18		—	—	0.270	0.225	0.180	0.135	0.090
	21		—	—	0.315	0.263	0.210	0.158	0.105
	24		—	—	0.360	0.300	0.240	0.180	0.120

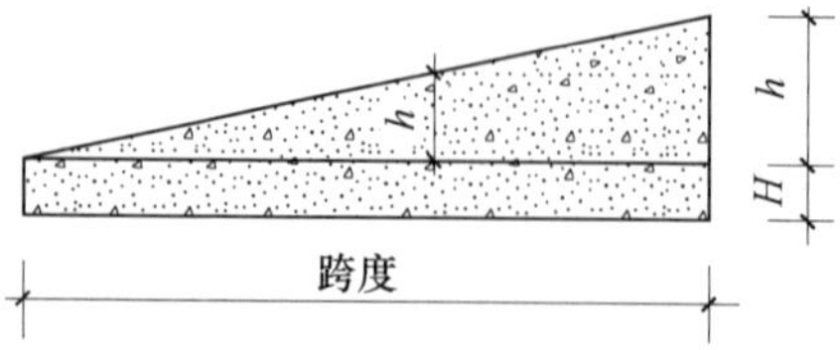

h
h
H
跨度

找坡层计算厚度 $=H+h'$

H——为最薄处厚度；

h'——为找坡层平均折算厚度，$h'=\frac{h}{2}$

注：双坡屋面找坡层平均折算厚度（h'）=跨度×坡度/4。

单坡屋面找坡层平均折算厚度（h'）=跨度×坡度/2。

10

楼地面工程

10.1 公式速查

10.1.1 垫层体积计算

垫层体积计算公式如下：

$$V=S_{地}\times H$$

式中 $S_{地}$——$\sum$（室内净长×室内净宽）（m^2）；

H——垫层厚度（m）。

10.1.2 楼面整体面层工程量计算

楼面整体面层工程量计算公式如下：

$$S_{楼}=各层外墙的外围面积之和-\sum(L_{中}\times 厚)-\sum(L_{净}\times 厚)$$

式中 各层外墙的外围面积之和——从建筑面积中查得；

$\sum$（$L_{中}$×厚）——各层外墙所占面积，$L_{中}$ 系各层外墙长度（m），可从外墙算式中查得；

$\sum$（$L_{净}$×厚）——各层内墙所占面积，$L_{净}$ 系各层内墙长度（m），可从内墙算式中查得。

10.1.3 楼面块料面层工程量计算

楼面块料面层工程量计算公式如下：

$$S_{楼}=各层外墙的外围面积之和-\sum(L_{中}\times 厚)-\sum(L_{净}\times 厚)$$

式中 各层外墙的外围面积之和——从建筑面积中查得；

$\sum$（$L_{中}$×厚）——各层外墙所占面积，$L_{中}$ 系各层外墙长度（m），可从外墙算式中查得；

$\sum$（$L_{净}$×厚）——各层内墙所占面积，$L_{净}$ 系各层内墙长度（m），可从内墙算式中查得。

10.1.4 卷材防潮层工程量计算

按实铺面积计算：

$$S=S_{底}(或\ S_{屋})$$

式中 $S_{底}$——基础底层面积（m^2）；

$S_{屋}$——屋面面积（m^2）。

10.1.5 找平层工程量计算

找平层工程量计算公式如下：

$$S=\sum(a_i\times b_i)$$

$$V=S\times H$$

式中 H——找平层厚度（m）；

a_i，b_i——各找平层的尺寸（m）。

10.1.6 踢脚线工程量计算

踢脚线工程量计算公式如下：

$$S=L\times H$$

式中 H——踢脚线的高度（m）；

L——踢脚线的长度（m）。

10.1.7 楼梯面层工程量计算

楼梯面层工程量计算公式如下：

$$S_{楼}=各层外墙的外围面积之和-\sum(L_{中}\times 厚)-\sum(L_{净}\times 厚)$$

式中 各层外墙的外围面积之和——从建筑面积中查得；

$\sum(L_{中}\times厚)$——各层外墙所占面积，$L_{中}$ 系各层外墙长度（m），可从外墙算式中查得；

$\sum(L_{净}\times厚)$——各层内墙所占面积，$L_{净}$ 系各层内墙长度（m），可从内墙算式中查得。

10.1.8 防水砂浆（平面）工程量计算

防水砂浆（平面）工程量计算公式如下：

$$S=\sum(B_i\times L_i)$$

式中 B_i——各种有防水砂浆的墙体的宽度（m）；

L_i——各种有防水砂浆的墙体的长度（m）。

10.1.9 防水砂浆（立面）工程量计算

防水砂浆（立面）工程量计算公式如下：

$$S=L\times H$$

式中 H——防水砂浆的高度（m）；

L——防水砂浆的长度（m）。

10.1.10 散水工程量计算

散水工程量计算公式如下：

$$S_{散}=(L_{外}-台阶长)\times 散水宽+4\times 散水宽^2$$

式中 $L_{外}$——外墙外边线长（可从外墙数据中查得）；

$4\times散水宽^2$——四个角的散水面积。

10.1.11 台阶工程量计算

台阶工程量计算公式如下：

$$S=L\times B$$

式中 B——台阶的宽度（m）；

L——台阶的长度（m）。

10.1.12 防滑条工程量计算

防滑条工程量计算公式如下：

$$L=n\times l$$

式中 n——楼梯踏步数；

l——楼梯段的宽度－0.15（m）。

10.1.13 保温层工程量计算

保温层工程量计算公式如下：

$$V=S\times H$$

式中 S——所需铺保温层的楼地面面积（m^2）；

H——所铺保温层的厚度（m）。

10.2 数据速查

10.2.1 常用垫层材料配比量表

表 10－1 常用垫层材料配比量表

垫层材料名称		32.5级水泥/kg	生石灰/kg	黏土/m^3	矿炉渣/m^3	中粗砂/m^3	碎砖/m^3	碎石/m^3	水/m^3
灰土垫层	2∶8	—	162	1.31	—	—	—	—	0.20
	3∶7	—	243	1.15	—	—	—	—	0.20
石灰炉渣垫层	1∶3	—	184	—	1.11	—	—	—	0.30
	1∶4	—	147	—	1.18	—	—	—	0.30
	1∶10	—	55	—	1.11	—	—	—	0.30
水泥石灰炉渣	1∶1∶8	177	74	—	1.18	—	—	—	0.30
	1∶1∶10	146	61	—	1.23	—	—	—	0.30
	1∶1∶12	126	53	—	1.27	—	—	—	0.30
碎砖三合土	1∶3∶6	—	97	—	—	0.65	1.16	—	0.30
	1∶4∶8	—	74	—	—	0.90	1.19	—	0.30
碎石三合土	1∶3∶6	—	85	—	—	0.58	—	1.08	0.30
	1∶4∶8	—	66	—	—	0.59	—	1.11	0.30
碎砖四合土	1∶1∶4∶8	165	69	—	—	0.63	1.11	—	0.30
	1∶1∶6∶12	116	48	—	—	0.65	1.16	—	0.30

续表

垫层材料名称		32.5级水泥/kg	生石灰/kg	黏土/m^3	矿炉渣/m^3	中粗砂/m^3	碎砖/m^3	碎石/m^3	水/m^3
碎石四合土	1：1：4：8	146	61	—	—	0.55	—	1.02	0.30
	1：1：6：12	103	43	—	—	0.58	—	1.09	0.30
炉渣混凝土垫层	C35	109	84	—	1.60	—	—	—	0.30
	C50	136	106	—	1.54	—	—	—	0.30
	C75	175	135	—	1.46	—	—	—	0.30
	C10	207	160	—	1.38	—	—	—	0.30
矿渣混凝土垫层	C35	81	94	—	1.53	—	—	—	0.30
	C50	102	119	—	1.40	—	—	—	0.30
	C75	133	154	—	1.41	—	—	—	0.30
	C10	158	184	—	1.36	—	—	—	0.30

10.2.2 垫层材料压缩系数及损耗率表

表 10-2　　垫层材料压缩系数及损耗率表

材　料　名　称	压　缩　系　数	损耗率/%
毛石	1.2	1
砂	1.13	2
碎砾石	1.08	2
灰土	1.6	1
石灰炉渣	1.455	1.5
碎砖	1.3	1.5
干铺炉渣	1.2	1
三四合土	1.45	1

11

装饰装修工程

11.1　公式速查

11.1.1　内墙面抹灰工程量计算

以垂直投影面积，按平方米计算，不扣除门窗洞口及空圈和外墙的里皮与内墙交接处的抹灰工程量，亦不增加门窗洞口的侧壁和顶面的工程量。其计算公式为：

内墙抹灰面积＝内墙的净长线长度×高度

式中的净长线长度，外墙里皮抹灰按外墙中心线；高度：无顶棚者，由地面或楼面起，算至楼板下皮；有顶棚者，先抹灰后吊顶棚的，自楼、地面算至顶棚底面，另加 20cm 计算；先吊顶棚后抹灰者则算至顶棚底面。

11.1.2　外墙面抹灰工程量计算

以垂直投影面积，按平方米计算，不扣减门窗及洞口面积，其侧壁及顶面的工程量亦不增加。其计算公式为：

外墙全部抹灰面积＝外墙外边线×高度

式中的高度按下列区别计算：

1）平屋顶混凝土挑檐由室外设计地坪算至混凝土挑檐的下皮。

2）平屋顶无挑檐由室外设计地坪算至楼板上表皮。

3）坡屋顶不带封檐板，由屋外设计地坪算至檐口上皮。

4）坡屋顶带檐口，由室外设计地坪算至顶棚下皮。

11.1.3　内外墙裙抹灰工程量计算

以图纸所示尺寸的垂直投影面积，按平方米计算，不扣除门窗洞口的面积，其侧壁及顶面的工程量亦不增加。其计算公式：

内外墙裙抹灰面积＝内外墙外边线×高度

计算规则：

外墙墙裙（系指高度在 1.5m 以内）抹灰面积，按平方米计算，扣除门窗洞口、空圈、腰线、挑檐、门窗套、遮阳板所占的面积，不扣除 0.3m^2 以内的孔洞面积，但门窗洞口及空圈的壁和垛的侧壁应展开计算，并入相应的墙面抹灰工程量内。

11.1.4　顶棚抹灰工程量计算

顶棚抹灰工程量计算公式如下：

$$\left.\begin{array}{r} S_{地}+S_{楼}+S_{阳}=\underline{\qquad\quad}\ m^2 \\ 楼梯顶棚抹灰面积：\ S_{梯}\times 0.3(或\ 0.8)=\underline{\ \ }\ m^2 \\ 梁侧面抹灰面积(近似值)：梁体积\times 8=\underline{\ \ }\ m^2 \\ 挑檐、雨篷水平投影面积：\underline{\qquad\qquad\qquad}\ m^2 \end{array}\right\}$$

式中 $S_{地}$——地面面积；

$S_{楼}$——楼面面积；

$S_{阳}$——阳台面积；

$S_{梯}$——楼梯工程量。

11.1.5 独立柱抹灰工程量计算

独立柱抹灰工程量计算公式如下：

$$S=(a+b)\times 2\times h$$

式中 a、b——独立柱的断面尺寸（m）；

h——独立柱的计算高度（m）。

11.1.6 外墙勾缝工程量计算

外墙勾缝工程量计算公式如下：

$$L_{外}\times(H_{差}+H+H_{女})-外墙裙$$

式中 $L_{外}$——外墙外围周长（从计算书首页查得）；

$H_{差}$——室内外高差（从计算书首页查得）；

H——房高（±0.00 至房顶，计算书首页可查得）；

$H_{女}$——有女儿墙的为女儿墙高度（计算书首页可查得）。

11.1.7 窗台板抹灰工程量计算

窗台单独抹灰工程量计算，其长度按窗宽另加 0.2m，其展开宽度按 0.36m 计算，套普通腰线定额，计算公式为：

$$\sum[(窗宽+0.2)\times 0.36]$$

窗高度相同、宽度不同时，可用简化计算式：

$$(窗面积/窗高+0.2)\times 窗数\times 0.36$$

计算规则：

内外窗台板抹灰工程量，如设计图纸无规定，可按窗外围宽度共加 20cm 乘以展开宽度计算，外窗台与腰线连接时并入相应腰线内计算。

11.2 数据速查

11.2.1 单层木门工程量系数表

表 11-1　单层木门工程量系数表

项目名称	系数	工程量计算方法
单层木门	1.00	按单面洞口面积
单层全玻门	0.83	
双层（单裁口）木门	2.00	
双层（一板一纱）木门	1.36	
厂库大门	1.10	
木百叶门	1.25	

11.2.2 单层木窗工程量系数表

表 11-2　单层木窗工程量系数表

项目名称	系数	工程量计算方法
单层玻璃	1.00	按单面洞口面积
单层组合窗	0.83	
双层组合窗	1.13	
双层（单裁口）窗	2.00	
双层（一玻一纱）窗	1.36	
三层（二玻一纱）窗	2.60	
木百叶窗	1.50	

11.2.3 木地板工程量系数表

表 11-3　木地板工程量系数表

项目名称	系数	工程量计算方法
木楼梯（不包括底面）	2.30	水平投影面积
木地板、木踢脚线	1.00	长×宽

11.2.4 木扶手（不带托板）工程量系数表

表 11-4　木扶手（不带托板）工程量系数表

项目名称	系数	工程量计算方法
窗帘盒	2.04	按延米长
木扶手（带托板）	2.60	
木扶手（不带托板）	1.00	
挂衣板、黑板框	0.52	
封檐板、顺水板	1.74	
生活园地框、挂镜线、窗帘棍	0.35	

11.2.5 其他木材面工程量系数表

表 11-5　其他木材面工程量系数表

项目名称	系数	工程量计算方法
木屋架	1.79	跨度（长）×中高×$\frac{1}{2}$
屋面板（带檩条）	1.11	斜长×宽
零星木装修	0.87	展开面积
衣柜、壁柜	0.91	投影面积（不展开）
木间壁、木隔断	1.90	单面外围面积
玻璃间壁露明墙筋	1.65	
木栅栏、木栏杆（带扶手）	1.82	
暖气罩	1.28	长×宽
鱼磷板墙	2.48	
顶棚、檐口	1.07	
木护墙、墙裙	0.91	
木方格吊顶顶棚	1.20	
清水板条顶棚、檐口	1.07	
木板、纤维板、胶合板	1.00	
窗台板、筒子板、盖板	0.82	
吸声板、墙面、顶棚面	0.87	

11.2.6 平板屋面涂刷磷化、锌黄底漆工程量系数表

表 11-6　平板屋面涂刷磷化、锌黄底漆工程量系数表

项目名称	系数	工程量计算方法
吸气罩	2.20	水平投影面积
平板屋面	1.00	斜长×宽
瓦垄板屋面	1.20	
包镀锌铁皮门	2.20	洞口面积
排水、伸缩缝盖板	1.05	展开面积

11.2.7 单层钢门窗工程量系数表

表 11-7　　单层钢门窗工程量系数表

项目名称	系数	工程量计算方法
钢折叠门	2.30	洞口面积
半截百叶钢门	2.22	
满钢门或包铁皮门	1.63	
单层钢门窗	1.00	
双层（一玻一纱）钢门窗	1.48	
钢百叶门窗	2.74	
铁丝网大门	0.81	框（扇）外围面积
厂库房平开、推拉门	1.70	
射线防护门	2.96	
间壁	1.85	长×宽
平板屋面	0.74	斜长×宽
瓦垄板屋面	0.89	斜长×宽
吸气罩	1.63	水平投影面积
排水、伸缩缝盖板	0.78	展开面积

11.2.8 其他金属面工程量系数表

表 11-8　　其他金属面工程量系数表

项目名称	系数	工程量计算方法
钢爬梯	1.18	按质量（t）
轻型屋架	1.42	
零星铁件	1.32	
踏步式钢扶梯	1.05	
墙架（格板式）	0.82	
墙架（空腹式）	0.50	
钢栅栏门、栏杆、窗栅	1.71	
操作台、走台、制动梁、钢梁车挡	0.71	
钢柱、吊车梁、花式梁柱、空花构件	0.63	
钢屋架、天窗架、挡风架、屋架梁、支撑、檩条	1.00	

主要参考文献

[1] GB/T 50353—2013 建筑工程建筑面积计算规范［S］. 北京：中国计划出版社，2014.

[2] GB 50500—2013 建设工程工程量清单计价规范［S］. 北京：中国计划出版社，2013.

[3] 季雪．土建工程量清单计价［M］. 北京：清华大学出版社，2008.

[4] 于榕庆．建筑工程计量与计价［M］. 北京：中国建材工业出版社，2010.

[5] 袁建新．袖珍建筑工程造价计算手册［M］. 2 版北京：中国建筑工业出版社，2011.

[6] 郑文新．建筑工程造价［M］. 北京：北京大学出版社，2012.

图书在版编目（CIP）数据

工程造价常用公式与数据速查手册 / 张军主编．—北京：知识产权出版社，2015.1
（建筑工程常用公式与数据速查手册系列丛书）
ISBN 978-7-5130-3056-4

Ⅰ．①工…　Ⅱ．①张…　Ⅲ．①建筑工程—工程造价—技术手册　Ⅳ．①TU723.3-62

中国版本图书馆 CIP 数据核字（2014）第 229666 号

责任编辑：刘　爽　段红梅　　责任校对：谷　洋
执行编辑：祝元志　　责任出版：刘译文
封面设计：杨晓霞

工程造价常用公式与数据速查手册

张　军　主编

出版发行：知识产权出版社有限责任公司　　网　　址：http：//www.ipph.cn
社　　址：北京市海淀区马甸南村1号　　邮　　编：100088
责编电话：010-82000860 转 8125　　责编邮箱：liushuang@cnipr.com
发行电话：010-82000860 转 8101/8102　　发行传真：010-82005070/82000893
印　　刷：保定市中画美凯印刷有限公司　　经　　销：各大网上书店、新华书店及相关销售网点
开　　本：787mm×1092mm　1/16　　印　　张：14.25
版　　次：2015年1月第1版　　印　　次：2015年1月第1次印刷
字　　数：290千字　　定　　价：45.00元

ISBN 978-7-5130-3056-4

建筑工程常用公式与数据速查手册系列丛书

1	钢结构常用公式与数据速查手册	定价：38.00 元
2	建筑抗震常用公式与数据速查手册	定价：38.00 元
3	高层建筑常用公式与数据速查手册	定价：35.00 元
4	砌体结构常用公式与数据速查手册	定价：48.00 元
5	地基基础常用公式与数据速查手册	定价：45.00 元
6	电气工程常用公式与数据速查手册	定价：38.00 元
7	工程造价常用公式与数据速查手册	定价：45.00 元
8	水暖工程常用公式与数据速查手册	定价：45.00 元
9	混凝土结构常用公式与数据速查手册	定价：38.00 元